中国科协学科发展研究系列报告

中国科学技术协会／主编

粮油科学技术学科发展报告

—— REPORT ON ADVANCES IN ——
CEREALS AND OILS SCIENCE AND TECHNOLOGY

中国粮油学会／编著

中国科学技术出版社

·北京·

图书在版编目（CIP）数据

2018—2019粮油科学技术学科发展报告 / 中国科学技术协会主编；中国粮油学会编著 . —北京：中国科学技术出版社，2020.7

（中国科协学科发展研究系列报告）

ISBN 978-7-5046-8546-9

I . ① 2… II . ①中… ②中… III . ①粮油工业—学科发展—研究报告—中国— 2018—2019 IV . ① TS2-12

中国版本图书馆 CIP 数据核字（2020）第 036885 号

策划编辑	秦德继　许　慧
责任编辑	赵　佳
装帧设计	中文天地
责任校对	邓雪梅
责任印制	李晓霖

出　　版	中国科学技术出版社
发　　行	中国科学技术出版社有限公司发行部
地　　址	北京市海淀区中关村南大街16号
邮　　编	100081
发行电话	010-62173865
传　　真	010-62179148
网　　址	http://www.cspbooks.com.cn

开　　本	787mm×1092mm　1/16
字　　数	350千字
印　　张	15
版　　次	2020年7月第1版
印　　次	2020年7月第1次印刷
印　　刷	河北鑫兆源印刷有限公司
书　　号	ISBN 978-7-5046-8546-9 / TS・97
定　　价	75.00元

2018—2019

粮油科学技术
学科发展报告

首席科学家　王瑞元　姚惠源

编写组组长　张桂凤

编写组副组长　王莉蓉　胡承淼　卞　科　张建华
　　　　　　　杜　政　刘　勇

编写组成员　（按姓氏笔画排序）

丁　超	于衍霞	王　珂	王　晨	王　强
王卫国	王正友	王兴国	王红英	王松雪
王金荣	王晓曦	王媛媛	王殿轩	石天玉
付鹏程	朱小兵	任传顺	任新平	向长琼
刘　珍	刘玉兰	刘国琴	刘泽龙	刘雍容
安红周	祁华清	许德刚	孙东哲	严晓平
李　月	李　堑	李　智	李兆丰	李军国
李爱科	李浩杰	李福君	李燕羽	杨　刚

杨　军　　杨　健　　杨卫东　　杨卫民　　肖　乐

肖志刚　　吴娜娜　　邱　平　　何东平　　位凤鲁

谷克仁　　冷志杰　　汪　勇　　汪中明　　沈　飞

宋　伟　　张　元　　张　赓　　张四红　　张华昌

张忠杰　　陈　鹏　　陈中伟　　欧阳姝虹

尚艳娥　　金青哲　　周　浩　　周丽凤　　郑沫利

郑学玲　　赵小军　　赵永进　　赵会义　　赵思明

赵艳轲　　胡　东　　秦　波　　秦　璐　　袁　建

袁育芬　　贾健斌　　顾正彪　　徐　斌　　徐广超

徐永安　　高　兰　　高建峰　　郭道林　　唐培安

曹　阳　　曹　杰　　董志忠　　惠延波　　程　力

鲁玉杰　　曾　伶　　谢　健　　甄　彤　　廖明潮

谭　斌　　翟小童　　熊鹤鸣　　冀浏果　　魏　雷

学 术 秘 书　杨晓静　　陈志宁　　谢胜男

当今世界正经历百年未有之大变局。受新冠肺炎疫情严重影响，世界经济明显衰退，经济全球化遭遇逆流，地缘政治风险上升，国际环境日益复杂。全球科技创新正以前所未有的力量驱动经济社会的发展，促进产业的变革与新生。

2020年5月，习近平总书记在给科技工作者代表的回信中指出，"创新是引领发展的第一动力，科技是战胜困难的有力武器，希望全国科技工作者弘扬优良传统，坚定创新自信，着力攻克关键核心技术，促进产学研深度融合，勇于攀登科技高峰，为把我国建设成为世界科技强国作出新的更大的贡献"。习近平总书记的指示寄托了对科技工作者的厚望，指明了科技创新的前进方向。

中国科协作为科学共同体的主要力量，密切联系广大科技工作者，以推动科技创新为己任，瞄准世界科技前沿和共同关切，着力打造重大科学问题难题研判、科学技术服务可持续发展研判和学科发展研判三大品牌，形成高质量建议与可持续有效机制，全面提升学术引领能力。2006年，中国科协以推进学术建设和科技创新为目的，创立了学科发展研究项目，组织所属全国学会发挥各自优势，聚集全国高质量学术资源，凝聚专家学者的智慧，依托科研教学单位支持，持续开展学科发展研究，形成了具有重要学术价值和影响力的学科发展研究系列成果，不仅受到国内外科技界的广泛关注，而且得到国家有关决策部门的高度重视，为国家制定科技发展规划、谋划科技创新战略布局、制定学科发展路线图、设置科研机构、培养科技人才等提供了重要参考。

2018年，中国科协组织中国力学学会、中国化学会、中国心理学会、中国指挥与控制学会、中国农学会等31个全国学会，分别就力学、化学、心理学、指挥与控制、农学等31个学科或领域的学科态势、基础理论探索、重要技术创新成果、学术影响、国际合作、人才队伍建设等进行了深入研究分析，参与项目研究和报告编写的专家学者不辞辛劳，深入调研，潜心研究，广集资料，提炼精华，编写了 31 卷学科发展报告以及 1 卷综合报告。综观这些学科发展报告，既有关于学科发展前沿与趋势的概观介绍，也有关于学科近期热点的分析论述，兼顾了科研工作者和决策制定者的需要；细观这些学科发展报告，从中可以窥见：基础理论研究得到空前重视，科技热点研究成果中更多地显示了中国力量，诸多科研课题密切结合国家经济发展需求和民生需求，创新技术应用领域日渐丰富，以青年科技骨干领衔的研究团队成果更为凸显，旧的科研体制机制的藩篱开始打破，科学道德建设受到普遍重视，研究机构布局趋于平衡合理，学科建设与科研人员队伍建设同步发展等。

在《中国科协学科发展研究系列报告（2018—2019）》付梓之际，衷心地感谢参与本期研究项目的中国科协所属全国学会以及有关科研、教学单位，感谢所有参与项目研究与编写出版的同志们。同时，也真诚地希望有更多的科技工作者关注学科发展研究，为本项目持续开展、不断提升质量和充分利用成果建言献策。

中国科学技术协会

2020 年 7 月于北京

科技是国家强盛之基，创新是引领发展之源，学科发展研究是科技创新的必由之路。中国粮油学会作为国家粮食行业科技发展创新体系主力军的重要组成部分，着力开展粮油科学技术学科发展研究，不断总结学科发展成果、研究学科发展规律、预测学科发展趋势，努力推动新兴学科萌芽、促进优势学科发展，以期推进学科交叉融合，引领科技学术方向，服务产业创新发展。自2008年以来，中国粮油学会先后5次组织全国粮油科技工作者深入开展学科发展研究，撰写学科发展报告。其中：2010年、2014年承担了中国科学技术协会学科发展研究项目，圆满完成了《2010—2011粮油科学与技术学科发展报告》《2014—2015粮油科学技术学科发展报告》；2018年8月，学会第三次获准中国科协学科发展研究项目，历经一年多的精心组织，顺利完成了学科发展研究项目任务，撰写出《2018—2019粮油科学技术学科发展报告》（以下简称《报告》）。

《报告》贯穿创新发展主线，书写粮油科技奋进篇章。其研究时间段为2015—2019年，正值全面贯彻落实党的十八大"实施创新驱动发展战略"和党的十九大"加快建设创新型国家"目标；经历了国家"十二五"发展规划完美收官、"十三五"发展规划良好开局及实施落地，是迎来科技创新发展新高潮，为粮油科学技术快速发展带来新机遇的重要时期。《报告》全面详细地总结了近五年来粮油科学技术的创新发展历程，浓墨重彩地呈现了取得的新观点、新理论、新方法、新技术、新成果；深刻洞悉研究国内外粮油科学技术最新研究热点、前沿和趋势，由表及里地剖析国内本学科与世界同行先进水平存在的差距、问题及原因；把握关键论证了我国新时代粮油科学技术学科的发展战略需求，周密具体地提出未来五年本学科的研究方向及研发重点，并秉要执本地阐述了今后五年本学科的发展策略。《报告》注重科学与技术的融合，将新技术、新成果进行加工、提炼、升华为新理论；

注重把聚焦热点、解决难点作为关键点，博采众议、深入探讨、反复论证、缜密构思、力求精准，最终形成了一部粮油科学技术学科的重要学术文献。《报告》包括综合报告和粮食储藏学科发展研究、粮食加工学科发展研究、油脂加工学科发展研究、粮油质量安全学科发展研究、粮食物流学科发展研究、饲料加工学科发展研究、粮油信息与自动化学科发展研究 7 个专题报告。

中国粮油学会高度重视本次学科发展研究项目，加强领导，周密安排，规范运作，抓好实施，专家奋力，卓有成效。张桂凤理事长亲自担任项目领导小组组长，中国粮油学会两位首席专家、业内资深的学术带头人王瑞元教授级高工和姚惠源教授领衔本报告的首席科学家，共同制订了项目时间进度安排，明确了责任分工，组织业内科技精英 150 多位专家参加了调研、撰写、审改等工作。学会严格按照中国科学技术协会学会学术部的统一部署和相关文件的规定，采取了多项措施确保项目规范运作，创新建立了执笔专家之间沟通研讨机制，对提升撰写质量和效率，发挥了重要作用；组织了 30 多次研讨会，集思广益，透彻辨析，激发才智。执笔的专家们积极奉献、夕寐宵兴、词严义密。《报告》的顺利成著是全国粮油科技界凝心聚力集体智慧的结晶。

中国科学技术协会学会学术部对《报告》的撰写给予了具体指导，国家粮食和物资储备局有关司室和单位提供了支持帮助，我会所属各分会大力协同和专家们的悉力笔耕，在此一并表示衷心的感谢和诚挚的敬意！

《报告》的出版将使社会各界深入了解粮油科学技术学科在为实现我国"两个一百年"奋斗目标进程中占有的重要地位和发挥的重要作用；为政府部门制定方针政策提供参考依据；为粮油科技工作者瞄准本学科世界前沿攻关创新指引方向；为保障国家粮食安全和粮油产业经济发展提供坚强科技支撑。

由于学会组织调研的深度、广度尚有局限及一些统计数据时间滞后，报告中的缺憾之处，敬请批评指正。

中国粮油学会

2019 年 11 月

序 / 中国科学技术协会

前言 / 中国粮油学会

综合报告

粮油科学技术学科发展现状与展望 / 003

  一、引言 / 003

  二、近五年研究进展 / 005

  三、国内外研究进展比较 / 031

  四、发展趋势及展望 / 038

  参考文献 / 046

专题报告

粮食储藏学科发展研究 / 049

粮食加工学科发展研究 / 070

油脂加工学科发展研究 / 098

粮油质量安全学科发展研究 / 118

粮食物流学科发展研究 / 132

饲料加工学科发展研究 / 147

粮油信息与自动化学科发展研究 / 162

ABSTRACTS

Comprehensive Report

Review on Cereals and Oils Science and Technology in China: Current Situation and
  Future Prospects / 181

Reports on Special Topics

Research on the Development of Grain Storage Discipline / 196

Research on the Development of Grain Processing Discipline / 198

Research on the Development of Oil Processing Discipline / 199

Research on the Development of Grain and Oil Quality and Safety Discipline / 201

Research on the Development of Grain Logistics Discipline / 203

Research on the Development of Feed Processing Discipline / 204

Research on the Development of Grain and Oil Information and Automation Discipline / 206

附录 / 209

索引 / 225

综合报告

粮油科学技术学科发展现状与展望

一、引言

习近平总书记指出，中国人要把饭碗牢牢端在自己手里，而且要装自己的粮食。粮食产业是经济社会发展的重要民生产业，粮食产业的发展事关国家粮食安全，事关广大种粮农民的切身利益，事关广大人民群众的营养健康和对美好生活的追求。粮油科学技术学科涵盖粮食储藏、粮食加工、油脂加工、粮油质量安全、粮食物流、饲料加工、粮油信息与自动化、粮油营养、发酵面食、米制品加工、玉米深加工、面条制品加工、花生食品和粮油营销技术共 14 个分支学科。本学科的发展历来受到党和政府的高度重视和支持，在2019 年中国工程院环境与轻纺工程学部新增粮油科学技术学科，充分表明本学科是加快推进国民经济建设、提高人民生活水平、为保障国家粮食安全提供坚实的科技支撑和实现我国建设现代化强国的重要力量。

"十三五"期间，粮食行业认真学习贯彻习近平总书记关于"保障国家粮食安全是一个永恒的课题，任何时候这根弦都不能松，中国人的饭碗应该主要装中国粮"的指示精神，深刻理解党的十九大报告提出的"中国特色社会主义进入新时代，我国社会主要矛盾已经转化为人民日益增长的美好生活需要和不平衡不充分的发展之间的矛盾"的重大论断，积极推进粮食产业供给侧结构性改革，以优质粮食工程为载体，大力推动粮食产业高质量发展获得明显成效。这也为粮油科学技术的发展带来了很好的机遇，使粮油科学技术水平快速提升，发挥对行业的发展与支撑作用，为确保国家粮食安全做出了重要贡献。

五年来，粮油科学技术学科取得了显著的进步和发展。粮食储藏的多项适用技术已达到国际领先水平，粮、油、饲料和粮油食品加工工艺与装备大多已达到世界先进水平，粮油质量安全、粮食物流和信息与自动化等学科在科技研发方面都有新的提高。重点表现在：粮食储藏在基础理论研究进一步深化和拓展，引入了"场"的概念，摸清了虫螨区系分布，深入研究了储粮害虫分子生物学、行为学，完善了通风、干燥等技术基础理论；粮食加工在稻米、小麦、玉米、杂粮、米制品、面条制品和发酵面食加工工艺、生产技术、加工装备均取得大量研究应用成果；油脂加工在现代化学工程、机械工程、新型材料、机电应用一体化、智能装备、信息技术及计算机集成控制技术的综合应用方面取得了明显进展；以人体模拟消化吸收、肠道微生物研究为代表的粮油营养学科交叉越来越受到重视；国家和行业粮油标准体系进一步完善；粮油地方标准、团体标准大量涌现，突出了地方特色，发挥了引领作用，特别是以中国粮油学会为主导发布的有关产品团体标准，更加符合企业诉求，贴近市场需求；饲料加工在基础研究、重要装备、加工工艺、资源开发、新产品开发和质量监控方面都取得了新的进展；粮食物流研究聚焦于一体化，多元化、智能化、高效化和低碳环保取得显著成效；信息与自动化在收储、物流、加工、电子交易和管理等方面的应用，物流、加工更加广泛和深入，达到较高的理论和技术研究水平。这些领域的科技创新推动了粮油流通产业的科技进步，已成为粮食行业发展的主要动力。

我国粮食院校的农产品与储藏工程、粮食 / 油脂及植物蛋白工程、食品科学与工程、质量检测与安全等特色专业学科优势进一步扩充，建筑工程、物流、电子商务、计算机、信息与自动化等专业结合粮食行业的重大工程建设和需要不断加强，粮食院校整体条件明显改善，教学、研发能力大幅提升，学科建设水平不断提高，2019 年度本行业的院校江南大学国内综合排名进入 100 强，排名第 52 名。江南大学以粮油学科为优势的食品学科2019 年"软科"世界排名第一，也是我国大学"双一流"建设中的一流建设学科。粮食科研院所植根于粮食行业，面向生产一线，围绕行业重大技术热点难点，在粮食仓储、粮食物流、粮油加工、质量检控、粮油机械与装备等方面取得丰硕成果。粮食企业加大科技投入，集成应用新工艺、新技术、新装备，涌现一批具有国际竞争力的知名品牌和企业。

紧跟建设创新型国家的步伐，中国粮油学会深度打造以科技奖励为重点，上引科技评价、下推科技成果产业化的粮油科技创新工作链，讲求实效承办学术会议、组织产业联盟、开展技术服务和咨询等活动，精准宣传推广获得国家科学技术进步奖、中国粮油学会科学技术奖等项目，有力强化了粮油科技成果产业化，开拓出粮油流通领域创新发展的崭新局面，如：粮食储藏方面，"惰性粉杀虫技术应用""横向通风技术创新""信息化、智能化建设"和"低温绿色储粮技术示范"等一大批科技成果的应用，取得了绿色储粮、节能增效的显著成效；粮食加工业，"大型绿色节能稻谷加工装备关键技术与创新""磨撞均衡出粉的制粉新技术"等科技成果的推广应用，取得明显的经济社会效益；油脂加工"十三五"国家重点研发计划"大宗油料适度加工综合利用技术及智能化装备研发与示范"项目，以大豆、菜籽、花生等大宗油料为研究对象，开展基于新方法建立、新技术突破、新装备保障和新产品创新的科技创新建设，实现大宗油料加工工程化技术集成应用和产业化示范，显著提升我国油脂产业整体加工水平与国际竞争力。

2019 年是中华人民共和国成立 70 周年，也是我国实现全面建成小康社会宏伟目标的关键之年。习近平总书记深刻指出，以"粮头食尾"和"农头工尾"为抓手，推进粮食精深加工，做强绿色食品加工业。这一重要指示，为粮食产业经济发展指明了方向，提供了根本遵循。为保障国家粮油流通安全提供科技与支撑，是粮油科技工作者的职责所在，是粮油科学技术学科的历史使命。深入研究今后五年粮油科技的发展趋势和重点，是促进学科发展、推动行业科技进步的关键。一是聚焦粮食行业发展存在的主要问题和需求，粮食储藏继续向着"低损失、低污染、低成本"和"高质量、高营养、高效益"的方向发展；粮油加工要加快提质增效，充分利用资源，延长产业链和优化升级；粮油质量安全要充分利用现代化、信息化手段构建质量安全数据库，完善粮油质量安全保证体系；信息与自动化要重视实用型技术研究，并加强推广示范，推动粮食信息化技术应用。二是把握研究方向和重点，分解每个分支学科的理论基础研究、关键难点技术的研发、应用示范等环节。三是明确发展策略，进一步完善粮油科研顶层谋划，推进创新发展，提升集成能力，加大科技投入力度，加强人才队伍建设，完善科技创新体系等。要充分利用本学科研究涉及保障国家粮食安全备受全社会重视的有利条件和服务政府与社会、服务科技工作者、服务创新发展的独特优势，团结和带领广大粮油科技工作者积极投身创建"两个一百年"中国梦的伟大建设，描绘中国粮油科学技术发展的新蓝图。

二、近五年研究进展

（一）学科研究水平稳步提升

1. 粮食储藏理论与实践获得深入发展

（1）基础理论研究进一步深入细化和拓展

引入了"场"的概念，摸清了虫螨区系分布，深入研究了储粮害虫分子生物学、行为学，完善了通风、干燥等技术基础理论：①储粮生态学基础理论得到拓展。引入了物理学的"场论"；进一步明确了粮堆生态系统的关系规律；通过"粮堆多物理场 + 粮堆生物场——粮堆多场及耦合效应"逐步完善粮堆"多场耦合理论"。②储粮害虫防治理论研究进一步深化。进一步调研摸清了虫螨区系分布；向储粮害虫分子生物学研究方向迈进；向储粮害虫生态行为学研究方向发展。③储粮微生物、真菌毒素研究不断深入。建立了粮食水分、温度、时间与真菌初始生长相关性，建立了储粮真菌生长预测模型，提出了粮食安全储藏时间以及储粮真菌危害进程预测；研究了真菌毒素对人体健康的危害，调查分析了我国粮食真菌毒素的污染分布情况，得到了主要真菌毒素的产毒条件，阐明了粮食在各生产环节中真菌的发展演替和真菌毒素的变化规律，提出了一些有效控制粮食真菌毒素的物理、化学和生物方法。④储粮通风基础理论进一步完善。阐明了粮堆绝对 / 有效孔隙率、单位粮层阻力等各向异性特征，建立了粮食颗粒与气流间的湿热传递工程模型；研究了粮食平衡水分与智能化机械通风原理以及粮食储藏中淀粉和蛋白质结构、热特性变化规律等。⑤干燥技术研究得到提升扩展。研究了干燥过程中粮食的机理变化规律，提高了烘干粮食品质；提升了传统燃煤热风炉干燥技术，扩展到了对清洁能源的有效利用。⑥其他基础理论研究不断完善。揭示了农户储粮过程中粮食品质变化规律、有害生物发生规律；研究了稻谷、玉米、大豆的氮气气调经济运行模式以及工艺参数对粮食品质的影响机理。

（2）应用技术得到创新发展

低温储粮技术因地制宜开展，氮气气调技术广泛应用和提升，信息化建设持续优化升级，高效环保智能化作业得到重视并陆续开展：①惰性粉杀虫技术广泛应用。食品级惰性粉应用技术在空仓杀虫、粮堆表面杀虫、局部杀虫、惰性粉防虫线等领域的应用得到进一步发展。②横向通风技术得到创新发展。有机结合谷冷、熏蒸、充氮，发展出负压分体式谷冷、横向膜下环流熏蒸、横向环流充氮气调等成套技术。③干燥技术及装备研究成果明显。开发了空气源热泵干燥装备，适用于高水分粮食的干燥，具有无污染、能效高、干燥品质优等特点；开发了红外对流联合干燥装备，适用于18%以下水分粮食的均匀性节能保质干燥；开发了旋转干燥储藏仓，采用"自动旋转＋通风干燥或晾晒干燥"方法实现了全程不落地收获和储藏。④粮情云图分析技术得到实践应用。开发了智能粮情云图分析软件系统，既可监控储粮数量，也可分析、防控储粮品质。⑤信息化、智能化建设取得较大进展。研发集成了温度、湿度（水分）、气体、害虫和霉菌等参数于一体的多参数粮情检测装备；多参数粮情监控系统增加了粮堆湿度、气体成分的在线检测功能和云图分析功能；开发了粮情检测数据分析系统，实现粮温分析预警与专业判断；完成了单机版的谷物冷却机及控制软件系统研发，解决了因风道和粮堆阻力的差异导致风机频率相差较大甚至停机的问题；开发了CPGL-80A型智能扒谷输送机，首次实现了自动扒谷输送、环境感知、路径规划、自动行走、自主避障等智能化功能。⑥粉尘治理技术全面实施。基于"密闭为主，吸风为辅"开展了以"治标"为目标的粮库出入仓粉尘控制技术设备改造工艺研发与示范推广；开展了以"治本"为目标的粮库出入仓粉尘控制技术新工艺设备研发。⑦内环流控温储粮技术广泛推广。内环流控温技术已在我国"三北地区"推广应用仓容超过2000万t，取得了显著的社会、经济效益。⑧低温绿色储粮技术应用形成示范效应。四川省率先开展低温储粮技术规模化应用，已建成96个低温库，低温仓容量达280万t，实现四川政策性粮食储备库全覆盖。⑨氮气绿色储粮技术进一步提升。优化了浅圆仓控温气调储粮充／排气和尾气回收利用等工艺，研发出可拆卸电缆、浅圆仓壁挂式调节气囊、气密集水装置等相关设备，建立了专有、成熟的技术体系。⑩储粮新仓型建成试点。研发了新一代"气膜钢筋混凝土圆顶仓"，消化吸收了"气膜钢筋混凝土建筑"的设计及施工核心技术，具备广泛推广应用基础条件，首次研发的气膜球形仓在山西太原新城国家粮食储备库建成试点，具有隔热气密良好、建造成本低、建设用地少、机械化程度高等优点。另外，农户储粮技术服务体系逐步健全。开发了适合东北地区农户储藏高水分玉米穗储粮仓和适合安全水分粮食储藏的农户储粮粮仓。上述两类仓型已经在全国26个省推广应用

955.9万户，建立了三级农户储粮技术指导体系，制定了农户储粮相关建设标准，开发了农户储粮技术信息咨询平台。

2. 粮食加工技术与装备水平大幅提升

（1）稻谷加工装备更加智能化

①实现国际首例引用色选机回砻谷净化技术和留胚米与多等级大米联产加工方法。降低爆腰率3%~5%，糙碎率降低1%~2%；留胚米和多种不同精度的产品可以共线同时生产。②砻谷机和碾米机继续升级。开发了占地面积小、自动调换快慢辊的全自动砻谷机；生产出第三代——低能耗低破碎自动碾米机，可降低碾米段增碎、单位电耗和米粒温升各50%以上。③国产色选机功能多样。除色选功能还可分离碎米，识别糠层面积分离多种精度米粒。④依托机器视觉技术和近红外光谱技术的快速稻米检测准确率进一步提高。⑤"云智能稻谷加工平台"实现稻谷加工的资源共享、远程监控等取得一定突破。⑥稻谷副产物综合利用创新技术和早籼稻产后精深加工关键技术应用取得突破。⑦富硒留胚米加工技术取得重大进展。⑧超微粉碎技术在稻谷粉碎应用有所突破。⑨稻米制品加工基础理论和关键生产技术研究更加完善。

（2）小麦加工机理研究与技术应用并重

①小麦及面粉热处理灭虫，以及水分调节对品质影响机理的研究取得突破。②基于快速分析的在线检测、自动化检测及其与关键设备、工艺控制系统的融合取得了重大进展。③开发了新型振动筛和新型振动打麸机，有效提高生产效率。④基于面粉品质的磨粉机磨辊动力学、热力学研究取得了一定的基础理论研究成果。⑤开发的小麦色选机能彻底解决小麦中多种异色粒及霉变粒的剔除难题。⑥开发了我国传统面制品专用小麦粉加工技术及装备，实现标准化生产。⑦正在开发全麦粉加工技术、适度面粉加工关键技术、装备、标准等。

（3）玉米深加工国产装备成绩斐然

①完全自主大型化、自动化加工装备并跑国际先进水平且对外出口。②淀粉糖的国产装备自给率已达90%以上。③突破了全营养组配与协同增效、组合式挤压耦合匀化脱水、挤压微体化–协同风味修饰和超高压限制性酶等关键技术。④开发了全营养即食面、冲调方便粥和全营养玉米饼等即食健康新产品。

（4）杂粮加工技术有所发展

创制出全谷物冲调食品品质改良成套技术装备，解决了以高淀粉甘薯和紫薯甘薯为原料工业化生产新型绿色加工食品的关键技术问题。杂粮的微波预熟化和干热预处理技术已经产业化应用。薯类生产技术、加工工艺、加工装备等领域的研究进展良好。

（5）米制品加工兼顾功能产品开发与工业技术应用

米制品学科在烘焙、挤压膨化、功能性、发酵、蒸煮微波等类型米制品的基础理论、新技术与新产品、工程技术与产业化、全链条质量安全保障等领域取得了重大进展。①大米肽、大米多酚类物质提取技术及其功能性研究日益增加。②发酵米制品营养品质研究不断深入。③鲜湿米粉等发酵米制品的质量标准和生产技术体系不断优化，产品的标准化、规模化生产不断加强。④米制品稳态化挤压、干燥等技术有所突破，方便米饭烹制技术、无菌化处理技术和常温保鲜等方面提升明显。⑤方便米饭的快速干燥、加压微波或高能电子束等杀菌技术助推我国蒸煮米制品发展。

（6）面条制品产品与装备升级获市场认可

①开发了第二代方便面和高添加杂粮挂面，取得了加工技术和产品创新方面的突破。②开发了绫织式压延、分层嵌入式复合压延、半干面自动上杆脱杆、脱水缓苏一体化技术、智能化干燥系统、挂面超声波切断、智能化控制系统等技术装备，并推广应用。

（7）发酵面制品评价标准继续完善并注重绿色安全

①发酵面食品品质评价标准体系逐步建立。解决了馒头和面包用小麦品质评价的关键技术，关于馒头和面包制作过程及感官评价方法的国家标准 GB/T 35991—2018 和 GB/T 35869—2018 都已经发布并实施。②发酵面食品品质改良剂（食品添加剂）的研究向绿色安全方向发展，严格控制食品添加剂中化学制剂含量。③各类以发酵面食为主食的新兴中餐连锁企业遍地开花，并开始走出国门。

（8）倡导适度加工和粮油产品的科学搭配

①控制加工过程对粮油食品中营养物质的影响，实现成品粮油中营养成分的最大保留。②进一步推广营养强化粮油产品及其制品。③提倡按科学配比组织生产米、面、油产品，并合理配比粮油加工的部分产品，以满足人们营养所需和饮食健康。

3. 油脂加工技术装备质量并重成效显著

（1）油料预处理、榨油技术已达到国际先进水平

①油料预处理主要装备的制造能力已能满足国内需求，自行设计制造的大型轧胚机（日处理能力达到 680~750t）、卧式调质干燥机（日产量达 1500~2000t）、螺旋榨油机（日处理量达 400~500t）性能优良，不仅能满足国内需求，而且实现出口。②中小型成套设备已达到国际领先水平。③成功开发的双螺旋榨油机，满足了低温压榨工艺的需要。

（2）油脂浸出成套设备日趋大型化、自动化和智能化

①自行设计制造的大型油脂浸出设备最大日处理量可达 6000t，技术经济指标达到国际先进水平，性价比高；中小型油脂浸出装备可以满足国内乃至世界各国对浸出制油的要求，价格优势明显。②自主研发的亚临界萃取技术和装备已广泛应用于特种植物油生产。③采用超临界 CO_2 萃取技术实现了纯度 97% 以上粉末磷脂和特色珍贵油脂等的规模生产。

（3）油脂精炼工艺和设备技术水平大幅提升

①物理精炼技术逐渐得到推广应用；干法脱酸技术、酶法脱胶工艺已开始用于工业化生产。②低温短时脱臭、填料塔脱臭等方法得到广泛应用；国产离心机得到了较快发展和提高；叶片过滤机性能指标达到国际先进水平；板式脱臭塔的应用解决了油脂的色泽、烟

点问题；脱臭真空系统采用闭路循环水和优化的填料组合塔，节水节汽，抑制了反式脂肪酸的产生；通过适度精炼技术，防控风险成分形成，最大程度保留油脂的营养成分。

（4）新油源研究开发取得丰硕成果

①适合于油茶籽、米糠、玉米胚芽等特色油料加工需要的烘干、剥壳、压榨、浸出、精炼及综合利用的新工艺新装备得到研发。②米糠和玉米胚制油取得突破性进展，2017年全国米糠油产量为 60 万 t，玉米油产量为 105 万 t，合计为 165 万 t，为我国提高了 4%的食用油自给率。③微生物油脂的开发和规模生产也有较快发展。

（5）大豆、花生等油料油脂资源综合开发利用形成一定规模

①大豆分离蛋白、浓缩蛋白、组织蛋白产品进入跨国食品企业采购清单或出口多个国家；新型大豆蛋白可降解材料、可食用包装材料有一定进展，大豆蛋白黏合剂已工业化生产。②多条大豆蛋白肽、异黄酮、皂苷、低聚糖生产线投入生产；饲用大豆浓缩磷脂已占据 90% 市场份额；生产出了多种磷脂药品和保健品。③花生加工进一步拓展，利用低温压榨饼粕生产出风味蛋白粉、低变性蛋白粉、组织蛋白、短肽、红衣提取物等系列产品，并逐步形成规模。

（6）高新技术在油脂生产中得到实际应用

微生物油脂生产技术、共轭亚油酸合成技术、油脂微胶囊化技术、超临界/亚临界流体提取油脂技术、分子蒸馏脱酸技术、酶催化酯交换制备结构脂技术、酶脱胶技术、酶脱酸技术、微波/超声波辅助提取油脂等技术得到商业化应用。膜分离技术已经成功应用于多肽生产和油脂、蛋白废水的处理。

（7）食用油的营养和安全性得到高度关注

①建立了科学和较为全面的油料油脂质量安全标准体系。系统研究了食用油中多种内源毒素、抗营养因子、环境与加工污染物的成因与变化规律，重点评估了浸出溶剂、辅料和加工过程对油脂品质和安全性的影响，对成品油低温浑浊与反色、回味、发蒙等现象进行了卓有成效的研究，开发出了劣质油、反式脂肪酸、3-氯丙醇酯、多环芳烃、真菌毒素等危害物的高效测控与评估技术，植物油身份识别技术并集成示范。②针对不同油脂品种，已开发出低反式脂肪酸、低 3-氯丙醇酯和低缩水甘油酯的工业化生产工艺与方案。我国大宗植物油反式脂肪酸含量小于 2% 的占比，从 10 年前的 33.7% 提高到 85.9%。③凝胶渗透色谱、指纹数据电子鼻、全程低温充氮技术已分别在煎炸油品质监控、调和油识别和植物油稳态化方面获得推广应用。

4. 粮油质量安全标准体系与品评技术继续完善

（1）粮食行业标准进一步丰富

2018 年，全国粮油标准化技术委员会（TC270，以下简称"粮标委"）归口管理的粮食标准共有 640 项（国家标准 350 项，行业标准 290 项）。原粮与制品、油料与油脂、仓储与流通、机械与设备 4 个粮标委分技术委员会正式获批。配合行业重点工作研究制定了

粮油信息化、"中国好粮油"、小品种木本油料系列等行业标准。主导制定发布国际标准 2 项；主导修订发布国际标准 1 项；参与制（修）订国际标准 10 项。撰写编制亚太经济合作组织（Asia-Pacific Economic Cooperation，APEC）10 个经济体粮食质量标准对比研究报告，并写入《亚太经合组织粮食安全皮乌拉宣言》。

（2）现代仪器分析与信息技术为粮油质量安全提供保障

①仪器进步助力粮油产品物理化学特性评价技术发展。整精米率测定仪、米粒外观检测仪、稻米新鲜度逐步实现标准化，在稻米质量评级中已经得到推广应用；基于机器视觉技术的粮食不完善粒、杂质快速测定仪器也逐步在实现标准化；新型小麦硬度指数测定仪节能提效；基于嵌入式的油脂品质监测系统可检测储藏期间油温和色泽变化；基于 TRIZ 理论（发明问题的解决理论）吸式粮食扦样器提高了系统的自动化水平，可提高扦样效率，降低劳动强度。近红外光谱、卤素水分测定仪、微波水分测定仪，快速准确得到广泛应用。近红外光谱在油脂分类、品质分析、不同食用油含油率检测以及在粮油类总酸、淀粉、氨基酸、酯类含量的检测应用逐步形成了标准；高光谱成像检测技术、拉曼光谱技术、太赫兹光谱探测与成像技术、离子迁移谱技术等热点新技术在粮油真实性判断、油脂挥发性成分分析等方面受到更多关注。②粮油食用品质评价技术有所发展。利用基于快速黏度测定仪、质构仪及混合试验仪等物性仪器，以及电子鼻、电子舌技术、大米食味计等仪器对综合评价粮油产品食用品质、风味等方面起到了积极促进作用；建立了小麦淀粉、面筋与鲜湿面品质的相关性；提出麦胶和麦谷蛋白对面团和最终产品品质的相关性。③粮油储存品质判定标准渐成体系。《小麦储存品质判定规则》《稻谷储存品质判定规则》《玉米储存品质判定规则》和《食用植物油储存品质判定规则》4 项标准对指导我国粮油的合理储存和适时轮换起到重要作用。《大豆储存品质判定规则》国家标准根据用途不同，分别制定了高油大豆和一般大豆的储存品质指标；《粮油检验稻谷新鲜度测定与判别》粮食行业标准在国内首次提出新鲜度的指标，建立了适用于我国稻谷新鲜度测定模型。④粮油安全评价借力新型分析工具。发布实施行业标准《LS/T 6133—2018 粮油检验 主要谷物中 16 种真菌毒素的测定 液相色谱 – 串联质谱法》，实现了我国主要谷物中隐蔽型真菌毒素与其他真菌毒素同时检测；开发了超高效液相色谱 – 四级杆／静电场轨道阱高分辨质谱，进一步建立了我国玉米中常见的 16 种真菌毒素和 11 种农药残留的同时分析方法；固相微萃取技术、基质固相分散萃取技术、QuEChERS 技术（农产品检测的快速样品前处理技术）、分子印迹固相萃取技术、免疫亲和固相萃取技术、磁性固相萃取技术等新型毒素检测技术层出不穷；粮油质量安全快速检测技术也取得突破。国家粮食和物资储备局已发布实施了 6 项真菌毒素和重金属快速定量检测方法标准，为基层粮食收购环节质量安全把关提供了检测依据。⑤溯源监测系统为粮油风险监测预警提供保障。引入信息化技术，创建了一套适合于粮食行业的粮油质量安全溯源监测系统，实现了监测"对象可溯、过程可控、结果可视"。为构建标准化的粮油质量安全监测标准数据库夯实了基础，为行业源头

可视化管理、风险预警、应急监测及质量安全追溯提供技术支撑。

5. 粮食物流互联技术与装备更加高效

（1）粮食物流供应链理论与时俱进

①以粮食供给侧改革为目标的粮食供需环节理论建设继续深化。从"五大发展新理念"视角，以促进粮食供给侧改革为目标，在从主产区到主销区的供需匹配、粮食供应链降本增效管理等方面进行研究。②优化粮食供应链模式。在粮食处理中心的原粮供应链治理模式、以成本节约和收益增加等形式实现价值再分配、粮食供应链利益相关主体的Pareto（绝大多数的问题或缺陷产生于相对有限的起因）改进以及粮食供应链横向和纵向的全协调等方面进行优化。③新零售正在推进产业升级。大数据分析、移动互联网、自动化等技术辅助构建从仓储到配送的一体化快速物流体系。新零售正在推进产业升级，推动传统供应链物流演化为数字供应链、网状供应链。

（2）新方法和模式加速粮食物流运作与管理发展

①兼并重组、联盟合作案例增多。跨界融合、平台整合，经营模式不断创新；"互联网＋智慧物流"助推行业企业加速发展；"互联网＋高效运输"开启公路货运提质增效新模式，车型标准化有序推进；"互联网＋智能仓储""互联网＋便捷配送"开始试水。②研究了大宗商品粮三级供应链利益补偿实施的政府支持政策与供应链运营对策。研究了大型粮商主导的粮食供应链整合对抑制粮食供应链网络风险传播的影响，大型粮商通过构建全面协同伙伴关系，实施嵌入式风险管理，改变粮食供应链"弱集成"的局面。③提出了资本累积与流程协同的关系，以及对供应链的可控性和快速反应的影响。在利益协调机制研究中，提出了有效的粮食主产区、主销区和平衡区粮食安全的保障措施。建立了粮食供求信息共享机制，帮助上下游企业之间获取需求以及生产加工等信息，减少牛鞭效应。

（3）高新技术与装备大大提升粮食物流效率

①港口大宗货物"公转铁"工程、集装箱铁水联运拓展工程、多式联运信息互联互通工程正在推进，完善联运通道功能，加快技术装备升级，推动信息开放共享，提高多式联运作业效率，促进多式联运发展。②先进信息技术在物流领域广泛应用，仓储、运输、配送等环节智能化水平显著提升，物流组织方式不断优化创新。道路货运无车承运人试点，实现了零散运力、货源、站场等资源的集中调度和优化配置。③托盘条码与商品条码、箱码、物流单元代码关联衔接技术不断提高。利用物联网、云计算、大数据、区块链、人工智能等先进技术，加强数据分析应用，优化生产、流通、销售及追溯管理，以智能物流载具为节点打造智慧供应链。自动化仓储、自动分拣系统、包含条码自动识别、可穿戴设备和射频识别（Radio Frequency Identification，RFID）的自动识别系统等前沿技术大大提升仓库工作效率。④高效化粮食物流技术装备正在逐步推广应用。高大平房仓高效环保进出仓技术及装备、粮食进出仓物流作业粉尘防控及检测技术和装备、多工位散粮集装箱高效装卸粮技术及装备、散粮集装袋储运配套技术及装备、自装自卸机械化小型粮食收购车等

粮食物流装备都得到不同程度的发展应用。

6. 饲料加工技术与装备均衡发展

（1）饲料加工科技基础研究为产品质量提升保驾护航

①饲料工业标准化成果丰硕。制（修）订饲料原料、饲料添加剂、饲料检测方法、饲料产品国家标准74项；农业和其他行业标准68项；制（修）订的饲料加工设备国家、行业标准31项。②新方法助推饲料品质理论研究。建立了前处理、辅料种类对仔猪配合粉料、饲料、能量饲料原料的品质影响；研究了超微粉碎、热处理、蒸汽调质及膨化等技术对饼粕功能特性及体外消化率的影响；建立了颗粒成型质量指标与本构模型系数间的相关关系。③饲料专用机械设计进一步优化。优化设计了反向捏合块元件的啮合同向双螺杆挤出机、具有三角屏障混炼元件和反向螺纹元件的新型单螺杆挤出机。

（2）饲料加工装备创新成果喜人

锤片粉碎机、立轴超微粉碎机等粉碎设备的结构创新大大提高了生产效率，降低了能耗；调质设备创新主要有高剪切型桨叶调质器等；制粒设备创新主要有模辊间隙新型自动调整装置等；挤压膨化设备创新有旋转式不停机换模膨化机、兼顾沉浮料的挤压膨化机等；发酵饲料工程装备设备创新主要有带蒸煮发酵的生物饲料添加剂生产系统、平床式发酵机、矩形槽式发酵床等；其他饲料加工设备创新主要有新型分区控制节能型带式干燥机、立式逆流冷却器、液体真空喷涂机系统、大型多层回转振动分级筛等。

（3）饲料加工工艺技术注重产品营养与品质

①技术交叉应用助力饲料原料加工。多级筛选、风选、磁选、去石、色选、膨胀、膨化等工艺技术的应用辅助饲料原料去除杂质、可消除抗营养因子、提高饲料利用率。②精细高效加工技术主要有教槽料、乳猪料的超微粉碎加工技术，预混料的在线生产技术，不同饲料产品的高效调质技术，乳猪料大料挤压膨胀与低温制粒技术等。③饲料产品质量可追溯系统已推广应用。④明确了饲料加工工艺及参数对肉鸡、断奶仔猪、生长育肥猪等动物的生长性能和饲料质量的影响规律，提出了动物饲料精准加工工艺参数体系。⑤水产膨化饲料对植物性成分调质改性充分，具有耐水性好、水中溶失少、对水环境污染小等优点。⑥建立了发酵饲料与猪的平均日增重（ADG）、平均日采食量（ADFI）和饲料转化效率（FCR）的相关性；乳酸菌、酵母菌、枯草芽孢杆菌显著提高育肥饲喂动物生产性能和品质。

（4）其他技术开发亮点甚多

饲料资源开发与利用更加广泛。①饲料原料发酵技术在马铃薯淀粉渣、酒糟、玉米秸秆等更多非常规饲料资源利用上取得新进展。②开发了新的发酵脱毒用微生物和霉菌吸附剂。③水产动物、畜禽加工副产物的酶解蛋白、昆虫蛋白粉、单细胞蛋白等新型蛋白饲料原料的开发降低了对进口鱼粉的依赖。④饲料添加剂开发侧重植物提取物与生物技术。技术进展主要集中在安全、高效、稳定、环保、替抗等方向。⑤多重免疫亲和柱净化、分子印迹聚合物、纳米微萃取、酶联免疫试剂盒、聚合酶链反应（PCR）技术、时间分辨荧光免疫层析定量检测卡、微流控芯片等技术的应用，不同程度提升了检测效率与准确性。⑥散装原料、添加剂、制粒/挤压膨化、干燥、包装等多环节均实现自动化。⑦饲料企业环保技术应用逐渐增加。水喷淋系统＋微生物处理＋沉淀＋净水回用技术、湿法离心除尘＋微波光氧除臭技术、高能紫外光解等臭气处理设备和系统逐渐被研发改进和应用。

7. 粮油行业信息自动化技术应用更加广泛深入

（1）信息和自动化辅助降低粮油收储风险

①新型粮情测控技术实现无人值守安全储粮。一体化的集成装备和系统实现了现场级和平台级的数据传输和综合判断预警。创新研发多功能粮情测控系统和粮情专家分析决策系统。②仓储作业智能一体化控制实现集中和适时精准控制。集成研发通风降温、气调储粮、内环流均温、空调控温等不同储粮作业的智能一体化现场控制装备及软件系统。③粮库专用巡仓、平仓和出入仓机器人推进粮库无人值守，实现粮库全天候、全方位、全自主智能巡检和监控。④压力传感与激光扫描式等粮食数量在线监测更加精准。⑤通过与粮情检测系统、制冷降温通风控制系统、自然降温通风控制系统、环流熏蒸通风控制系统四大系统的无缝集成及深入融合绿色低温储粮控制达到智能化控制。⑥油脂库存远程监管系统为油脂品质安全提供可靠保障，大大降低储油风险和成本。

（2）粮油物流信息和自动化水平进一步提升

①高大平房仓环保智能出仓系统获得质的提升。实现散粮出仓作业流程的自动化和智能化。②平房仓粮食装仓工艺仿真提高工作效率，缩短出入仓作业周期。③"三屏一云"的智能化、可视化粮食物流配送信息平台、粮食物流敏捷配送优化技术和散粮集装箱监测控制系统的开发与利用，有效地提高了粮食流通的安全性与自动化水平。

（3）信息和自动化提升粮油加工管控水平

①砻谷、碾米、成品整理等粮食加工核心装备实现设备工况在线监测、远程控制、现场集中控制及主动服务。磨粉机配套智能控制系统可实现生产过程数据自动诊断和修正、能耗管理。大型谷物干燥设备可进行分析、自我学习和智能调节，实现烘干系统的智能自动运行。②将能效管理引入生产控制系统，对设备运行工况在线监测、远程控制、现场集中控制达到节能增效。③粮油加工企业物联网系统，运用二维码或者 RFID、云平台等技术，逐步实现粮油加工过程质量安全追溯。④粮油仓储物流加工管控一体化信息管理系统实现对业务流程内货物流转、加工过程和人的行为的实时感知、精确规划和控制。

（4）高效能粮食行业电子交易体系逐步建立

①建立粮油全程电子商务交易与服务平台框架，应用全程电子商务技术支持多种交易模式在线交易。②建立从原粮收购到成品粮油营销的全产业链一体化协作机制，粮食全产业链协作一体化为宏观调控和行业监管提供支持。③积极发展商家对商家（Business to Business，B2B）、商家对个人（Business to Customer，B2C）、个人对个人（Customer to Customer，C2C）、线上到线下（Online to Offline，O2O）等交易模式，利用信息技术实现

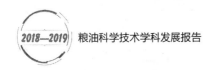

传统批发市场的转型升级。

（5）信息化使得粮食管理更加全面、便捷与直观

①利用物联网、传感器等技术实现购销业务实时管理。②实现仓储业务信息化管理和仓储单位和设施在线备案及全国仓储单位在线备案管理。③利用信息化技术实现案件举报的网上办理和线下办理的有机融合。④建设粮油地理信息系统（Geographic Information System，GIS）服务中心，整合基础地理信息数据和行业仓储、加工企业关联业务数据，通过改善相关数据的处理和显示方式，实现粮油信息直观可视化。

（二）学科发展硕果累累

1. 科学研究成果优良

（1）科技创新赋予粮油发展新动能

近五年来，粮油科技工作者积极践行习近平总书记关于科技创新的重要思想，秉承创新驱动、科技兴粮、服务国家粮食安全的理念，发奋进取，成绩斐然。

1）技术创新成果突出含金量高。"十三五"期间，粮油科学技术"油料功能脂质高效制备关键技术与产品创制"等5个项目获得国家科学技术进步奖二等奖；"生物法制备二十二碳六烯酸油脂关键技术及应用"等2个项目获得国家技术发明奖二等奖；"花生加工特性研究与品质评价技术创新与应用"等15个项目获得省部级一等奖；"培育具有国际竞争力的粮食企业研究"等4个项目获得国家粮食与物资储备局软课题一等奖；"食用油适度加工技术及大型智能化装备开发与应用"项目获得中国粮油学会科学技术奖特等奖；"纤维素燃料乙醇成套工艺技术及关键配套设备开发""粮食大数据获取分析与集成应用关键技术研究"等22个项目荣获中国粮油学会科学技术奖一等奖。

2）专利申请量持续迅猛增长。粮油科学技术项目申请专利数量延续了"十二五"期间高速增长的势头，共申请专利12235项，获得授权691项，授权率约5.34%。其中，小麦和玉米深加工方向所占专利申请量比例最高，粮油营养方向的专利授权比例最高。

3）论文及专著成果丰硕。近五年来，学科刊发的论文总量在8600篇以上，比同期增加约20%。其中，玉米深加工方向的论文量占比最高；英文论文的发表量也有明显提升，以小麦加工学科为例，所发表的英文论文占总论文量的49.5%。出版专著30余部，彰显了我国粮油科学技术学科的学术水平：提出了诸多有参考价值的新体系、新观点及新方法，具有很强的理论价值和实践价值；为一些新加工模式在粮油全行业的推广应用奠定了坚实的理论基础，提供了重要的技术依据。

4）粮油领域各项标准不断完善。在全国粮油标准化委员会以及原粮及制品、油料及油脂、储藏及物流和粮油机械四个分技术委员会的积极组织下，管理的产品标准164项、方法标准190项、机械标准131项、基础管理标准53项、粮油信息化标准40项、储藏标准37项、标准物质（样品）25项。团体标准得到了行业的高度重视。粮食行业按照营养高、品质好、粮耗物耗低的目标，以标准为导向，逐步调整粮油产品标准体系构成。改进和制订大宗粮油产品的加工机械标准、加工技术操作规范、设计规范，科学合理地修订大宗粮油产品的定等分级、加工精度等技术标准。比如，已经修订发布《GB/T 1354—2018 大米》《GB 1353—2018 玉米》《GB/T 1535—2017 大豆油》《GB/T 1534—2017 花生油》《GB/T 10464—2017 葵花籽油》《GB/T 19111—2017 玉米油》等大宗粮油产品国家标准，简化了分级定等指标，强化了纯度指标和加工精度指标，有助于节能减损推进粮食行业产业升级，发布 30 项粮油信息化系列标准，12 项"中国好粮油"系列，22 项小品种木本油料、油脂及其制品的系列标准，25 项实物标准样品系列标准以及大米粒型分类判定等一系列重要标准，支撑了行业重点工作的推进，填补了标准体系的空白和不足。

5）新产品种类繁多。①开发了富硒留胚米、冲调米胚、冲调米糠粉、米发糕、益生菌米乳、米面包等发酵米制品以及速冻米制品、膨化米制品、营养米制品、糙米米粉、米线、速食糙米粥等；开发了拉面、烩面、乌冬面、老面发酵馒头等专用粉，以及面粉预混粉、食用小麦麸、速溶胚芽粉等面粉深加工产品；开发了全麦挂面、苦荞挂面等产品。湖南裕湘、今麦郎、益海嘉里、克明面业等企业先后成功推出第二代方便面和高添加杂粮挂面；开发了玉米专用粉及玉米主食产品，玉米重组米、玉米降压肽、高分支慢消化糊精等；开发了杂粮方便食品、杂粮精制米和杂粮专用粉，基于适度可控凝胶化和压延技术创新实现燕麦、荞麦等高添加杂粮面条及全麦粉面条产品的开发，药食两用成分的功能性发酵面制品。此外，中西结合式发酵面食也在创新中不断涌现，如：中式夹心汉堡、水果馅包子、新型烤馒头等产品，以及符合营养健康趋势的可与米饭同煮同熟的混合杂粮产品已经初具规模。②饲料产品中，微囊化发酵生产高密度、高活菌含量的包囊乳酸菌产品具有较高的耐热稳定性。抗菌肽添加剂目前尚未列入农业部饲料添加剂目录中，但其是最具替代抗生素潜力的一类产品。③机械装备的新产品主要有自动砻谷机、自动碾米机、云色选机、全自动包装机、粮食物流进出仓集成装备、智能化布粮、散粮运输、品质控制与追溯（包括加湿调质、烘干等）、信息服务等环节的新设备。

（2）国家与地方加大科技专项支持

国家继续加大对粮油领域关键技术的研究与产业化开发的科研投入力度，全面提升了本学科的创新能力，有力促进了粮油产业的可持续发展。

1）国家重点研发计划专项成果众多。为了攻克粮食储藏品质保持、虫霉防治和减损降耗关键技术难题，国家粮食和物资储备局科学研究院牵头，吉林大学、南京财经大学、中储粮成都储藏研究院有限公司、河南工业大学等单位参加，承担了国家重点研发计划专项"现代食品加工及粮食收储运技术与装备"中"粮食收储保质降耗关键技术研究与装备开发"项目。为配合国家《粮食收储供应安全保障工程建设规划（2015—2020 年）》（简称"粮安工程"）实施和 1000 亿斤仓容新建粮库项目，在不同储粮生态区，实施现代粮仓绿色储粮科技示范工程，全面降低粮食损失损耗，中国储备粮管理集团有限公司等为课题牵头单位，承担了现代粮仓绿色储粮科技示范工程项目。此外，粮情监测监管云平台关键技术研究及装备开发的顺利实施，对清仓查库、反欺诈、粮情早期预警、新型粮情装备以及粮情早知道等进行研发，取得了初步成果，推动了粮油信息化应用发展。

粮食加工科学技术学科承担的项目数量喜人。其主要包括：大宗米制品适度加工关键技术装备研发及示范、大宗面制品适度加工关键技术装备研发与示范、传统粮食制品加工关键技术与装备、传统杂粮加工关键新技术装备、方便即食食品制造关键技术开发研究及新产品创制、特殊保障食品制造关键技术研究及新产品创制、中华传统食品工业化加工关键技术研究与装备开发、粮食收储保质降耗关键技术研究与装备开发、大宗粮食分类收储及超标粮食分仓储存技术标准研究、薯类主食化加工关键新技术装备研发、传统杂粮加工关键新技术新装备研究及示范、全谷物糙米粉食制品加工共性关键技术研究与示范、全谷物加工共性关键技术研究与重大产品创制、淀粉豆类方便即食食品制造关键技术研究新产品创制、粗粮及杂豆食用品质改良及深度加工关键技术研究与示范、碾米制粉制油节能减损技术指标研究与制定、基于挤压重组技术的方便杂粮主食品加工关键技术装备研制及示范、农产品加工与食品制造关键技术研究与示范、中式自动化中央厨房成套装备研发与示范、食品安全大数据关键技术研究、华中地区大学农业科技服务技术集成与示范、稻谷玉米淀粉代谢及黄变机制、食品风味特征与品质形成机理及加工适用性研究等。

油脂加工领域承担项目理论与技术并重。在"大宗油料适度加工与综合利用技术及智能装备研发与示范"项目中，以大豆、菜籽、花生等大宗油料为研究对象，开展基于新方法建立、新技术突破、新装备保障和新产品创制的科技创新链条建设，以及适度加工系统化技术规范建设等；构建油料油脂加工绿色多元化集成模式，实现大宗油料加工工程化技术集成应用和产业化示范，以带动传统油料加工产业的升级改造，显著提升我国油脂产业的整体加工水平与国际竞争力。"食品加工过程中组分结构变化及品质调控机制研究"项目，在全面收集油料品种的基础上，建立了加工适宜性评价模型、技术、方法与标准；明晰压榨、精炼等典型加工过程对油脂、蛋白、活性成分等特征组分分子链结构、聚集行为、单分子组装等多尺度结构变化；揭示油脂加工过程中甘油三酯晶型、蛋白网络结构、相界面等关键结构（域）形成途径，与制品感官、质构、营养、功效的关联机制；构建加工全过程组分结构与品质功能调控理论体系与可视化平台，实现油料产品品质功能导向的精准调控与高效制造，抢占国际油脂乃至食品加工科技前沿制高点。2018 年立项启动的"特色油料适度加工与综合利用技术及智能装备研发与示范"项目针对我国特色油料种类多、营养丰富，但地域分布广、性质差异大、加工技术粗放、专用设备缺乏、智能化程度低、产品单一、综合利用率低的特点，以及过度加工导致功能成分损失、潜在风险因子产生等突出问题，研发基于特色油料特性，精准适度加工与高值化利用的新技术、专业化智能装备，并形成示范线。

2）科技支撑计划等国家项目技术成果助力行业发展。本学科在 2015—2019 年完成了国家"十二五"科技支撑计划项目"粗粮及杂豆食用品质改良和深度加工关键技术研究与集成示范""现代杂粮食品加工关键技术研究与示范""甘薯主食工业化关键技术研究与产业化示范"的结题工作，有效改变了杂粮及杂豆"有营养、想吃、不方便、吃不上"的局面，转变杂粮、杂豆产业经济增长方式，培育新的经济增长点。拉动杂粮及杂豆全产业链发展，带动西部发展。解决了以高淀粉甘薯和紫薯甘薯为原料工业化生产新型绿色加工食品的关键技术问题。在粮食物流领域完成了"数字化粮食物流关键技术研究与集成"项目，取得了粮仓装粮面检测技术、油脂掺伪及塑化剂等有害物检测技术和粮食流通监测传感技术集成等3项重大技术突破，解决了长期以来在粮食库存监管、油脂掺假检测和传感器集成等方面存在的技术难题，提高了行业监管水平，实现了粮食行业信息化集成和传感器数据交换的标准化。该领域还完成了"'北粮南运'关键物流装备研究开发"等项目，作为项目成果之一的平房仓刮平机整机运行平稳、平仓及储藏效率高、产量大，仓外控制系统反应灵敏、动作准确，进出仓作业能力达300t/h，实现了平房仓散粮进出仓及平仓作业的机械化、高效化。

"十三五"期间，我国粮食行业第一个物联网示范工程——"国家粮食储运监管物联网应用示范工程"项目顺利验收，该项目面向我国粮食管理的发展需求，以粮食储运监管业务为核心，建设了智能粮库系统、智能应急成品粮系统、智能粮库物流系统、区域粮食储运监管系统、中央储备粮智能监管平台、粮食安全溯源数据中心及系统平台等，在110余座粮库完成了物联网技术应用示范，研发了行业专用传感器，实现了粮食仓储与物流的实时监控，提升了粮食流通监管水平和监控能力，为推广数字粮库技术、粮食行业信息化管理转型升级提供了技术基础、可行经验和示范样板。

3）粮食公益性行业科研专项等科技专项实施顺利。"十三五"期间，粮食储藏学科承担或实施了一系列粮食行业公益性科研专项。"规模化农户储粮技术及装备研究"项目聚焦制约我国农户安全储粮技术，重点研究了大农户农村粮食物流及综合技术、农村粮食物流和节点关键设备、物流信息平台及技术模式和技术标准，研发出区域性种粮大农户使用的储藏安全水分农户储粮粮仓以及配套的设备和技术工艺项目，完成了20m³、30m³、50m³、130m³、200m³规格仓型标准图，建立了7个规模化农户储粮示范点。"我国储粮虫螨区系调查与虫情监测预报技术研究"项目构建了基于云技术的储粮虫螨数据库及远程专家咨询决策系统，实现了仓储虫螨调查、在线害虫远程监测识别、虫螨发生发展推演以及专家决策预警的在线化和实时化。有效尝试了信息与自动化技术对粮食仓储中害虫防治问题的支撑，在监测装备、标准和平台模块等方面取得了重要进展。此外，还包括"储粮通风、临界温湿度及水分控制技术研究""粮堆多场耦合模型调控与区域标准化应用研究""储粮安全防护技术研究""我国储粮虫螨区系调查与虫情监测预报技术研究"等项目。国家粮食和物资储备局科学研究院、中储粮成都储藏研究院有限公司、河南工业大学、北京邮电大学、南京财经大学、中国农业大学、辽湘吉等地的粮油科学设计与研究院所以及粮食仓储工程设备有限公司等单位是项目完成的主力军。

（3）科研基地与平台建设继续深入

近五年来，在国家高强度投入的支持下，建设了一批国家重点实验室、工程技术研究中心、产业技术创新战略联盟、企业博士后工作站和研发中心等，大大改善了人才培养条件和科学研究条件，科技研发实力不断增强，基础研究水平显著提高，高新技术领域的研究开发能力与世界先进水平的整体差距明显缩小，部分领域达到世界领先水平，实现了由单一的"跟跑"向"三跑"（跟跑、并跑、领跑）并存格局的历史性转变。

1）国家级科研基地与平台。2018年南京财经大学申请获批了"国家优质粮食工程（南京）技术创新中心"。自2011年以来建设的"稻谷及副产物深加工国家工程实验室"等平台获得持续建设，针对稻谷为主的粮食原料，以提高粮食生产效益和综合利用为重点，开展稻米变性淀粉制取与应用、功能性糙米深加工、谷物胚芽油深加工综合利用等关键共性技术的研究。实验室利用现代生物技术、食品物性学技术，先后开发了淀粉糖系列产品、米渣蛋白和 γ - 氨基丁酸等前沿产品并转化为现实生产力；粮食储运国家工程实验室承担了"数字化粮食物流关键技术研究与集成""北粮南运关键物流装备研究开发"等科技支撑计划项目，并以平台为支撑，为粮食行业科技创新及技术工程化提供技术、人员、条件支撑；"粮食发酵工艺与技术国家工程实验室""小麦和玉米深加工国家工程实验室"分别在粮食精深加工工程与技术、粮食组分高效分离技术、粮食生物技术与功能性食品等各自主要研发方向上都取得了傲人的成果。以后者为例，实验室通过多年的努力，承担国家级各类项目共计43项，其中，国家高技术研究发展计划项目（"863"计划项目）2项、国家科技重大专项5项、国家科技支撑项目4项、国家自然基金项目32项。获得国家科学技术进步奖二等奖6项，省部级科技进步二等奖15项。"粮食加工机械装备国家工程实验室"以及由原国家粮食局批准建立的"国家粮食局谷物加工工程技术研究中心""国家粮食局粮油资源综合开发工程技术研究中心"和"国家粮食局粮油食品工程技术创新中心"等平台建设都获得了持续推动。

2）省部级重点实验室、工程中心和技术开发中心。①江苏省现代物流重点实验室（南京财经大学），主要从事溯源物流关键技术及其系统研发与应用、在线随机优化及其在智能物流中的应用、物流园区等方面的研究。②食品营养与安全国家重点实验室以天津科技大学食品科学、发酵工程等传统特色专业为依托，成立"省部共建食品营养与安全国家重点实验室"，围绕食品质量安全与食品营养健康研究的前沿和热点领域开展理论创新和应用基础研究。③依托中粮营养健康研究院的营养健康与食品安全北京市重点实验室、北京市畜产品质量安全源头控制工程技术研究中心、国家能源局生物液体燃料研发（实验）中心，针对中国人的营养需求和代谢机制进行系统性研究，以实现国人健康为诉求，也是集聚粮油食品创新资源的开放式研发创新平台。"十二五"期间，中粮营养健康研究院从无到有，形成了一支年轻有活力、学科交叉、文化多元的创新团队，打造了国家级开放式研发创新平台，成为"十三五"粮油食品科技战略执行的主体。④河南工业大学拥有粮食信息处理与控制教育部重点实验室、粮食储藏与安全教育部工程研究中心、河南省粮食信息与检测技术工程技术研究中心、粮食物联网技术河南省工程实验室、河南省高校粮食信息与检测技术工程技术研究中心、粮食信息处理河南省重点实验室培育基地、河南省粮食信息处理技术院士工作站共 7 个省部级科技平台，主要致力于利用信息技术解决粮食储藏、流通、加工、管理等过程涉及的质量安全和数量安全问题。促进粮食行业产业升级，提升粮食行业科技创新能力，强化粮食安全保障能力，服务于国家粮食战略工程和河南省粮食核心区建设的战略需求。⑤除国家级电子商务信息处理国际联合研究中心外，南京财经大学还拥有江苏省粮食物联网工程技术研究中心、江苏省电子商务重点实验室、江苏省商务软件工程技术研究中心等一批国家、省级科研平台，将物联网技术应用于粮食、食品溯源管理、服务于"大粮食信息化"，并向农业领域扩展。主要研究基础信息追踪与采集系统融合了目标自动识别技术、RFID 信息采集技术、ZigBee（短距离、低功耗的无线通信技术）等，将 ZigBee 与通用分组无线服务技术（GPRS）结合，形成远程数据获取平台。

（4）理论和技术突破加速粮油科学技术学科实现跨越发展

1）理论方面：①通过"粮堆多物理场 + 粮堆生物场——粮堆多场及耦合效应"的基础理论研究突破，为粮情云图分析技术提供了理论支撑。②杂粮与主粮营养复配、杂粮主食品食用品质改良、加工过程中杂粮活性物质的保存与调控基础理论方面取得突破。③"十二五"期间提出的"油脂精准适度加工"理论通过近五年的实践得到了进一步完善，并被写入《粮食行业科技创新发展"十三五"规划》和《中国好粮油行动计划》，在粮油全行业推广。"精准适度加工"模式摒弃了传统的高能耗、高排放、易损失营养素和形成有害物的过度加工模式，节能减排提质效果显著。在新理论的指引下，开发了低、适温压榨制油、双酶脱胶、无水长混脱酸、瞬时脱臭关键技术与装备，获得内源营养素保留率 ≥ 90%、零反式脂肪酸的优质油品，脱色工段也降低了加工助剂用量及能源消耗，提高了精炼得率。

2）技术方面：①突破了粮堆湿度在线检测技术难题，采用温湿度一体化集成粮情检测和云图分析技术，提高对机械通风、谷物冷却等工艺的控制精度，利用基于云平台的粮情综合分析技术，为仓储智能化提供基础装备和数据支撑。②我国传统蒸煮类食品小麦专用粉生产方面的新技术取得突破，将品质控制、产品研发有机融入小麦加工过程，按功能特性对在制品进行分离，并按照不同面制食品对面粉品质的需求进行重组，创新基于在制品配制为主导的专用粉生产技术，使优质馒头、面条、饺子等专用粉出粉率提高 20% 以上。③玉米深加工利用基因工程技术对玉米原料修饰改性，发酵工程对玉米制品进行功能性深化，以及新型加工装备和技术对玉米原料进行综合加工、绿色生产。④创新杂粮精制制粉、多谷物营养复配、杂粮主食化、杂粮食品的风味调控、杂粮食品的保藏等核心技术，以及杂粮活性组分的活性保持与调控技术取得突破。⑤发酵米制品的现代化加工新技术在国内取得突破，形成了传统发酵米制品优势菌种分离鉴定技术、专用发酵剂生产技术、专用粉加工技术、米制品品质调控技术等系列关键技术，实现了米糕、米酒等传统发酵的绿色高效现代化加工。⑥制炼油新技术不断涌现。我国水酶法制油技术、超临界 CO_2 萃取技术和亚临界萃取技术得到应用，大型生产装置实现国产化。成功开发出异己烷为主要成分的植物油低温抽提剂，迄今已在十几家浸出油厂得到应用。油脂资源利用水平大幅提高，产品打破国外垄断。突破了高黏高热敏性磷脂精制、纯化分离和改性等技术难题，开发出酶改性和高纯磷脂酰胆碱梯度增值产品，建立了磷脂国产体系。建成危害因子溯源、检测和控制技术体系，保障食用油安全。开发出反式脂肪酸、3-氯丙醇酯、多环芳烃、黄曲霉毒素、3，4-苯并芘等危害物的高效检测、控制和去除技术并集成示范。攻克重大装备大型化难题，智能化趋势明显，显著提升节能降耗水平。⑦粮食物流跨界融合、平台整合，经营模式不断创新。"互联网＋智慧物流"助推企业加速发展；"互联网＋高效运输"开启公路货运提质增效新模式，车型标准化有序推进；"互联网＋智能仓储"等开始试水。先进信息技术在物流领域广泛应用，仓储、运输、配送等环节智能化水平显著提升，物流组织方式不断优化创新。⑧粮食信息与自动化在智能保水通风、制油、粮食数量安全预警监控应急、虫情监测预报、"智慧粮食"平台技术等方面都有所建树。

3）装备方面：首次开发了"新型脱硫除尘、固体粉尘控制、废气（余热）"技术集成的大型绿色环保节能减排粮食干燥技术装备，克服了脱硫除尘效果差的技术难题。开发了室外大型环保物联网控制谷物干燥技术装备，将数字化设计和模拟技术应用于干燥机结构设计，占地面积每台机可减少 10%，降水速率提高 20%，工作环境的粉尘浓度降低 30%。国内自行设计制造的大型榨油机、轧胚机、调质干燥机、浸出器等设备经济技术指标先进，节能效果显著，广泛用于国内外油脂加工企业。我国生产的叶片过滤机性能与指标达到国际先进水平，自行设计制造的中小型离心机，性能优良，性价比高，应用极为广泛。低破碎低能耗自动碾米机首创实时调整碾米机转速和进出口流量，比普通碾米机吨米电耗降低 15.98kW·h，增碎率降低 8.4%，温升降低 13℃。FBGY 系列小麦剥皮机采用原创的"多元渐压旋剥原理和方法"，达到小麦表皮清理和轻度剥皮目的。清理设备减少 30% 以上，动力配置降低 50%，小麦增碎率下降 80%；通过一道剥皮可降低小麦呕吐毒素含量 30%，微生物菌下降 50%；主要构件使用寿命比传统设备延长 5~8 倍。

2. 学科建设固本强基行稳致远

（1）学科结构日趋稳定

目前，粮食储藏学科主要是以粮食储藏基础理论和应用技术相结合，系统研究设计"三位一体"模式的学科结构。主要依托河南工业大学、南京财经大学、江南大学、武汉轻工大学等四所高校培养相关专业高校毕业生。在前两所高校还有粮食储藏领域服务国家特殊需求项目的博士人才培养。河南工业大学于 2017 年获得粮食储藏相关学科博士授权资格和 3 个博士点，该校拥有粮食储藏科学与技术领域的国家级协同创新人才培养以及本学科相关的博士后流动站。

我国设置粮食加工相关的食品科学技术与工程专业学士、硕士和博士学位的高校分别为约 146 所、38 所和 15 所。江南大学、河南工业大学、武汉轻工大学、南京财经大学、南昌大学、天津科技大学、华中农业大学的粮食加工、食品营养为优势特色学科。高校中设置的粮食加工学科涉及的本科专业有粮食工程、结构工程、食品科学与工程等，在硕士生培养层次有粮食、油脂及植物蛋白工程、农产品加工与储藏工程、土木工程、粮食信息学等。其中，江南大学是以粮食加工为优势特色学科的"211"重点建设高校和"985"平台建设高校。在 2019 年 1 月科睿唯安（Clarivate Analytics）公布的最新 ESI 数据中，江南大学进入 ESI 全球前 1% 的学科有 6 个，分别是：农业科学、工程学、化学、生物学与生物化学、材料科学、临床医学。其中农业科学学科进入全球 ESI 排名前 0.5‰。河南工业大学粮食加工学科拥有全国最完整的粮油食品加工学科群，构建了集储运、加工、装备、信息、管理等于一体的完整学科体系，拥有博士学位授权一级学科、硕士学位授权一级学科；粮食加工为国家特色专业建设学科和专业，国家卓越工程师培养学科；粮食产后安全及加工学科群入选河南省首批优势特色学科建设工程。油脂加工学科已发展成为包括油脂化学、油脂营养与安全、油脂加工工艺、油脂化工、油脂装备与工程以及油脂综合开发利用等几大分支的学科，截至 2017 年，全国设置相关专业研究生的高校有 57 所，天津科技大学、吉林工商学院等新设了油脂工程专业。具有粮食物流专业学科特色的大学院校主要有 9 所，有 10 多所院校具有动物营养与饲料科学博士学位点，30 多家高校具有动物营养与饲料科学硕士学位点。粮油信息与自动化学科在《GB/T 13745—2009 中华人民共和国学科分类与代码简表》中分布于 120 信息科学与系统科学、413 信息与系统科学相关工程与技术、510 电子与通信技术、520 计算机科学技术和 550 食品科学技术。

（2）学科教育特色鲜明

1）高等学校师资队伍人才辈出。目前国内有 4 所高校设置了粮食储藏专业，粮食储藏专业师资力量强，教师具有良好的业务素质和较高的学术水平与教学水平，拥有教授、教授级高工、副教授超过百人。专业负责人具有丰富的教学和管理经验，专业教师有工程实践经验，为培养高素质的人才奠定了坚实的基础。通过从"九五"至"十三五"连续多年的学科建设和人才培养、引进，造就了一批食品科学与工程的杰青、优青、长江学者、百人计划学者、千人计划学者、万人计划学者、农业科研杰出人才、科技部中青年科技创新领军人才等高科技人才，形成了一支较高水平的食品科技创新队伍和教学队伍，为粮油工业快速发展和提升师资队伍整体水平提供了有力的人才保障。

2）课程体系与教材传承经典。在课程体系设置上，粮食储藏专业主要包括通识教育课程（人文社科、自然科学技术技能等，约占 36%）、学科平台课程（占 31%）、专业平台课程（约占 16%）、专业实践类课程（约占 17%）。粮食储藏专业特色课程包括粮油储藏学、粮食化学与品质分析、储藏物昆虫学等。粮食物流专业主要课程有物流学概论、运输组织与管理、采购与供应管理、物流战略管理、供应链管理、配送中心规划与管理、国际物流学、物流工程与管理、物流信息管理、物流运筹学、仓储管理、采购与供应、物流中心设计与运作、物流技术与装备、运输与配送、运营管理、物流管理英语等。全国同时开设信息科学与技术、控制科学与工程和粮油科学技术学科课程的高校较少，其中具有传统代表性的3所粮食高等院校分别是为河南工业大学、南京财经大学和武汉轻工大学。

3）教学条件建设持续加强。各高校都注重教学和企业实践，如粮食储藏专业，河南工业大学扩建了5000m²专用科技研发实验楼和总容量720t小麦储藏中试试验仓；南京财经大学建设有20000m²粮食工程教学与科研实训基地，建设了2350m²的专用实验室。又如油脂加工，许多大中型油脂加工企业建有研发中心，初步形成了以企业为主体、科研院所为支撑、市场为导向、产学研政用"五位一体"的研发体系构架。粮油科学技术学科优势专业高校教学条件进一步加强，例如河南工业大学拥有国家级粮油食品类工程应用型人才培养模式创新实验区、河南省食品科学实验教学示范中心等，建有粮食储运国家工程实验室、粮食储藏与安全教育部工程研究中心等。在粮食物流专业方面，拥有河南省人文学科重点研究基地——物流研究中心。南京财经大学拥有"现代粮食流通产业发展与政策"博士人才培养项目1项，"粮食安全与工程"江苏高校优势学科1个；建成粮食储运国家工程实验室1个，电子商务信息处理国际联合研究中心1个，现代粮食流通与安全协同创新中心1个。武汉轻工大学经济与管理学院设有物流管理本科专业，并被列为湖北省战略性支柱（新兴）产业人才培养计划。

（3）学会建设更加繁荣

中国粮油学会是中国科学技术协会领导下的全国性一级学会，挂靠国家粮食和物资储备局，是以从事粮食和油脂科学研究、工业生产的高中级科技人员和企业家为主体的跨行业、跨地区、跨部门的群众性学术团体。下设14个专业分会，即储藏、食品、油脂、饲料、信息与自动化、粮食物流、米制品、发酵面食、粮油质检研究、粮油营销技术、粮油营养、玉米深加工、面条制品和花生食品；3个工作委员会，即组织、学术、技术普及。现有个人会员17404人，团体会员1628个。其中，以粮油营养分会会员总数和增幅最多，注册会员人数达到10288名，占中国粮油学会个人会员总数的59%；年增长人数4912名，年度增长率91.3%。

近五年来，为贯彻落实国务院《深化标准化工作改革方案》的要求，推动粮油食品领域团体标准的发展和壮大，学会积极进行团体标准项目的立项评审。2018年《浓香菜籽油》《特优级核桃油》《花生油质量安全生产技术规范》首批3项油脂团体标准接受审定。在人才建设方面，学会首席专家岳国君2015年成功增选为中国工程院院士。江南大学食品学院教授、中国粮油学会油脂分会常务副会长王兴国2018年获第十二届光华工程科技奖，成为油脂工程科技领域第一位获得该奖项的专家。学会深入贯彻落实人才强国战略，为引导粮油青年科技工作者积极投身创新并表彰先进，开展首届青年科技奖和终身成就奖的评选工作。同时，为扶持培养具有较大创新能力和发展潜力的青年科技人才，学会还积极组织开展"青年人才托举工程"的评选工作。为深入贯彻习近平总书记关于大兴调查研究之风的重要指示精神，支撑粮油产业发展，学会组织开展了《国内外粮油科学技术发展现状与趋势》及《环渤海油脂产业综合利用调研报告》两个调研。2017年与国际谷物科技协会（ICC）联合举办"第一届 ICC 亚太区粮食科技大会"，同年与欧洲油脂科技联盟共同举办了"第九届煎炸油与煎炸食品国际研讨会"，并于同期举行了第八次全国会员代表大会暨第九届学术年会。2018年，与哈萨克斯坦中哈粮食产业企业家联合会签署《中国粮油学会与中哈粮食产业企业家联合会合作谅解备忘录》。在第三届中国科协优秀科技论文遴选计划中，通过专家推荐、牵头单位组织遴选、中国科协组织认定等程序，《中国粮油学报》论文获得入选。

各分会工作各具特色。①近年来，储藏分会举办了融学术交流为一体的仓储设备与技术的小型展览，为基层粮库提供了一个集学术交流、技术咨询、技术服务和技术推广于一体的专业学术平台，开展了务实和卓有成效的专业技术服务工作。②食品分会始终紧扣国家和行业的热点、焦点问题，如粮食供给侧改革、全谷物健康食品、"一带一路"倡议等，并围绕用新工艺、新技术、新材料来改造、提高传统粮食行业的整体水平，探讨粮食加工的精深加工发展，有力推动了粮食食品学科和行业的发展。③玉米深加工分会每年赴我国山东、东北等玉米主产区的数十家玉米淀粉、变性淀粉、淀粉糖深加工企业调研了解玉米以及玉米深加工产品的供需情况，商讨新形势下发展玉米深加工产业所面临的挑战和应对措施，并协助国家相关管理部门掌握行业的整体情况。④米制品分会成立了由行业知名专家与企业家组成的科技团队，有力推动了广西螺蛳粉、江西米粉、湖南米粉、广东米粉等我国优势区域米粉产业的发展。⑤面条制品分会吸引了中国行业有影响的企事业单位、科研院所、有关院校及专家学者。⑥发酵面食分会举办两年一届的全国乃至全球华人行业技能竞赛——中华发酵面食大赛，引导和带动广大发酵面食从业人员提高技能水平，推动行业发展进步。⑦粮油营养分会挂靠在中粮营养健康研究院，从粮油、食品、营养等多角度开展高水平学术会议、交流活动，搭建学术交流平台，融合产业，对接市场，为科技创新和成果推广打基础，平均每年参与科技学术活动逾百场。⑧油脂分会2017年组织业内47位权威专家向国家粮食局和国家发改委提交了《建议国家大力支持米糠油产业发展》的报告，希望政府有关部门像支持大豆产业一样支持米糠资源的利用；完成了撰写《国内外粮油科学技术发展现状与趋势》课题报告中的油脂专题；协助总会完成了上交国家粮食局的《我国环渤海油脂产业综合利用调研报告》。⑨粮食物流分会参与多项国家发展和改革委员会、国家粮食和物资储备局的重大规划和课题，完成了十几个省、市的粮食物流规划以及港口等大型园区、大型企业的规划。⑩信息与自动化分会通过四年的发展，进一步完善分会管理机制，加强了会员管理，增强分会凝聚力。

（4）多层次培养粮油人才

1）学校教育。近年来，在学校教育的专业设置上立足社会和市场需求，在学生培养过程中注重培养学生的批判性思维和跨学科思维以及面向行业科技发展解决实际问题的能力，积极营造独立思考、自由探索、勇于创新的良好环境，培育学生的国际视野。在学科人才培养上，目前已形成从本科生到硕士、博士研究生的成熟人才培养体系。粮油食品学科传统强校的学校教育也各有特色，江南大学食品学院近三年年均招收本科生 350 人、硕士生 310 人、博士生 90 人。学院实施工程化、国际化、学术型、创业型四大类个性化人才培养。河南工业大学粮油食品学院每年招收本科生 500 人、硕士生 160 余人、博士生 20 余人，2012 年获批"服务国家特殊需求博士人才培养项目"，2017 年获得食品科学与工程一级学科博士学位授权。武汉轻工大学食品科学与工程学院年均招收全日制本科生近 500 人、硕士生 50 余人。南京财经大学食品科学与工程学院有 5 个本科专业，硕士生 200 余人，食品科学与工程是国家特色专业、江苏省品牌专业，食品科学与工程、食品质量与安全是江苏省"十二五"高等学校重点专业。粮食储藏学科的学校培养以行业需求为导向、以业务和综合素质兼具为追求，着力提升学生的工程素养。河南工业大学、南京财经大学和武汉轻工大学三校在粮油信息与自动化方向的本科生招生规模每年 3000 人左右，硕士研究生招生规模每年 200 人左右。其中，食品科学与工程学科致力以计算机信息技术改造和提升传统产业和企业的业务流程，粮食信息处理与控制、电子商务等重点实验室也融合多方人员。毕业生从事相关专业学科方面工作的比例也在逐年提升。如饲料学科科研院所通过大量的科研课题和工程应用，为饲料工业培养专业技术人才。在饲料加工学科专业人才培养方面，河南工业大学、武汉轻工大学为我国饲料行业培养近 1000 名饲料加工工程方向专业人才，为饲料设备、饲料加工企业的发展提供了人才保障。

2）职称评审。根据国家《专业技术人才队伍建设中长期规划（2010—2020）》的精神，学科专业技术职务资格评审每年都在积极地开展职称评审工作，其中：初级、中级评审单位较多，一般在当地有关单位即可；企事业单位科技人员的高级职称评审主要为中国粮油学会协助国家粮食和物资储备局开展行业自然科学研究系列、工程系列高级专业技术职务任职资格评审工作，每两年评审一次，2015—2017 年共计 37 人获得正高级专业技术职称、55 人获得副高级专业技术职称。此外，中粮集团可开展本企业副高级职称的评审；各省有关部门可进行高校和企事业单位的高级职称评审。总体上粮油科学技术人员的职称结构持续合理化，老、中、青相结合，拥有大批的中高级技术职称人才，年轻的高学历技术人才在行业学术上也在逐步发挥重要作用，有力地推动了行业高级人才队伍建设。

3）职业技能培训。根据《中华人民共和国劳动法》有关规定，人力资源社会保障部、国家粮食和物资储备局共同组织制定了（粮油）仓储管理员、制粉工、制米工、制油工 4 个国家职业技能标准，于 2019 年 4 月 12 日颁布施行，学会承担了标准的起草等工作。新标准主要为规范从业者的从业行为，引导职业教育培训的方向，为职业技能鉴定提供依据，适应经济社会发展和科技进步的需要，立足培育工匠精神和敬业风气。

各分会或机构也积极开展技能培训。河南工业大学中国粮食培训学院（筹）以高校、企业、政府专家培训团队为依托，以国内粮油行业专业技术人才、党政管理干部、高技能人才、企业经营管理人才和发展中国家人力资源培训工作为重点，逐步成为具有粮食特色的培训机构，在国内外成为具有一定知名度和影响力的粮食产业人才培训基地。河南工业大学粮油食品学院拥有国家粮食和物资储备局的"全国粮油食品行业培训郑州基地"，并于2018年入选国家人力资源和社会保障部国家级专业技术人员继续教育基地，2015—2019年承办了20多期国内粮油食品技术培训班和8期援外技术培训班。

4）科研团队的发展状况。粮油科学技术科研团队主要依托科研单位和高等院校，主要有国家粮食和物资储备局科学研究院、中储粮成都储藏研究院有限公司、江南大学、河南工业大学、南京财经大学、武汉轻工大学、中粮营养健康研究院、中国农科院农产品加工所及油料作物研究所、丰益（上海）生物技术研发中心、暨南大学等单位，在重大研究上发挥各自优势强强联合攻关，目前科研人才队伍稳定，新生力量也在不断成长，粮油科技人才队伍良性发展。已形成国家粮食和物资储备局科学研究院粮油储藏研究团队、河南工业大学小麦加工与品质控制研究团队、江南大学食用油营养与安全科技创新团队等为代表的30余个粮油科学技术学科重要团队，形成了如粮食储藏"四合一"升级新技术、高效节能、清洁安全小麦加工新技术、大豆油精准适度加工系列关键技术等一大批关键技术支撑产业发展。近年来团队累计发表论文4000余篇，出版著作100余部，申请及获得专利1600余项，制（修）订标准近400件，获得奖项170余个，开发新产品近170种。

（5）学术交流合作分享研究成果拓宽国际视野

近五年来，粮油科学技术学科主办、主持国内会议37次，参会人数超过8500人；主办、主持国际会议12次，参会人数超过2200人。

1）国内学术交流。粮油科学技术学科积极推动国内学术交流和培训。以粮食储藏学科为例，"十三五"期间，举办相关的国内学术交流达到20多次，其中：借助中储粮成都储藏研究院有限公司的科研力量，中国粮油学会储藏分会打造了实力雄厚的学术交流平台，坚持每年聚集行业内权威专家及广大储粮科技工作者，发布新方法、新理论，总结新成果、新经验，探讨新技术、新途径，有效地推动了科技成果转化，强化了科技工作者和企业的联系；以国家粮食和物资储备局等单位为组织的科研单位、高等院校积极举办储粮专题研讨会，在全国各地多次召开绿色生态储粮新技术研讨班，培训近2500余人。这些学术交流活动为学科的繁荣发展起到了积极作用。粮油加工等研究各领域也积极举办各类学术年会和研讨会，针对学科出现的新情况，组织专家研究提出应对策略，帮助生产企业排忧解难，对于推动科技成果转化、强化科技工作者与企业联系和促进学科繁荣健康发展起到了积极的作用。

2）国际学术交流。把国外专家"请进来"。一方面通过举办国际会议邀请国外专家进行学术交流。第一届"ICC 亚太区粮食科技大会""第九届煎炸油与煎炸食品国际研讨会"等国际会议顺利召开。各分会积极参与举办国际交流活动，如举办"国际小麦品质研讨会""2017 年粮食储运技术基础国际学术研讨会""第九届发酵面食产业发展大会""国际粮食加工场所害虫防治研讨会"，聚焦创新驱动产业升级。同时，特邀了美国 James Throne 教授、Bob Cracknell 教授，澳大利亚默多克大学任永林教授，加拿大 Digvir S. Jayas 教授、周挺教授、张强教授等国内外知名专家做主题报告。另一方面，通过特邀专家讲学或者联合指导学生等方式进行学术交流。如国家粮食和物资储备局邀请了马来西亚诺丁汉大学刘中林教授、俄克拉荷马州州立大学乔治教授以及澳大利亚默多克大学杜鑫工程师等作了学术交流；河南工业大学聘请加拿大曼尼托巴大学 FujiJian Field Paul 教授、澳大利亚默多克大学任永林教授等担任海外的兼职博士研究生导师。此外，还积极开展如"中国政府－世界粮食计划署（WFP）南南合作农作物生产及产后减损"等非洲国家的培训班。

3）让专家"走出去"。一是派国内学者到技术先进的国家进行学术访问，如国内科研机构分别派学者去英国瑞丁大学、澳大利亚默多克大学、加拿大曼尼托巴大学进行学术访问交流。二是让国内科研学者走上国际交流的舞台，如参加"第 12 届国际储藏物保护大会""美国国际谷物化学师协会年会""国际葵花籽油高峰论坛""国际稻米油发展论坛会""第一届亚太区粮油科技大会"和"全谷物峰会"等会议。三是各学科注重与海外机构和企业的合作，以杂粮加工学科为例，其与加拿大杂豆协会、亚洲农业工程学会、国际谷物科学技术学会等国外 40 多个学术团体、国际组织以及美国、加拿大、德国、英国、荷兰、挪威、丹麦、日本、澳大利亚等 80 多个国家的科研机构和企业持续开展着广泛的交流与合作；设有与美国普渡大学、荷兰瓦赫宁根大学、印度达尔瓦德农业科技大学等合作的中印有机杂粮研究所等 20 多个联合研究中心。

（6）传承专业经典，彰显粮油魅力

1）专著与教材。"十三五"期间，出版了一系列粮油科学技术学科专著及丛书，成果丰硕。主要包括：《粮食储藏横向通风技术》《现代粮食干燥技术与装备》《粮油安全储存守则》《粮库安全生产守则》和"粮食储藏技术实用操作丛书"《控温储粮技术实用操作手册》《谷物冷却储粮技术实用操作手册》《种粮大户安全储粮实用技术操作手册》等，这些专著反映了我国粮油储藏学科的发展水平。粮食加工学科形成了如《稻谷加工工艺及设备》等近 10 部系列专业教材和专著，并出版学科论文集 4 部；油脂加工学科编写出版了 7 部高等学校油脂专业系列教材。这些教材和专著汇集国内粮食、油脂加工学科领域的主要成果和成就，分析整理了基础性的理论和观点，提出了诸多有参考价值的新体系、新观点或新方法，具有很强的理论价值和实践价值。油脂加工学科出版的《现代油脂工业发展》主要论述了油脂工业发展、油脂营养与油厂安全、浸出制油法和米糠、玉米胚制油的发展等，是中国现代油脂工业发展的一部见证之作。《食用油精准适度加工理论与实践》介绍了食用油精准适度加工的理论基础、技术要素和实施路径，以及重大产品的开发、质量评价与标准体系建设等内容，为新加工模式在粮油全行业的推广应用奠定了坚实的理论基础，提供了重要的技术依据。2016年，油脂加工学科经典著作《贝雷油脂化学与工艺学》的第六版中文版6卷本出版发行。这些专著代表了我国粮油科技工作者的学术水平，凝聚了智慧、展示了才华，具有较高的理论造诣和丰富的实践经验，也是学科相关研究的重要参考书籍。

2）学术期刊。主要有《中国粮油学报》《粮食储藏》《粮油仓储科技通讯》《粮油食品科技》《中国油脂》《食品科学》《食品工业科技》《粮油科技（英文）》《粮食与食品工业》等基本期刊。其中，《粮食储藏》和《粮油仓储科技通讯》是粮食储藏行业技术交流的主要载体，为行业的技术推广和成果转化发挥了重要作用。此外，粮食物流学科的主要学术期刊有25种，粮油信息与自动化学科国内学术刊物约有14种。

（7）科普宣传提升大众粮油科学素养

世界粮食日和粮食科技周是每年本学科进行科普宣传的主要窗口和形式。"十三五"期间，通过"科技活动周""粮油食品安全与营养健康科普宣传"等活动使粮食科普进社区、进家庭、进学校。抓住契机多样化科普宣传，如中储粮成都储藏研究院有限公司深入革命老区赤水，开展了"粮油食品安全与营养健康科普宣传"，通过现场派发宣传教育手册和讲解，指导当地老百姓了解日常生活中的粮油知识；各科研院所热情接待来访民众，开放实验室，解答民众及社会热点焦点。中国科协实施了全民科学素质行动计划项目，米制品分会申报"糙米高 γ – 氨基丁酸烹饪方法研究与科普推广"项目，省科技特派员项目面向贫困地区调动更多的人才、智力资源。发酵面食分会通过持续的科技下乡活动、举办发酵面食大赛等多种形式，普及面点知识，有力推动了当地发酵面食行业的产业化、品牌化进程。粮油营养分会推出"营养健康大讲堂"特色活动，带动科普和公民素质建设整体水平显著提升；还建立了"粮油与营养"微信公众号，创办了《食营养》期刊，运用了微信微刊等新媒体的传播途径，使内容和手段更加科普化、大众化和趣味化。中粮营养健康研究院还组建了专业扎实又充满热情的儿童营养健康讲师团队伍讲授课程，为孩子养成良好的生活习惯打下基础。为提高消费者的油脂营养与健康知识，油脂分会及专家认真参与编写《粮油食品安全与营养健康知识问答》等7部科普书籍。对有关油脂加工和营养方面的错误言论、"两件网络食品谣言""反式脂肪酸问题"等传言，召开新闻发布会及时进行了有理有节的批判并澄清真相，引导消费者以科学的态度对待食用油安全中出现的敏感问题。

（三）学科在产业发展中的重大成果及应用

1. 重大成果及应用综述

"十三五"期间，粮油科学技术学科从基础理论到应用技术研究都有较大的发展，取得了一系列科学技术成果，提高了我国粮油科学技术的整体实力，在粮油产业中得到推广应用，亦产生了巨大的经济和社会效益。

1）粮食储藏方面，特别在低温绿色储粮技术、内环流控温储粮技术、平房仓横向通风成套储粮技术等方面的重大成果应用，提高了我国储粮工艺的技术水平。

2）粮食加工方面，特别是大型绿色节能稻谷加工装备关键技术与创新、小麦加工磨撞均衡出粉的制粉新技术、三相小麦淀粉分离新技术、淀粉糖汽爆加氢技术、酶解－微生物联用及真空连续结晶等技术、燕荞全粉、薏仁米、营养主食米制品生产关键技术与设备、挂面连续真空和面等集成技术、个性化功能性发酵面食产品开发等方面的成果应用，大大增强了我国粮食及其制品加工的技术能力。

3）油脂加工方面，特别是油料功能脂质高效制备关键技术与产品创新、新型植物油抽提溶剂开发与应用技术、食用油脂质量安全控制关键技术、米糠油加工关键技术、食用油适度加工技术及大型智能化装备、大宗低值油脂高值化关键技术、油茶籽加工增值关键技术、芝麻油适度加工与副产物高效利用创新技术、大豆 7s 和 11s（两种不同沉降系数的大豆蛋白组分）蛋白质提取及低聚肽的研究和新型智能化装备、核桃油加工关键技术、生物法制备二十二碳六烯酸（DHA）油脂关键技术等方面的重大成果应用尤为突出。

4）粮油质量安全方面，研发制备了 200 余种重要危害因子单克隆抗体，提出了"基于等离子手性信号的高灵敏检测新技术"，将检测敏感度提高到单分子水平，在降低成本、操作便捷等方面有了跨越性的进展。胶体金层析法快速定量测定粮食中铅和镉以及抗虫和抗除草剂转基因蛋白、X 射线荧光光谱法快速定量测定小麦及小麦粉中镉含量、时间分辨荧光免疫层析法快速定量测定粮食中黄曲霉毒素 B_1 和脱氧雪腐镰刀菌烯醇、酶抑制法快速定性测定粮食中有机磷和氨基甲酸酯类农药残留等一批快速检测技术已经成熟，涵盖了粮食中重金属、真菌毒素、农药残留、转基因等主要安全风险因素，填补了国内空白。

5）粮食物流方面，结合实践逐步推出了商贸物流发展模式、"互联网＋粮食"发展模式等，开辟了北部湾港口玉米集装箱北粮南运多式联运云南线路及"一带一路"国际粮食运输通道，推出区域粮食公共信息平台。通过运用大产量、轻便型密闭式移动散粮接卸、输送、清理、除尘装置及清仓机器人，结合横向通风成套技术的推广应用，大幅提升平房仓物流效率和作业环保水平。埋刮板机械式连续卸船机打破了长期依靠进口的局面，火车移动散粮装车系统得到应用。

6）饲料加工方面，特别在大型智能化饲料加工装备的创制及产业化、畜禽饲料中大豆蛋白原抗营养因子研究与应用等方面获得重大成果。在促进行业的规模化、集约化水平，提升饲料营养和动物健康水平等方面做出了重要贡献。

7）粮油信息与自动化方面，以粮食大数据获取分析与集成应用关键技术、室外大型环保物联网控制谷物干燥技术及装备产业化、粮食储藏数量检测技术与设备、"粮安工程"粮库智能化升级改造专项项目、中储粮智能化粮库建设项目和国家粮食储运监管物联网应用示范工程等粮油信息与自动化重大工程项目为代表，在粮油收储、物流、加工、电子交易和管理等领域取得了一系列重大成果。

2. 重大成果与应用的示例

1）营养代餐食品创制关键技术及产业化应用。该项目获得 2015 年度国家科学技术进步奖二等奖，发明了高溶解、高乳化和耐盐蛋白及免疫活性短肽和多糖等营养配料的高效制备与应用技术，创建了以谷物豆类为基质的临床营养代餐食品加工关键技术，突破了全谷物浓浆和复合植物蛋白营养乳加工技术装备瓶颈，创制出全谷物冲调食品品质改良成套技术装备，显著改善了产品的营养结构，整体技术达到国际先进水平。在全国多家龙头企业推广，取得了显著的社会经济效益

2）油料功能脂质高效制备关键技术与产品创新。该项目获得 2016 年度国家科学技术进步奖二等奖，突破了微波调质压榨－物理精炼制备功能脂质技术，实现油料细胞的微膨化，促进脂类伴随物的高效溶出，脂质中总酚提高 3 倍，菜籽酚提高 8 倍。基于双重吸附的酶固定化技术，建立了多不饱和脂肪酸的超声波预处理酶促定向酯化技术，创制的 α－亚麻酸甾醇酯纯度达 96.9%。项目成果成功应用于全国 10 多个省份 30 多家企业，产品销往美国、德国、丹麦等 50 多个国家和地区。

3）大型智能化饲料加工装备的创制及产业化。项目获得 2017 年度国家科学技术奖二等奖，发明了齿坡递进打击粉碎、双轴双层大小螺旋桨叶混合、压辊自平衡浮动制粒等大型饲料装备核心技术，创新研发了规格最大、国际领先的饲料加工主机装备，构建了饲料智能化生产体系，自主研发了饲料企业资源智能调度、交叉污染防治、成套线能源优化及生产管理控制技术，使产量由 30t/h 提高到了 100t/h。建立了数字化、模块化设计技术与软件平台，设计和工程建设周期分别缩短到原来的 1/3 和 2/3。

4）200 种重要危害因子单克隆抗体制备及食品安全快速检测技术与应用。该项目获得 2017 年国家科技进步奖二等奖，提出了"基于等离子手性信号的高灵敏检测新技术"，不仅将检测敏感度提高到单分子水平，还明显降低了成本并使操作更便捷。该项目中等离子手性光学传感检测技术方法敏感度比目前最灵敏的检测方法还高出 50 倍。成果在多家企业应用成果显著，取得了明显的社会效益和经济效益。

5）生物法制备二十二碳六烯酸油脂关键技术及应用。该项目由南京工业大学等单位研发，获得 2018 年度国家技术发明奖二等奖。该项目发明了从菌种定向选育、发酵过程控制与放大到油脂提取精制的成套绿色工业化生产工艺，率先实现了裂殖壶菌来源的高品质 DHA 油脂的规模化生产；同时突破了裂殖壶菌规模化生产 DHA 的技术瓶颈，整体技术处于国际领先水平。油脂行业大力组织该项技术的推广取得很好成效，已在多家企业成功应用，产品远销海内外。

6）低温绿色储粮技术。通过对储备仓主体进行保温隔热，开发了浅层地能控温系统和风冷空调控温系统，研究了低温储藏工艺，主要采用浅层低能控温系统与面层空间自动控温系统结合，研究了低温储粮条件下的安全水分、原粮品质变化规律及制冷工艺运行技

巧。制定了低温储粮技术操作规程和仓储管理相关制度等。目前已建设低温绿色粮库 96 个、仓容 280 万 t，形成了"绿色低碳、技术多样、标准健全"的多元化、多层次、功能完善的四川省粮食低温绿色储粮体系。

7）大型绿色节能稻谷加工装备关键技术与创新。对稻谷加工装备中的关键主机设备进行了大型化、高效化、绿色化、自动化、节能化改进，研制了双变频电机驱动的大型气压全自动砻谷机、大型振动清理筛分设备、大型重力分级去石机、大型砂辊碾米机，研制了日产 150t 大型成套碾米装备，采用二级谷糙分离、多机负压碾白、二级白米色选等先进工艺，生产的成品米出品率高、质量稳定。项目成果已在 3 家粮机单位生产，获经济效益 16051 万元。先后建立了数十条生产线，创造了很好的经济效益和社会效益。

8）食用油适度加工技术及大型智能化装备开发与应用。开发出内源酶钝化、两步脱色、低温短时脱臭等 7 项精准适度加工关键技术，产品的维生素 E 和甾醇保留率提高至 90% 以上，反式酸 0.3% 以下。项目在中粮等 20 余家大型企业应用，建成 59 条生产线。该项目形成由 31 项专利和 13 项操作规程，开发重大产品 2 项。其中，适度加工大豆产能占全国总产能的 1/4，反式酸比 10 年前降低 80% 以上；婴幼儿奶粉用油 3- 氯丙醇酯等安全性指标优于国际著名婴幼儿奶粉公司的限量值，占国内 90% 市场份额。

9）智能化粮库建设项目。物联网技术、政策性粮食收购"一卡通"、巡仓机器人等新技术、新成果不断投入运用，基于二维码识别技术的成品粮质量追溯，打通原粮和成品粮的质量链。截至 2018 年 6 月底，各省和中央企业共安排智能化粮库建设项目 7821 个。应用大数据、可视化、移动应用程序（App）等信息技术，促进粮库和加工企业实时数据交换，加强对国内外粮食生产、贸易、物流、消费、期货和现货价格的监测跟踪。

10）粮食大数据获取分析与集成应用关键技术。融合多传感器集成技术，研发基于混合触发和网络攻击的神经网络滤波器，开发智能管控信息采集系统；建立可信云存储模型、构造通信双方控制及访问权转让的属性基加密的方案；建立了粮情预警知识规则库和知识库及粮情风险预警模型，实现对粮情变化发展趋势的预测与预警。该成果已在江苏省 47 家粮库等单位得到产业化应用，取得了显著的社会和经济效益，在粮食数据获取与分析等技术集成创新方面达到国内领先水平。

11）室外大型环保物联网控制谷物干燥技术及装备产业化。该课题填补了国内外低温循环式烘干机在无厂房建造模式上的空白，能够缩短项目建设周期，大大减少了项目建设总投资。该项目成果已成功应用于国家粮食储备库、大型农场和种子公司等多种场所，自动化程度高，粮食烘干品质好，降水速率较传统机型提高 20%，除尘完全达标排放，具有很好的示范效应。项目历经四年的连续检测和专家评定，通过了国家农机推广鉴定，进入了国家农机补贴目录。该项目为国内粮食烘干行业的平均投资成本降低了 30%。

三、国内外研究进展比较

（一）国外研究现状

1. 粮食储藏基础和应用基础研究成效明显

澳、美、加、英、法、德等国重视科研投入，多设立相应科研和技术推广机构，研究经费包括政府拨款、国际机构、粮食协会和商业公司资助等，长期的基础和应用基础研究成效明显。储藏基础理论上基本形成了储粮生态学体系，近年来在储粮生态研究、储粮害虫和微生物区系及发生规律、粮堆温（湿、气、水）动态模型、害虫抗药性、昆虫信息素、分子生物学、质量安全检测、药剂应用研发和信息技术应用等研究取得了积极进展。控温、气调、清洁卫生、储粮害虫检测与种群控制等生态储粮技术应用扩大。因溴甲烷替代促进了多个国家热处理、硫酰氟熏蒸[1]、综合治理等加大研发。粮食收获干燥率在远高于中国的情况下，干燥设备更为多样化、智能化。干燥能源更普遍地采用燃油、天然气、石油液化气等。低温通风干燥、就仓干燥、远红外干燥、组合干燥等技术工艺得到新发展。根据不同流通功能选择适用仓型，配套高度机械化、自动化干燥、清理、输送、通风、熏蒸、谷冷机等装备，基本实现自动控制和智能化管理。粮食熏蒸杀虫仍以磷化氢为主，磷化氢应用技术及产品（包括密封技术）持续研发。

2. 粮食加工技术和装备水平领先，营养研究不断深入

日本、瑞士的大米加工研究较有深度，着力研究发展免淘洗 γ-氨基丁酸大米、功能性预涂层大米、稻谷品质纹理分析技术、过热蒸汽加工延长稻谷储藏期技术等，研发碎米、米糠等副产物综合利用新技术，建立网络数据包分析模型评价碾磨稻米品质，采用减少稻谷加工废弃物污染和清洁生产模式。美、加、澳等国重视小麦加工中降低面粉微生物含量的安全加工、基于营养特性的加工控制、基于保留传统小麦及制品风味的加工、保留面粉风味的新碾磨技术的发展，在适合蒸煮类面制品的小麦及面粉品质评价、小麦胚和麸皮等副产物食品应用、新型小麦淀粉和谷朊粉分离及改性技术等方面得到关注。以美国为代表的玉米深加工、节能节水节料以及提高产品质量、安全性、降低成本和污染的技术工艺等创新明显，玉米加工向精深化、高值化、功能与营养化、健康化方向迈进，膜分离生物发酵反应器耦合技术用于氨基酸等发酵生产，玉米醇溶蛋白应用于塑料和膜包装工业等。以美、加等为代表系统研究了燕麦、荞麦、红小豆、豌豆等杂粮活性组分籽粒分布、加工损失、活性组分、结构及其对"三高"、癌症和肠道微生态的影响等。

杂粮精制及专通用装备进展显著，瑞士布勒公司的杂粮加工装备代表了国际领先水平。美、德、意、法等国公司的食品挤压机已广泛应用于谷物早餐、膨化休闲食品等。全谷物食品的认知和消费不断提升。在大米食品指纹图谱基础上探讨食品综合品质与原料成分关系，建立基于食品风味品质和理化特性等数学模型及其加工型稻谷品种快速筛选技术

得到研究。通过专用菌种分离、专用发酵剂制备、发酵米食品品质调控等建立了发酵米制品与产品生产技术体系。日、韩等国在小麦面粉品质指标体系、面粉组分及之间交互作用、面粉与添加物之间作用等亚洲面条加工理论、面条质量标准体系等方面领跑国际。瑞士布勒公司在西方大宗面制品、谷物制品加工技术与装备领先。日本冷冻面与半干面加工新技术以及仿手工生产装备得到开发。意大利以玉米、马铃薯、大米、高粱等为原料研究无面筋蛋白（Gluten-free）面条，通过添加胶、乳化剂或淀粉预糊化来改善面条品质。美、德、意、日等国已形成产品创新、原料供应、生产加工、食品添加剂修饰、生物发酵、机械制造、标准评价等发酵面食一体化产业体系，在天然保质保鲜技术、发酵面食储藏和运输防腐研究进展突出，并建立了现代冷链物流体系。

发达国家在粮油营养学科研究上对营养组分作用机制及量效关系研究更为深入。不同谷类食品特征性生物活性因子及代谢产物、全谷物在机体内吸收与代谢、特定健康指标量效关系的功能成分在能量平衡和糖脂代谢及癌症预防等[2-4]的特定或协同作用研究深入；在基于大规模人群全谷物摄入与多种慢性疾病发病风险及危险因子相关性分析上，建立了适合不同人群的摄入量参考标准；基于健康大数据的精准营养研究成为重要发展方向，精准营养的特色研究手段包括对基因组学、转录组学、蛋白质组学、代谢组学等组学数据和大数据分析方法；通过研究基因与环境交互作用，提高疾病风险预测精度，促进个体化且精准的膳食营养、生活方式干预和疾病预防。

3. 材料科学、生物技术为油脂加工注入新动能

美国艾奥瓦大学发明的分离脂肪酸的膜可以快速分离低纯度顺式混合脂肪酸或顺式脂肪酸酯，有望替代蒸馏、冻化、尿素包合等分离手段。膜生物反应器技术处理油厂污水，可降低废水生化需氧量、化学需氧量和悬浮物含量。纳米中和技术可以降低磷酸用量90%，降低碱液用量30%~50%，提高精炼率0.2%~0.4%等。全世界超过125家工厂使用超临界技术，亚临界制油技术已产业化。纯 CO_2 制冷代替氟利昂和氨为冷媒用于食品专用油脂生产。北美通过工艺和设备改进、生产规模扩大及废水再利用，减少用水量50%。针对反式脂肪酸、3-氯丙醇酯、缩水甘油酯、氧化聚合物、多环芳烃等研究制定了检测和控制方法。高效、高准确性、高通量的脂类化合物分析鉴定方法大大促进了脂质代谢、脂质生物功能和脂质营养研究。多种物理和化学适度精炼技术，如硅土精炼、生物精炼、混合油精炼等得到开发。微生物油脂在发酵、制炼油技术上不断取得进展，利用微生物生产功能性油脂成为产业亮点。育种和基因技术培育高油酸品种生产的花生油、葵花籽油、菜籽油、红花籽油均已商业化，高油酸菜籽油、高油酸葵花籽油在欧美被用于煎炸。高油酸大豆可望大面积种植。澳大利亚联邦科学与工业研究组织（CSIRO）和美国嘉吉公司利用基因工程培育将海藻中的 DHA、EPA（二十碳五烯酸）基因转移到油菜籽中，使菜籽油 DHA 含量可达 15%，超过鱼油，现已进入测试和监管部门审批阶段，预计 2020 年投入市场。美国利用转基因技术增加甘蔗和甜高粱的茎秆和叶中油脂积累生产生物柴油。酶脱胶技术广泛

用于植物油精炼中，酶促酯交换技术可提高脱酸油得率，适用于催化不同酸价油脂生产生物柴油的脂肪酶可以将不同游离酸含量的低值油脂与甲醇反应而生产生物柴油。

4. 粮油质量安全重视全链条防控粮油食品污染

世界卫生组织/联合国粮农组织（WHO/FAO）食品添加剂与污染物联合专家委员会、国际食品法典委员会（CAC）、欧委会食品科学委员会（SCF）等研究制定相应限量标准，将防控规范、采样要求和分析方法一体考虑，重视从全链条预防和降低粮油食品污染。发达国家不断加强粮食质量安全，重视从生产到餐桌的全链条控制和标准体系建设，强化从原料源头保证食品质量和安全。注重限量标准的基础研究和协同制定，国外在新一代生物芯片及无损检测、大数据库、指纹图谱库等技术方面均有大量积累，借助振动光谱学进行食品成分分析、掺假鉴伪、产地溯源等应用。

5. 粮食物流重视系统的顶层设计

世界银行研究报告分别从更多地利用水路运输、消除铁路运输中的监管低效并提高容量、改善公路运输条件并建设通往港口的道路、提高仓储容量和运营性能、改善总体监管环境和行政绩效等提出建议，预期经济回报率可达 21%~24%[5]。其研究趋向将粮食物流体系建设视为系统工程，更加关注从顶层设计粮食物流系统。在注重供应链网络设计促进粮食物流降本增效上，以整体系统观点，运用供应链运作参考模型优化供应链中的物流、信息流、资金流、商流等，提高粮食物流专业化、标准化、信息化、智能化水平。美国提出了一个减少粮食产后损失的数学模型，设计确定粮食物流系统最佳效果发挥，对真实粮食物流网络进行模拟分析，以反映最佳物流系统设计[6]。运用仿真、GIS 等方法模拟粮食物流系统的运作场景，进行物流决策，提高整体流通效率。巴西开发了仿真模型，对大豆和玉米的多式联运及仓储开展研究，评估和发现未来一些预期场景下的粮食物流决策。关注基于突发事件的粮食应急物流研究，强调物流应急救援的重要性和突发事件下物流运作的关键要素。有关增加粮食储备、倡导通过商品期货和期权交易控制的"虚拟储备"等国际话题增多。世界粮食计划署、红十字会与红新月会国际联合会等强化粮食物流应急运作能力的趋势愈发明显。

6. 饲料加工基础研究深入并重视设备和资源创新

德、美、荷兰等发达国家在饲料加工领域的基础研究与应用基础研究更加深入、全面，投入更多，如对饲料原料（包括谷物油脂及加工副产品、非常规饲料原料、不同饲料添加剂与产品）的相关重要理化特性、加工特性、卫生安全、环保特性等都有深入研究；在饲料加工机械和工艺原理研究与创新方面持续投入多，人才队伍稳定，成果积累多，从而能够推出国际领先的原创性新设备，如齿蝶辊式粉碎机、柔和真空喷涂机、自动换筛粉碎机等；在饲料产品创新方面注重满足动物精准营养、环境、操作人员、饲料组分特性、特定加工工艺等的综合性创新，使产品具有较高的综合效益与价值，如液体乳猪料、大料膨胀低温制粒乳猪料、保育料等；在饲料添加剂创新方面注重新型替代抗生素的植物提取物、抗菌肽、酸化剂、益生菌、改性脱毒剂等研发，拥有相应的核心知识产权；在饲料资源开发上，率先开发出新型昆虫蛋白、藻类蛋白、微囊发酵、蛋白肽等产品。

7. 信息与自动化新型技术与粮油产业不断融合

美、日、澳、俄、瑞士等国的相关技术较为先进，且各具特色，较快的发展趋势体现在物联网、大数据、区块链及人工智能等新型信息技术与粮油产业不断深度融合。粮食储藏信息化实现了自动通风、气调、干燥等技术应用，粮情检测中测温、测湿、测气、测虫、测霉等技术得到研发，开发了相应的传感器和检测仪。粮油物流方面，美国在收获玉米的过程中可以自动在线采集玉米质量信息，并将相关质量信息传递到销售商、运输商、加工贸易环节，形成玉米质量可溯源机制。日本稻米流通建有信息溯源查询系统，实现大米物流质量消费信息追溯管理。美国使用运输管理软件管理船队运输情况，数据采集方式包括电话、电子邮件、传真、人工录入以及全球定位系统（GPS）信息采集，中心系统分析和发布并可视化展示。美国基于 RFID 技术的粮油物流信息化技术在铁路散粮运输中得到应用。粮油加工方面，管控一体化的制造企业生产过程执行管理系统（MES）在发达国家已产业化。日本的食品加工机械设备大多采用光、机、电一体化，智能机器人应用广泛。瑞士布勒公司的近红外在线监测系统可实时监测小麦粉加工生产过程。粮油电子交易方面，澳大利亚农场主可在网上对农产品及生产资料的品种与价格信息进行查询，还可以进行购买与销售，政府部门、粮食企业以及中介组织利用信息技术向农场主提供粮食品种、市场、期货、贸易、价格、天气等信息服务。在粮食管理上，俄罗斯联邦农业部建立与粮食相关的公共信息服务平台，国家将确定的数据发布，并将采集到的和各地反馈的信息进行综合分析，并提供给粮食生产者联合体、粮食经营企业或私人农场主。

（二）国内研究存在的差距

目前，我国粮油科学技术学科与国际本学科领先或先进水平相比，存在的共性差距主要是：①基础研究不够广泛深入；②原创性研发项目不多；③科技成果转化的难点、堵点尚未很好疏解；④粮食深加工程度不高；⑤副产品综合利用率较低；⑥营养健康粮油食品不丰富；⑦智能制造刚刚起步；⑧生物交叉技术应用仅处于萌芽状态等。诸分支学科在专业特性方面各自还有一些短板。

1）在粮食储藏学科，一些粮堆基础参数与研究同现代仓储条件和技术迅速发展需求不匹配。粮食收获后烘干能力明显不足，每年因无法及时烘干造成粮食损失约达 5%。烘干保质干燥设计制造较粗放，烘干粮食品质差。育种、农户、粮库、市场需求等环节脱节，仓储管理和粮库建设智能化、信息化程度较发达国家存在一定差距。

2）粮食加工学科中，稻谷加工可追溯系统有待完善，与日本相比，我国在技术装备尤其是专业仪器稳定性、使用寿命等方面差距明显。小麦加工产业链存在薄弱环节，蒸煮类面制品加工过程选择和控制多基于经验；面条、馒头和面包等加工技术和装备相对落后；产品质量标准与控制体系及卫生安全监督有待完善。玉米深加工在玉米组分功能特性、淀粉分子结构、变性淀粉改性机制、生物转化及调控机理等方面均存在差距。杂粮和薯类加工技术水平较低。米制品新技术研发缓慢，营养品质评价不够。面条缺乏系统的内在质量标准等。发酵面食保质保鲜技术研发滞后。粮油食品营养品质及健康作用基础性数据积累薄弱，加工过度造成营养成分流失严重。

3）油脂加工学科中，花生加工蛋白变性严重问题尚未解决。油料加工产品结构简单，高附加值产品少。食品专用油品种不齐全，缺乏统一完整的国家质量标准体系，产品质量参差不齐。一些中小规模企业消耗指标仍然过高。安全环保的新溶剂（如异己烷、异丙醇、乙醇等）、酶法制油、酶法精炼等应用规模尚小。大宗和小品种油料设备通用化现象突出，产品低值高损明显。

4）粮油质量安全学科，我国与国际标准化组织（ISO）及部分发达国家和地区相比，粮油质量标准体系数量不足，比例不平衡，标准更新慢，时效性差。从生产到餐桌全链条控制的质量安全标准体系建设不够。我国真菌毒素和农药等区域污染风险评估调查研究处于初级阶段。粮油物理特性评价、化学组成检测、品质及质量安全评价、快速检测技术研究与仪器装备研发等差距明显，关键技术部件仍依赖进口。

5）粮食物流学科，对粮食供应链系统中从收购至分销等信息活动系列环节进行变革与优化的进程不尽如人意。粮食物流网络节点间的协同不够，粮食物流系统的整合难度较大。网络节点间信息共享、资源配置优化问题亟待解决。全国性粮食物流公共信息平台建设力度不够，实现利用大数据、云计算、物联网等技术，形成物流信息化服务体系任务艰巨。

6）饲料加工学科，高附加值产品种类少。有机微量元素、新型抗菌肽制剂等技术存在一定差距。按动物生长不同阶段、不同生产目标划分、营养配置与动物需求符合度等生产饲料方面还有较大差距。无抗饲料产品与欧洲国家差距明显。饲料真菌毒素检测标准和霉菌毒素检测新技术差距巨大。人才培养上缺乏饲料工程类本科专业及相应的本科生、硕士生和博士生教育。

7）粮油信息与自动化学科，在质检、物流、加工、应急等环节数据缺乏且不规范，数据自动获取能力差。库存粮食数量监测等系统其分析计算数学模型仍有待完善。基于视频监控技术在关键作业环节的规范操作、质量追溯等的智能应用尚不充分。现有虫情、气体传感器检测时间长、成本高、检测结果与实际粮情因子关系不清楚。现有粮油专用传感器的数据传输方式与第五代移动通信系统（5G）、基于蜂窝的窄带物联网（NB-IoT）等新兴通信技术融合度低。

（三）产生差距的原因

1. 粮食储藏学科地位较低，成果转化存在瓶颈
粮食储藏学科在教育部学科目录中未明确列出，处于食品科学与工程、植物保护、农

业工程等学科交叉或边缘状态。三所粮食高校虽设置有粮食储藏专业方向，但总体上学科地位较低。本学科高层次科技创新人才奇缺，院士人才仍为"零状态"，国家杰出青年基金获得者、教育部长江学者、千万人计划等国家级人才少有。在协作机制上，"单兵作战"现象未根本改变，单打独斗和小打小闹情况明显，联合攻关的合力式微，缺乏重大理论的长期稳定研究与关键技术突破，顶层设计能力差。粮库科技应用状况良莠不齐，储藏技术规范化应用和先进技术推广困难较大，应用基础研究和支撑水平难以有效提升。我国粮食储藏学科建设和发展主要依靠国家项目资金投入，并依托科研院所和大专院校实施推动，科研院所改制后，项目经费有限，科研企业很难自主投入和深入研究。高校受学校排名、基金项目、SCI论文等考评因子和杠杆影响，科研队伍专注行业应用基础和科技研发精力和能力不足。粮食储藏科技成果公益性很强，技术高值转让度低。成果转化缺乏平台，依赖的行业外企业转化水平参差不齐。成果转化企业自身投入难度大，规模化应用效率低、规模小。

2. 粮食加工科技创新体系尚不健全，产学研结合进程较慢

粮食加工学科底子薄、起点低，有影响力的学科带头人缺乏，亟待提升交叉学科建设和高层次科技创新人才水平。加工研究较多停留在采用现有原料辅以配方改良、工艺改进阶段，缺乏从基础研究层面阐明品质及食用特性形成机制等解决共性关键问题的理论体系。加工企业科技研发资金投入和重视度不够，产学研结合程度有待提升，技术系统集成创新能力差，高效成果转化能力差，产学研紧密结合的良性粮油营养科技创新体系亟待培育和完善。粮食加工产业结构升级有待深化，原料损耗及生产能耗大，新型绿色加工技术应用不足。政府的鼓励产学研对接和科研成果转化政策和机制未能及时、有效地形成办法或实施条例并落实。粮食加工学科转化平台转化能力跟不上行业的发展，基础科技创新平台缺乏，难以促进学科高层次科技创新成果转化与推广，原创性科技创新能力不足。

3. 油脂加工研究协同性不足，人才结构矛盾较为突出

脂质组学、脂质营养健康等基础研究不足与国内相关研究者多为公共营养学背景，缺乏油脂加工与营养卫生专家的研究合作有关。对油脚、磷脂、脱臭馏出物等副产品利用率低。大豆油料蛋白开发利用需加强，花生蛋白加工变性掣肘花生的综合利用。油料产品结构单一，产品质量参差不齐，质量标准有待进一步完善。食品专用油品类不全，核心技术与装备仍被国外垄断，国内新材料、新技术应用相对滞后。大宗和小品种油料设备通用化现象突出，专门设备开发滞后，自主创新能力不强，产品低值高损现象明显，设备运行稳定性和自动化、机电一体化、智能化水平不高。油脂加工应用型人才培养难度较大，目前国内食品院系及研究所300多个，多数高校只是将油脂加工作为食品科学与工程专业的一个方向，应用型人才培养缺口较大，人才结构性矛盾比较突出。

4. 粮油质量安全缺乏市场主导的标准制定机制

制定粮油食品标准缺乏动态、超前、以市场为主导、具有竞争力的机制。污染限量制

定和评估能力起步晚、投入少、缺少统一的部门指导，更缺乏真菌毒素和农药等区域污染风险评估调查研究，制定限量标准时对防控规范、采样要求和分析方法系统性研究不够。粮油质量安全技术研究创新性与应用基础研究投入少、技术深度开发不够有关。粮油食品真伪鉴别技术解决方案不足与粮食质量安全监测数据库构建及其作用发挥不够，粮食质量安全数据库数据种类少、规模小，风险识别和风险预测预警作用弱等有关。我国粮食资源种类多，地域气候差异大，粮食品质卫生指标差异大、基层单位重视不够、对风险预警作用认识不足等影响粮油质量安全研究。基于整个链条防控规范缺乏，层层降低污染危害风险的机制和技术保障措施体系影响全链条的质量追溯控制体系建立。

5. 粮食物流系统化运作机制尚未形成

产业发展总体水平不高的主要原因在于粮食物流系统化运作机制尚未形成，粮食物流运作条块割裂，相关政策体系不完善，产业上下游之间、地区之间物流衔接不畅，供应链管理理论与方法应用不够，物流运营管理模式落后，粮食物流系统化和一体化水平亟待提升。国内对粮食物流体系的系统化研究少，顶层设计研究明显不足。粮食物流设施多以节点建设为主，新旧节点之间脱节影响粮食物流运营管理模式研究，缺乏从全链条考虑系统性优化的物流方案等。

6. 饲料加工学科发展受限于经费与人才

基础、关键设备原理和理论分析等研究不足，相关标准研究经费投入不够，企业研发人员不足、高层次人才少、研发投入少等影响饲料加工装备技术水平。国内饲料加工工艺技术方面原创性成果少，饲料添加剂技术基础研究不足导致在新型益生菌添加剂的菌种研发、植物提取物的纯化制备与生物活性研究等方面差距明显。饲料质量检测新技术的研发落后与真菌毒素检测标准制定缺乏等有关。饲料加工专业人才缺乏影响该学科方向的科技创新水平。

7. 顶层设计与体系建设不足掣肘粮油信息与自动化学科发展

协调有效的行业信息化规划体系与顶层设计不够，国家和地方信息化规划联系不够，省级规划与实际联系不够；重硬件轻软件、重技术轻服务等，互联互通不够充分；建设与使用缺乏统筹，省级平台和国有粮库与加工企业、粮食交易中心及现货批发市场、应急配送中心信息化建设不平衡；长期注重工程建设忽视服务应用项目管理方式制约了项目投资实效，部分分散建设、撒胡椒面式资金分配模式等导致投入资金应用成效差；重复建设和浪费极为严重，行业信息化应用能力的转型升级困难；学科建设、人才培养、学科融合交叉不足；信息技术应用在南方和沿海地区与内陆和西部地区间严重不平衡；粮食信息化建设投入不够，专业科研机构少，科研经费不足，更缺少稳定专业科研队伍和全面性学术带头人。

四、发展趋势及展望

（一）战略需求

习近平总书记深刻指出"悠悠万事，吃饭为大"，"解决好十几亿人口的吃饭问题，始终是我们党治国理政的头等大事"，强调"保障国家粮食安全是一个永恒的课题"，提出"坚持数量质量并重"等明确要求。

过去 15 年，我国粮食生产实现了"十二连增"，粮食总产量从 2003 年的 43069.5 万 t 增长到 2015 年的 66060.3 万 t[7]；自 2016 年以来，粮食总产量保持在高位小幅波动，2018 年略有下降，为 65789 万 t[8]，但仍接近历史最高水平。2017 年，全国粮食产业工业总产值 2.9 万亿元，同比增加 4.2%；实现利润总额 1772 亿元，同比增长 34.2%；产品销售利润率 6%，同比提高 1.2%[7]；其中大米、小麦粉、食用植物油工业产值分别为 4841.2 亿元、3416.3 亿元、6056.6 亿元，利润分别为 110.9 亿元、94.8 亿元、130.1 亿元[9]。粮油产品品类丰富，质量安全状况显著改善。

2017 年中央一号文件指出，我国农业农村发展不断迈上新台阶，已进入新的历史阶段。农业的主要矛盾由总量不足转变为结构性矛盾，突出表现为阶段性供过于求和供给不足并存，矛盾的主要方面在供给侧。面对农产品供求结构失衡、要素配置不合理、资源环境压力大、农民收入持续增长乏力等突出问题，以及增加产量与提升品质、成本攀升与价格低迷、库存高企与销售不畅、小生产与大市场、国内外价格倒挂等亟待破解的矛盾，文件强调，必须顺应新形势新要求，坚持问题导向，调整工作重心，深入推进农业供给侧结构性改革，加快培育农业农村发展新动能，开创农业现代化建设新局面。文件指出，要全面提升农产品质量和食品安全水平，突出优质、安全、绿色导向[10]。2018 年中央一号文件进一步强调，实施质量兴农战略，推动农业由增产导向转向提质导向[11]。2016 年，中共中央、国务院印发了《"健康中国 2030"规划纲要》，将引导合理膳食列为重要举措，强调"对重点区域、重点人群实施营养干预，重点解决微量营养素缺乏、部分人群油脂等高热能食物摄入过多等问题，逐步解决居民营养不足与过剩并存问题"，为粮油科技发展指明重要方向。

作为粮食行业供给侧结构性改革的重要举措，2017 年，财政部、国家粮食局联合发文，在流通领域实施"优质粮食工程"，包括开展"中国好粮油"行动、完善粮食质量安全检验监测体系、建立专业化社会化的粮食产后服务体系等主要建设内容，通过中央财政引导性资金投入，有效地激活市场，扎实推进粮食行业供给侧结构性改革，更好地发挥粮食流通对生产和消费的引导作用，促进粮食种植结构调整，提升粮食品质，满足消费者需求，促进农民增收、企业增效，在更高水平上保障国家粮食安全[12]。2019 年，中央一号文件将"深入推进优质粮食工程"列为重点任务[13]。

广大粮食科技工作者，要积极服务于粮食行业供给侧结构性改革总体需求，围绕国家重大战略部署和行业重大工程，积极开展创新研发，加强产学研合作，发挥科技支撑引领作用，积极推进优质粮食工程，增加中高端粮油产品供给，提高粮油产品安全、品质和营养特色，突破同质化瓶颈，推动粮食行业转型发展。

1. 进一步提升安全储粮管理能力，积极完善粮食储藏，积极应对高库存压力，实现"优粮优储"技术体系

聚焦政策性粮食库存管理需要，加快建立针对不同生态区域、不同仓型、不同粮种的储粮安全风险预警技术体系，推进国家、省、市、县四级粮情监测预警体系建设，全面提升安全储粮管理能力；针对我国粮食收获季节易发多发的灾害气候，积极开发灵活高效低成本的粮食烘干、清理分级技术及装备，最大限度地减少粮食产后损失；聚焦"优粮优储"发展要求，加强绿色储粮、生态储粮技术研发推广，推进粮库智能化、管理数字化、调控信息化、交易网络化、环境友好化，实现减损保质增效目标。

2. 加快推进粮食加工产业提质升级，促进粮食资源高效转化利用

促进构建优质稻谷产品链，提升优质大米占比，满足市场需要；积极推进适度加工，高效利用稻谷及其副产物的资源；有力实施绿色加工、高附加值制造技术以及质量安全控制等关键技术的结合。着力开展小麦资源深度开发与综合利用相关的基础理论以及关键技术研究与产业化；有效降低小麦加工过程损耗、提高粮食产后生产加工效益和综合利用能力。强化玉米深加工产品开发、技术创新、装备制造和节能减排工作，满足不同行业、不同消费群体趋于优质化、多样化和专用化的需求。改良杂粮和薯类食品的加工、实用和营养品质；开展杂粮和薯类的多元化应用途径，实现产品的高附加值转化，延伸产业链。加强米制品基础理论、新型产品研发、加工技术装备研制、综合利用、质量标准体系的系统研究，以及同边缘学科高新技术的交叉融合。推进面条产品的"营养、安全、美味、便利"，进一步提升生产技术自动化、智能化水平。加强发酵面食绿色保质保鲜技术研究，突破绿色保质保鲜防老化等技术瓶颈。探索粮油营养前沿技术，以营养健康为导向，基础研究带动应用技术群体突破，开发粮油功能活性成分，利用粮油资源转化食品、食品添加剂等功能性产品。

3. 加大创新力度，推进加快产业优化与结构调整

我国人均油料资源十分缺乏，目前食用油自给率已降至31%左右，对外依存度过高，应着力加强国内新油源的开发利用。我国油脂加工业产能过剩较为严重，成品油过度加工与深加工转化能力不足的问题并存，产品营养损失、产业链条短、成品率低、综合利用率低、附加值低、部分品种低水平发展等矛盾亟待疏解，急需加强研发和科技成果转化投入，加快产业升级。近十几年来，我国居民营养相关慢性病增长迅猛，必须大力倡导健康消费模式，积极发展健康型油脂产品，倡导"限量吃油，吃健康油"。总体而言，油脂加工业已进入快速发展后的产业优化与结构调整的战略机遇期，亟待通过科技创新提升产业竞争力。

4. 持续提升粮油质量安全保障能力

进一步提升粮油质量安全保障能力，仍然是粮食行业今后一段时期的艰巨任务。新时期，消费者不仅关注产品是否达标，更加关注生产环境、生产过程是否达标，产品"身份"是否清楚，不仅追求安全，同时追求品质优良和营养健康；政府部门既要及时发现质量安全风险、开展评估和处置，又要积极引导优质品种种植，促进产销衔接、优质优价；粮食企业需要提升收购环节安全风险和品质把控能力，积极掌握优质粮源；此外，还需要开辟污染粮食合理利用途径。为此，要加快完善粮油质量安全、品质及营养特性检验评价方法及标准，健全监测预警技术体系，突破安全、品质及营养特性的快检、在线检测等技术瓶颈，提升粮食收储加工质量保障能力。

5. 加快完善现代粮食物流技术体系

粮食物流是国家重要战略物资物流体系的重要组成部分，是保障国家粮食安全、提升粮食产业竞争力的重要工具和手段。我国粮食物流产业发展起步较晚，总体水平不高，基础设施网络尚不完善，信息化、标准化程度较低，物流成本高、效率低的问题比较突出，与我国粮食生产流通总量不相适应。为此，亟待加强粮食物流技术体系研究，推进优化物流设施布局，发展多式联运，推进物流园区建设，打通重要节点，加快提升粮食智能物流网络、高效运输、多元运输、智能装备技术水平，为加快完善现代粮食物流体系提供有力技术支撑。

6. 饲料加工资源与装备创新为重中之重

目前我国 70% 以上的蛋白饲料依赖进口，创新开发饲用蛋白资源属当务之急，重点是通过生物技术手段改造提升现有低质蛋白原料资源的饲用价值。确保饲料产品质量安全对于保障肉蛋奶的质量安全关系重大，同时减少动物排泄物对环境的污染也是未来饲料工业需要解决的重大技术问题，为此，应加快建立饲料原料安全与营养价值快速精准评价技术体系，提升饲料产品质量安全水平，发挥现有饲料资源的最佳效益。安全高效智能化饲料加工装备是新时期饲料工业发展的物质基础，也是未来我国饲料加工装备技术占领国际市场的重要战略技术支撑，因此需要从国家层面组织安全、高效、智能化饲料加工装备的重大项目攻关。

7. 聚焦保障国家粮食安全，强化粮油信息化技术基础性工作

加快推进信息化技术在粮食行业的应用，是提升粮食行业管理水平、推进粮食产业发展的重要着力点和必然之路。粮食行业信息化建设刚刚起步，虽然在一些地区、一些领域取得了一些成效，但总体来讲，信息技术与粮食行业实际需求的结合仍处于磨合期，普遍存在重形式轻内涵倾向，大量基础性工作亟待加强。下一步，应当坚持以实际业务需求为导向，围绕国家粮食安全保障、"优质粮食工程"、粮食流通监管、国家储备监管等行业重大需求，大力开展业务流程优化设计研究，建立数据采集整理分析技术体系，加强信息

化技术的应用研发，积极推进"互联网＋粮食"，加快提升粮食流通管理现代化水平，推动粮食产业高质量发展。

（二）研究方向及研发重点

1. 粮食储藏学科

1）加强安全储粮风险预警基础研究。建立粮食储藏生态系统基础参数数据库，完善粮堆多场耦合模型和理论；开展粮油储藏过程中环境微生态因子变化规律与调控技术、粮油品质变化规律与调控技术及理论研究；开展粮堆中微生物生长演替规律、隐蔽型真菌毒素的形成机制、储粮害虫、霉菌等有害生物之分类学、生物学、生态学、遗传学、毒理学研究；开展粮堆微生物区系调查以及发热机制研究，开展储粮安全评价指标体系与风险临界判定研究，建立安全储粮预警模型。

2）加强粮情智能化测控技术研究。开发粮堆温湿水一体化在线检测技术及产品；完善储粮霉菌早期快速检测方法，开展粮食运输过程温湿水测控技术及品质变化研究。

3）加强储粮工艺与装备技术研究。开展分地域、规模和仓型的粮油仓储作业工艺与设施设备标准化研究，开展低温储粮技术集成应用示范；开发新型清洁能源干燥技术及装备；针对不同粮食，开展保质干燥工艺技术与装备研究，针对不同烘干作业需求，开发"机动式""粮动式"干燥装备；开展粮食进出仓作业粉尘控制技术与设备集成研究；开展高效智能化净粮入仓技术与设备集成研究；开展横向通风等储粮新技术应用效果测评及定型化、标准化研究，加强新技术应用推广。

4）加强新型替代储粮药剂研究。开发新型储粮害虫生物、物理等绿色综合防治技术。加强现代粮食仓房结构理论研究与创新示范，开发气膜仓等新仓型，开发粮仓保温隔热气密新材料新产品。

2. 粮食加工学科

1）建立高品质面条、馒头、包子、面包、淀粉及谷朊粉等小麦专用粉品质评价体系，开发建立小麦粉品质快速检测技术方法和仪器设备，建立和完善相关标准；推进小麦加工由传统分离技术向高效分离技术发展，根据国产小麦品质特征及专用粉品质要求，发展小麦分级加工技术；开展小麦安全加工技术集成开发，防控和消减生物毒素污染及微生物含量；发展适应国情的小麦适度加工技术及加工过程中天然营养物质损失控制技术；推进小麦加工装备向数字化、智能化方向发展。

2）加强高品质食品专用粉评价体系研究和产品开发，开展面条、馒头、包子等中式主食加工基础理论和工艺优化研究，创新开发特色鲜明、安全健康、方便快捷的面制食品，提升面制食品加工与包装设备的节能减排、自动化、智能化技术水平。开展馒头等面制食品洁净生产环境控制标准研究，开发面制食品抗老化技术和绿色保鲜包装技术等。

3）开展稻米结构力学特性与碾白工艺技术的研究，稻米营养分布、碾白工艺与食用品质关系研究，留胚米、GABA米（γ-氨基丁酸米）、富硒大米、富硒留胚米营养评价与生产技术研究；开发方便米饭、方便米线（米粉）等品质提升技术，稻壳制取生物炭技术，米胚、糊粉层粉健康休闲食品生产技术等。

4）开展米制品加工基础理论研究，包括不同品种大米微观结构及成分构成、不同原料配方等与米制品加工特性关系，米制品加工化学及工程学原理等；开展新型智能化米制品加工装备集成开发；开展米制品品质改进、快检及在线检测、废水废渣减排与综合利用等技术研究。

5）发展以酶法浸泡、全组分利用、节能减排为核心的玉米淀粉绿色制造技术；开发市场高度细分的变性淀粉产品以及新型改性技术装备；研究色谱、树脂等分离纯化技术；开展纤维素乙醇、淀粉基生物新材料技术开发；开展新型功能性糖醇产品开发及生理特性研究；开发功能营养新型玉米食品等。

6）建立粮油营养公共数据库，积累不同品种、不同地域的粮油产品组分和营养成分数据资源，解析粮油营养组分代谢规律及功能特性，研究不同人群对于粮油食品的营养需求；开展杂粮杂豆、薯类、全谷物、多谷物食品健康功能特性、加工品质改良技术研究；开展细分人群的健康谷薯膳食开发，开展粮油适度加工工艺优化及智能调控技术设备研究；利用米糠、小麦麸皮开发富含功能活性物质的新型高附加值产品等。

3. 油脂加工学科

1）推进"多油并举"产品战略。加强葵花籽、芝麻等油料作物，油茶籽、核桃等木本油料，米糠、玉米胚芽、小麦胚芽等粮食加工副产物，亚麻籽油、红花籽油、微生物油脂、动物油脂等各类油料油脂的营养健康特性、加工技术及品质评价标准研究，促进食用油料油脂供给多元化、消费健康化。

2）发展油脂精准适度加工技术。以安全健康、绿色加工、资源高效利用、节能减排降耗为目标，采用高新技术特别是现代信息技术、生物技术、精细化工技术对传统工艺进行全面升级，开发优质化、多样化、个性化、定制化食用油脂产品，推进由"放心粮油"向"好粮油"的转变。

3）推进油料资源综合利用。大力开展米糠、胚芽、饼粕、皮壳、油脚、脱臭馏出物等副产物综合利用技术开发，继续重点加强米糠和玉米胚集中制油和饼粕综合利用技术的集成开发和推广，近期目标是2020年年末米糠等副产物综合利用率由目前的不到30%提高到50%，培育我国油脂加工领域新的增长点。

4）加强关键技术装备基础研究和自主创新。推进制油装备的大型化、自动化、智能化和专用化，加快开发适应清洁生产、适度加工、木本油料加工需要的装备。对于大豆等油料，进一步筛选新型安全高效浸出溶剂，重点开展新型溶剂连续浸出工艺技术和设备研究；对于油菜籽、花生等高含油油料，开发高效、安全的非溶剂制油新工艺和新装备；进一步革新和完善油脂精炼技术，强化有效精炼过程，尽量减少皂脚、废白土、脱臭馏出物等副产物；研究和开发废弃物对策与环境管理；推广无机膜分离技术在废水处理中的应用，回收油脂和提高废水处理的水平。

4. 粮油质量安全学科

1）推进完善粮油标准体系。加强基于加工品质和最终用途的粮食分级定等标准研究和传统中式食品的质量评价标准研究；加强粮油加工过程中微量营养素、抗营养因子、过敏原以及新污染物快速检测方法研究；加强成品粮油储存品质评价技术研究；优质粮油品质鉴定、产地溯源与掺伪检测技术研究等。发展粮油品质与安全状况的在线检测、无损检测等快速检测技术，提高检测精度和可靠性。

2）推进粮油质量安全监测预警体系建设。构建突出区域特征的粮食质量安全数据库及监测预警模型，研究建立粮油生产、收购、入库、储藏、出库、加工等环节的样品采集、检验检测、数据传递、风险分析、预警预报等技术规范，提升风险预警的时效性和准确性。

5. 粮食物流学科

1）开展粮食物流设施布局优化研究。围绕"一带一路"和国内产销平衡背景下的粮食跨区域流通需求、市场化改革背景下的粮食产业物流需求、全社会大物流背景下的粮食物流需求、两个市场两种资源背景下的粮食物流需求等，统筹开展粮食物流设施优化布局研究。开展粮食物流跨区域一体化整合、物流全链路的信息互联互通、现代化应急物流系统研究。

2）开展粮食物流管理系统开发。粮食物流监管及信息服务技术体系开发；粮食企业、物流园、物流枢纽供应链及物流管控平台优化开发；融入、共享、智慧供应链体系开发。

3）开展粮食物流高效衔接技术集成研究。物流园区多式联运作业站场技术标准研究；枢纽节点多方式集疏运新技术研究；铁路、港口"最先和最后一公里"配送网络优化研究；中转仓储设施配套技术，船船直取等衔接配套技术，大型粮食装卸车点配套技术，铁路站场高效粮食装卸技术研究等。

4）粮食物流标准体系研究及装备开发。完善如粮食物流组织模式、信息采集交换、散粮接收发放设施配备标准等标准内容研究和标准编制。开展智能物流装备创新研究；仓储自动化粮食分类储运技术与装备研究；标准化船型、装卸设施和设备优化等内河散粮运输技术研究；成品粮物流、储运保鲜等装备与标准研究；自动化立体库等先进的仓配技术与成品粮物流的结合研究等。

6. 饲料加工学科

1）加强饲料应用基础研究。饲料原料组分的构效关系与理化特性及在不同饲料加工中的变化规律；环境敏感性饲料添加剂的稳定化与高效吸收利用机制；饲料原料与混合料在加工中的流变学特性；饲料不同加工性状对动物生理生化的调节机制；饲料加工关键设备原理创新；新型绿色替抗饲料添加剂对动物机能调节机制。

2）加强饲料资源开发。脱除霉菌毒素的新型饲料发酵用安全高效菌株的研发与产业应用；脱除抗营养因子的新型饲料发酵用安全高效菌株的研发与产业应用；新型昆虫蛋白研发与应用；饲用膳食纤维的功能性研究与产业化应用；非常规饲料资源的增值加工技术研究；生物发酵饲料的安全性评价研究与标准化。

3）提升饲料加工装备与工艺技术水平。适用于人工智能（AI）时代智能化控制的饲料厂加工专家系统研制；智能化控制的节能高效关键加工设备的研发；新型调质湿热处理工艺与设备的研发；特种形态饲料加工工艺与设备的研发；自清洁饲料加工设备的研发；满足安全卫生、粉尘防爆、臭气排放、生物安全防控的饲料厂设计技术研究；自动化在线监测设备研发，包括粉碎机破筛自动检测、饲料在线水分检测、混合均匀度在线监测、饲料调质效果在线监测、饲料产品质量在线监测等检测设备与技术；饲料厂全厂自动化控制技术；智能化饲料工厂。

4）开发新型饲料添加剂。安全高效的新型饲用益生菌的菌种研发与产业化工艺技术研究；新型植物提取物的研制与产业化工艺技术研究；新型有机微量元素的研制与产业化工艺技术研究；新型抗菌肽制剂的研制与产业化工艺技术研究；新型动物粪便臭味减除用饲料添加剂的研制与产业化工艺技术研究。

5）开发新型饲料产品。适合饲养动物不同生长期、生产期营养需求的精细划分的配合饲料产品的研发；低蛋白均衡营养的新型畜禽饲料产品的研发；安全高效发酵饲料产品的研发与标准化；特种形态的宠物饲料、观赏动物饲料产品研发；绿色、有机无抗饲料产品研发；幼龄动物特种功能性饲料产品开发；饲料产品可追溯技术系统的研发与普遍应用。

7. 粮油信息与自动化学科

1）推进新型信息技术的应用。加强物联网技术在粮情测控、智能通风、智能气调、出入库管理、智能安防等方面的应用；推进分布式技术、内存数据库、内存队列撮合、微服务技术、软件即服务（SAAS）云租赁技术、自动财务等技术在库存监管、资金监管、交易监管、质量追溯等领域的应用。

2）推进行业数据汇聚整合。依托国家粮食电子交易平台等系统，建立涵盖粮食生产、原粮交易、物流配送、成品粮批发、应急保障的完整供需信息链和数据中心，促进传统批发市场的转型升级。依托政府信息平台，加强数据采集、存储、清洗、分析挖掘、可视化等技术研发，加强市场趋势分析、热点追踪、调控评估以及信用体系等应用开发，提升粮食市场监管服务能力。

（三）发展策略

1. 积极服务优质粮食工程，发挥科技创新驱动作用

粮食行业科技基础相对薄弱，服务国家重大需求，既是粮食科技的重大使命，也是推进学科建设发展的重要机遇。优质粮食工程实施方案强调，深入推进优质粮食工程是粮食行业推进供给侧结构性改革的重要突破口，也是加快粮食产业经济发展的重要抓手，要求各级粮食部门高度重视科技创新，鼓励广大粮食企业大力采用新工艺、新技术和更高标准开发生产"中国好粮油"，积极发挥流通对生产的引导作用，促进农民增收和企业增效。广大粮食科技工作者应当抓住契机，与各级粮食部门和粮食企业加强对接合作，积极参与"中国好粮油"示范县和示范企业建设，大力开展以提升粮油品质为重点的科技攻关，为增加绿色优质粮油产品的供给和消费提供科技保障。

2. 完善政府科研项目管理机制，提高财政资金使用效益

建议完善各级政府科研项目的立项管理机制，从问题导向、需求导向、政策导向出发，常态化编制发布各领域的科技攻关难题榜，定期组织项目申报和审定，注重评价前期工作基础、解决问题思路和预期成效，坚持宁缺毋滥原则，成熟一项确定一项，减少低水平重复。加快建立基础研究、公益研究、共性技术研究的稳定支持机制，尊重科研工作规律，克服短平快、急功近利心态，鼓励和支持科研人员长期专注相关领域技术瓶颈的持续攻关，通过开展深入细致的系统研究，加强科技协作，夯实研究工作基础，做出高水平创新研究成果，同时打造出一大批专业化、高水平的科研团队。

3. 着力构建粮油科研信息平台，增强粮油学科发展活力

建议加快构建粮食行业科技信息平台，建立分领域的科研项目数据库，包括按时间序列的各层级科研立项信息、成果信息和主要科研数据，强化行业公益科研成果和数据的交流共享，推进成果推广应用。建立常态化的科技发展评价机制，定期梳理发布各学科领域亟待突破的关键技术瓶颈，并结合最新科研进展开展跟踪评价，促进多学科交叉融合，为相关学科领域的发展提供指导。及时发布政府部门和企业重大科技需求，构建科研服务行业管理、服务产业发展的重要纽带和桥梁。

4. 深入贯彻《"健康中国2030"规划纲要》，充分发挥粮油产业的健康支撑作用

大力开展粮油产品营养功能评价，深入研究各类粮油产品对于改善营养相关慢性疾病的作用，夯实粮油食品营养健康理论基础，为指导粮油产品设计、开展健康膳食宣传提供重要依据。大力发展健康谷物食品、推进适度加工技术、营养互补加工技术、营养强化加工技术的开发和应用，充分发挥粮油食品特有的营养健康功效，为消费者提供科学合理、丰富多样的健康粮油食品。大力开展粮油营养健康宣传，积极倡导"食物多样，谷类为主"以及"科学用油，合理用油"的健康膳食消费理念，促进居民营养知识素养的提高。

5. 积极发挥学会平台作用，大力促进行业人才培养

积极发挥中国粮油学会国内外学术交流平台作用，大力培养推出粮食行业学术新人，引导青年人才参加各类学术交流活动，促进新理论、新思路、新成果、新技术的交流互鉴，为青年人才成长创造良好环境；积极发挥学会会员桥梁作用，促进建立产教融合、校企院企合作的技术技能人才培养模式，培养支撑中国制造、中国创造的技术技能人才队伍；积极发挥学会科普平台作用，分领域建立粮油科普知识和专业技术数据库，为粮食行业广大干部职工提供培训和咨询服务。

参考文献

［1］严晓平，穆振亚，李丹丹，等. 硫酰氟防治储粮害虫研究和应用进展［J］. 粮食储藏，2018（4）：15-19.

［2］Sang S. Biomarkers of Whole Grain Intake［J］. J Agric Food Chem，2018，66（40）：10347-10352.

［3］Zhu Y，Sang S. Phytochemicals in whole grain wheat and their health-promoting effects［J］. MolNutr Food Res. 2017，61（7）.

［4］Mann K D，Pearce M S，Seal C J. Providing evidence to support the development of whole grain dietary recommendations in the United Kingdom.［J］. ProcNutr Soc，2017，76（3）：369-377.

［5］World Bank Group. Shifting into Higher Gear，Recommendations for Improved Grain Logistics in Ukraine［R］. Report No：ACS15163，2015，08.

［6］Seyed Mohammad Nourbakhsh，Yun Bai，Guilherme D N Maia，et al. Grain Supply Chain Network Design and Logistics Planning for Reducing Post-Harvest Loss［J］. Biosystems engineering，2016（151）：105-115.

［7］国家粮食和物资储备局. 2018中国粮食年鉴［M］. 北京：经济管理出版社，2018.

［8］国家统计局. 国家统计局关于2018年粮食产量的公告［EB/OL］.（2018-12-14）.［2018-12-14］. http：//www.stats.gov.cn/tjsj/zxfb/201812/t20181214_1639544.html.

［9］国家粮食和物资储备局粮食储备司. 2018年粮食行业统计资料（内部资料）.2018：20-26.

［10］中共中央国务院关于深入推进农业供给侧结构性改革加快培育农业农村发展新动能的若干意见［EB/OL］.（2016-12-31）.［2017-02-05］. http://www.gov.cn/zhengce/2017-02/05/content_5165626.htm.

［11］中共中央国务院关于实施乡村振兴战略的意见［EB/OL］.（2018-01-02）.［2018-02-04］. http：//www.gov.cn/zhengce/2018-02/04/content_5263807.htm.

［12］国家粮食局. 财政部关于印发"优质粮食工程"实施方案的通知［Z］. 国粮财［2017］180号.（2017-09-05）.

［13］中共中央国务院关于坚持农业农村优先发展做好"三农"工作的若干意见［EB/OL］.（2019-01-03）.［2019-02-19］. http：//www.gov.cn/zhengce/2019-02/19/content_5366917.htm.

撰稿人：胡承森　张建华　卞　科　杜　政　王殿轩　刘泽龙　刘　勇

专题报告

粮食储藏学科发展研究

一、引言

一直以来，确保国家粮食安全是保障我国社会稳定、国泰民安的重大战略问题，粮安则天下安。随着社会经济不断发展，人民日益增长的美好生活需要和不平衡不充分的发展成为新时代我国社会的主要矛盾，老百姓从"吃得饱"向"吃得好""吃得放心"的现实转变。这些大到国家安全层面、小到每个老百姓日常需求的现实问题，都赋予了新时代粮食人新的历史使命，我们必须以"不忘初心、牢记使命"的责任担当，在新时代展现新举措，抢抓改革发展新机遇，必须深入贯彻党中央提出的"构建新形势下国家粮食安全战略的理论""确保国家粮食安全，把中国人的饭碗牢牢端在自己手中"、守住管好"天下粮仓"等重要决策和要求，必须毫不动摇地坚持习总书记关于国家粮食安全的战略思想，深化改革，抓重点、补短板、强弱项，切实做好"藏粮于技"，持续提高粮食安全保障能力，推动粮油储藏学科高质量发展。

粮食储藏是一个多学科交叉融合的学科，研究内容多、涵盖领域广。近年来该学科得到了快速的发展，其中：一是基础理论研究进一步深入细化和拓展，引入了"场"的概念，摸清了虫螨区系分布，深入研究了储粮害虫分子生物学、行为学，完善了通风、干燥等技术基础理论；二是应用技术得到创新发展，因地制宜开展了低温储粮技术，完善提升了氮气气调技术，持续优化升级信息化建设，全面实施高效环保自动化作业，创新制定"一规定两守则"并全面应用；三是学科培训、技术交流有声有色，学科平台真正发挥实效。五年来，粮油储藏学科各方面都取得了明显的进展和突破，为保障国家粮食安全做出了重要的贡献。

二、近五年研究进展

（一）学科研究水平大幅提高

1. 基础理论研究

（1）储粮生态学基础理论得到拓展

在储粮生态系统学基础上，引入了物理学的"场论"，研究发现，粮堆生态系统会随着时间、空间发生变化及重新分布，研究粮堆单一的场无法准确描述其状态，由此开展粮堆"多场耦合理论"[1]研究，通过"粮堆多物理场 + 粮堆生物场——粮堆多场及耦合效应"逐步完善该理论研究。

（2）储粮害虫防治理论研究进一步深化

第一，全面摸清了虫螨区系分布。2015—2018 年，粮食行业开展了第七次储粮虫螨区系调查研究，完成了我国 131 个点的调查，共鉴定储粮昆虫 246 种，储粮螨类 5 目 28 科共 64 种。

第二，向储粮害虫分子生物学方向迈进。包括：系统研究了储粮害虫磷化氢抗药性分子机理，重点解析了赤拟谷盗基因家族部分基因在磷化氢抗性形成过程中的作用[2]；研究了储粮害虫对不良环境适应的分子机制；测定分析了重要害虫在线粒体基因组水平上的差异；研究了储粮虫螨分子鉴定技术[3]，形成了操作规程；为害虫的监测工作研发了快速鉴定技术，为不同地理来源追溯提供了支撑；调研掌握了粮库中天敌生防资源，摸清了主要天敌资源的生物学基础信息，建立了储粮捕食螨生防体系，为生物防控技术的有效应用提供了支持。

第三，向储粮害虫生态行为学方向发展。包括：在灯光和色彩诱集储粮害虫[4]，尤其是扁谷盗诱集技术方面，筛选了诱集色板、灯光波长；研究了不同水分含量、害虫种类、害虫密度等环境中害虫发生发展与储粮环境中 CO_2 的关系，为通过检测 CO_2 浓度变化来监测虫害发生和早期预警提供了理论依据；系统研究了主要储粮害虫的耐热性及对热逆境的生态适应性，筛选出赤拟谷盗不同虫态经历短期亚致死高温胁迫后与耐热性相关的差异基因，为进一步理解主要储粮害虫热适应性的分子机制以及合理制定热处理杀虫方案提供理论依据；研究了储粮害虫信息素释放的信号途径及其激素的调控作用；研究了粮粒及有害生物呼吸对粮堆温湿度的影响，摸索了粮粒呼吸与粮温变化之间的规律，摸清了 5 种储粮害虫和 2 种微生物的呼吸耗氧规律，形成了粮食、害虫和微生物的呼吸速率数学模型。

（3）储粮微生物、真菌毒素研究不断深入

系统研究了储粮危害真菌生长规律，建立了粮食水分、温度、时间与真菌初始生长关系曲线，建立了储粮真菌生长预测模型[5]，提出粮食安全储藏时间以及储粮真菌危害进程预测。研究制定了我国粮食行业储粮微生物检测方法行业标准，《LS/T 6132—2018 粮油

检验 储粮真菌的检测 孢子计数法》，为开发便携式储粮生物危害检测仪奠定了基础。

粮食中真菌毒素的研究主要集中在毒素毒理、污染分布、粮食生长、收获及储藏各阶段微生物的发展演替和毒素的产生机理以及基于物理、化学和生物手段的各种控制技术等方面。研究了真菌毒素对人体健康的巨大危害，调查分析了我国粮食真菌毒素的污染分布情况，得到了主要真菌毒素的产毒条件，阐明了粮食在各生产环节中真菌的发展演替和真菌毒素的变化规律，提出了一些有效控制粮食真菌毒素的物理、化学和生物方法，为下一步实仓验证奠定了基础。

（4）储粮通风基础理论进一步完善

通过对粮堆基础特性研究，阐明了粮堆绝对空隙率、有效孔隙率、单位粮层阻力等各向异性特征，研究建立了粮食颗粒与气流间的湿热传递工程模型，粮堆通风速率、水汽迁移、对流传热、降水速率等湿热调控系列方程；研究了粮食平衡水分与智能化机械通风原理，以及粮食储藏中生物大分子淀粉和蛋白质结构、热特性、热机械特性变化规律等，为横向通风、智能化储粮通风技术开发提供了理论支撑。

（5）干燥技术研究得到提升扩展

研究了干燥过程中粮食的机理变化规律，提高了烘干粮食品质；研究了德美亚1号玉米在烘干过程中的褐变机理，优化了其烘干工艺，降低了烘干褐变率（由常规烘干的25%~30%降至4%~6%）[6]；对传统燃煤热风炉干燥技术进行改进提升研究，扩展到了对清洁能源，如太阳能、电能、生物质能等能源的有效利用开展相关研究，并结合不同区域的储粮、环境和粮食的特征，有针对性的研究不同形式的清洁能源干燥技术。

（6）其他基础理论研究不断完善

在农户储粮方面，研究了小麦和玉米等粮食作物的生活力、过氧化氢酶活性等品质指标，揭示了农户储粮过程中粮食品质变化规律、有害生物发生规律，为农户安全储粮提供了理论基础。在氮气气调方面，研究了稻谷、玉米、大豆的氮气气调经济运行模式，以及氮气气调工艺参数对粮食品质变化的影响机理。

2. 应用技术

（1）惰性粉杀虫技术广泛应用

食品级惰性粉应用技术得到进一步发展，在空仓杀虫、粮堆表面杀虫、局部杀虫、惰性粉防虫线等领域的应用，并不断优化使用方法、施用技术，以提高效率。对 PH_3 抗性极强的扁谷盗类害虫防治效果良好、应用于成品粮仓库害虫治理安全高效、应用于农户储粮害虫防治安全减损，已在全国23个省份130多家粮库和加工企业应用，保护储粮约960万 t。

（2）横向通风技术得到创新发展

在横向通风基础上，充分利用两侧檐墙的风道，将谷冷、熏蒸、充氮有机结合起来，不断优化相关技术，逐步发展起来负压分体式谷冷、横向膜下环流熏蒸、横向环流充氮气调等成套技术。其中：横向负压通风技术为机械化进出仓作业创造条件；负压分体式谷物冷却储粮技术，提升降温效率，降低能耗；横向膜下环流熏蒸系统提高气密性和均匀性，减少补药剂量。

（3）干燥技术及装备研究成果明显

一是开发了空气源热泵干燥装备[7]，以空气为热源，通过热泵子系统产生热能，适用于高水分粮食的干燥，具有无污染、能效高、干燥品质优等特点。二是开发了红外对流联合干燥装备[8]，热源以天然气和燃油为主，针对种粮大农户和农村合作社的优质粮食保质干燥需求进行研发，适用于18%以下粮食水分的均匀性节能保质干燥。三是开发了旋转干燥储藏仓，主要针对大农户的粮食收获、干燥与储藏为一体而开发，通过采用"自动旋转＋通风干燥或晾晒干燥"相结合的方法，实现了全程不落地收获和储藏。

（4）粮情云图分析技术得到实践应用

在粮堆多场耦合理论和储粮生态学研究的基础上，运用数学分析方法、计算机技术、自动控制与检测技术等多种技术与方法，开发了智能粮情云图分析软件系统，初步用于储粮作业，对储粮实践进行"数量监管＋质量分析＋消除隐患"，既可对储粮数量进行监控，也可对储粮品质进行分析、防控。

（5）信息化、智能化建设取得较大进展

研发集成了温度、湿度（水分）、气体、害虫和霉菌等参数于一体的多参数粮情检测装备；在多参数粮情监控系统的基础上增加了粮堆湿度、气体成分的在线检测功能和云图分析功能，提升了预警能力和智能储粮水平；开发了粮情检测数据分析系统，集粮情基础数据库、粮情分析模型库、储粮专家知识库于一体，实现粮温分析预警与专业判断；完成了单机版的谷物冷却机及控制软件系统研发，解决了因风道和粮堆阻力的差异导致风机频率相差较大甚至停机的问题；开发了CPGL-80A型智能扒谷输送机，采用多传感器融合、无线传输、人工智能等控制技术，首次实现了自动扒谷输送、环境感知、路径规划、自动行走、自主避障等智能化功能。

（6）粉尘治理全面实施

随着国家"蓝天保卫战"计划的实施及国家粮食和物资储备局"优质粮食工程"的建设，2018年，中储粮系统积极开展了粉尘治理，针对粮库出入仓粉尘污染问题，实施"治标"和"治本"两步走战略：一是开展了以"治标"为目标的粮库出入仓粉尘控制技术设备改造工艺研发，基于"密闭为主，吸风为辅"的改造原理，研发形成现有仓储设施设备粉尘控制技改工艺路线，已在粮库生产一线示范推广。二是开展了以"治本"为目标的粮库出入仓粉尘控制技术新工艺设备研发。

（7）内环流控温储粮技术广泛推广

我国西北地区、东北地区和华北的大部分地区，经冬季通风都能在粮堆内形成足够"冷心"，内环流控温是我国北方地区安全、经济、有效的节能环保的绿色储粮技术。截至 2019 年，该技术已在我国"三北地区"推广应用仓容超过 2000 万 t，取得了显著的社会、经济效益。

（8）低温绿色储粮技术应用形成示范效应

"十三五"期间我国低温储粮技术应用发展迅速，结合地理位置、气候条件及季节变化的自然低温技术继续推广应用。以空调、谷冷机等设施设备以及浅层地能、太阳能光伏、热管低温等新能源为基础的机械制冷低温储粮技术实践效果显著。行业内已经形成了以低温技术促绿色发展的共识，全国各地正积极探索因地制宜的低温储粮技术手段。四川省率先开展低温储粮技术规模化应用，截至 2019 年，已建成 96 个低温库，低温仓容量达 280 万 t，实现四川政策性粮食储备库全覆盖。

（9）氮气绿色储粮技术进一步提升

氮气气调储粮技术已在中储粮南方区域全面实施，技术应用成熟，地方粮库也在逐渐开展应用，累计建成气调仓容 1500 万 t 以上。近五年再次优化提升，主要包括：优化了气调储粮工艺，特别是浅圆仓控温气调储粮充 / 排气和尾气回收利用等工艺，研发出了可拆卸电缆、浅圆仓壁挂式调节气囊、气密集水装置等相关设备，建立了专有、成熟的技术体系，提高了充气效率，有效整合了资源，降低了建设和运行成本，研究表明 25 万 t 粮食储藏 3 年，可新增利润 1000 万元左右；利用横向通风管道，研究了平房仓横向充氮新的充氮方式。

（10）储粮新仓型建成试点

20 世纪 80 年代，美国开始利用充气模型技术，用于建造钢筋混凝土整体建筑。"十三五"期间，储粮行业研发了新一代适用于我国现代仓储管理及储存要求的"气膜钢筋混凝土圆顶仓"，消化吸收了"气膜钢筋混凝土建筑"的设计及施工核心技术，已在仓体结构优化、配套储粮工艺、直筒型气膜仓完整的系统化模拟设计、施工模拟验算、消防、造价比较、目标定位与建设标准、膜材、施工工艺国产化等方面取得一定成果，拥有多项自主知识产权，具备广泛推广应用基础条件。我国首次研发的储粮新仓型——气膜球形仓在山西太原新城国家粮食储备库建成试点，具有隔热气密良好、建造成本低、建设用地少、机械化程度高等优点。

（11）农户储粮技术服务体系逐步健全

我国农户储粮呈现总体规模大、户均储粮小、储藏周期较长的特点，近年来，依托科技项目"粮食丰产科技工程"和原国家粮食局"农户科学储粮专项"，取得了丰硕的成果：形成了适合我国不同粮种的 8 套储粮工艺模式，制定了《LS/T 8005—2009 农户小型粮仓建设标准》等农户储粮相关标准，研究设计了《农户粮仓标准化通用图集》并由国家粮食局统一发布。针对东北地区储粮生态条件和玉米穗的储藏特性，开发了适合东北地区农户储藏高水分玉米穗的储粮仓，可实现水分 25% 以下的玉米穗直接储藏。在华北平原的小麦产区以及南方地区的稻谷产区，开发了适合安全水分粮食储藏的农户储粮粮仓，并研究配套了农户安全储粮技术模式。上述两类仓型已经在全国 26 个省推广应用 955.9 万户。建立了以项目单位为依托、省级粮食科研机构为支撑、基层粮食部门为基础的三级农户储粮技术指导体系，并制定了农户储粮相关建设标准，开发了农户储粮技术信息咨询平台，内容涵盖储粮装具咨询、感官检验、储藏方法、种子储藏、害虫识别、害虫防治、老鼠识别、老鼠防治和教学视频等，实现了农村科学储粮知识的远程普及教育，方便了农民查询科学储粮知识，从源头上奠定了食品安全的基础。

（12）"一规定两守则"制度的创新与应用

2016 年，国家粮食局出台了《粮油储存安全责任暂行规定》和《粮油安全储存守则》《粮库安全生产守则》（简称"一规定两守则"），落实了粮食行政管理者、作业人员等各主体的安全生产责任，对储粮作业各流程提出工作要求和技术指导，为粮食行业不断提高仓储规范化管理水平奠定了坚实基础。

（二）学科发展取得多项成就

1. 科学研究取得重要成果

（1）取得的主要成果

2015—2019 年，粮食储藏学科取得了丰硕的成果，出版了一批重要学术著作（出版专著 10 部、手册 7 种、论文集 4 本），发表了近千篇高质量科技论文，申请授权了一批重要专利（获得专利 47 项），制（修）订标准 47 项，完善了粮油储藏技术标准体系。

（2）承担的重大科技专项

"十三五"期间，粮油储藏学科承担了一系列重大科技专项，代表性项目有：

1）国家粮食和物质储备局科学研究院牵头承担 2016 年国家重点研发计划专项"现代食品加工及粮食收储运技术与装备"中的"粮食收储保质降耗关键技术研究与装备开发"项目。吉林大学、南京财经大学、中储粮成都储藏研究院有限公司、河南工业大学等单位参加。

2）国家粮食和物质储备局科学研究院承担了"储粮通风、临界温湿度及水分控制技术研究（201313001）项目"。南京财经大学、中储粮成都储藏研究院有限公司、国贸工程设计院、吉林大学等单位参与。

3）国家粮食和物质储备局科学研究院承担了 2015 粮食行业公益性科研专项"粮堆多场耦合模型调控与区域标准化应用研究（201513001）"。

4）国家粮食和物质储备局科学研究院承担了 2013 粮食行业公益性科研专项"储粮安全防护技术研究"（201313004）。中国储备粮集团管理总公司、中储粮成都储藏研究院有限公司等单位参与。

5）中国储备粮管理集团有限公司承担了 2016 年国家重点研发计划专项"现代食品加工及粮食收储运技术与装备"中的"现代粮仓绿色储粮科技示范工程项目

（2016YFD0401600）"。

6）中储粮成都储藏研究院有限公司牵头承担了2015粮食行业公益性科研专项"我国储粮虫螨区系调查与虫情监测预报技术研究"（201513002）项目。河南工业大学、国家粮食和物资储备局科学研究院、北京邮电大学、南京财经大学和中国农业大学等单位参与。

7）中储粮成都储藏研究院有限公司牵头承担了2013粮食行业公益性科研专项"规模化农户储粮技术及装备研究"（201313003）项目。辽宁省粮食科学研究所、湖南省粮油科学研究设计院、吉林省粮油科学研究设计院、哈尔滨北仓粮食仓储工程设备有限公司等单位参与。

（3）加强了科研基地与平台建设

在国家和相关部门的大力支持下，2015—2019年，粮油储藏学科依托科技力量，多层级地新建了研究平台，加快促进科技成果转化。

1）建立了国家级科研基地与平台，如南京财经大学申请获批了"国家优质粮食工程（南京）技术创新中心"；国家粮食和物资储备局科学研究院依托粮食储运国家工程实验室平台，搭建了粮食干燥平台，开展干燥基础理论、技术的深入研究和装备的研发。

2）科研院所内部也加强了平台建设，如国家粮食和物资储备局科学研究院建立了储粮虫螨分子生物学研究平台、储粮昆虫行为生态学研究平台、储粮害虫综合治理技术研发平台、北京市昌平储运中试基地，开展储粮基础理论研究和新技术研发。

3）各企事业单位也建立了若干工作室，如中国储备管理集团公司在系统内组建了一系列团队工作室。国家粮食局在行业内遴选一批技能拔尖人才，专门建立技能拔尖人才工作室。这些工作室有效发挥了其在技术攻关、技能创新和传技带徒等方面的作用，有利于行业内逐步建立起分级负责的高技能人才培养体系和工作机制，进一步加强了行业高技能人才队伍建设。

（4）理论与技术突破

1）理论方面，通过"粮堆多物理场 + 粮堆生物场——粮堆多场及耦合效应"的基础理论研究突破，为粮情云图分析技术提供了理论支撑。

2）技术方面，开发出干燥技术和多参数粮情测控系统。①干燥技术：一是国内首次开发了"新型脱硫除尘、固体粉尘控制、废气（余热）"技术集成的大型绿色环保节能减排粮食干燥技术装备。此装备率先借鉴"涡轮增压湍流"脱硫除尘技术，克服了脱硫除尘效果差的技术难题；首次开发了大型顺逆流粮食干燥废气道环保装置，降低了干燥机粉尘，改善了作业环境；形成了以余热回收技术为支撑的大型粮食干燥系统废气回收利用节能体系，明显降低了能耗。二是开发了室外大型环保物联网控制谷物干燥技术装备。将数字化设计和模拟技术应用于干燥机结构设计，设置纵向错层分布的 Z 字形上下交错排列的多层进、排风口干燥段，占地面积每台机可减少10%，降水速率提高20%，工作环境的粉尘浓度降低30%；将物联网技术应用在干燥设备及成套工程中，可实现终端 App 操作；

在施工中应用模块化技术，地面组装和高空安装相结合，可缩短安装周期，提高安装安全性；采用装备及厂房一体化技术（室外型），减少了土建成本。②多参数粮情测控系统：一是国家粮食和物资储备局科学研究院突破粮堆湿度在线检测技术难题，采用温湿度一体化集成粮情检测和云图分析技术，提高对机械通风、谷物冷却等工艺的控制精度，利用基于云平台的粮情综合分析技术，并配合专家系统，将显著提高我国粮食仓储过程监测与安全预警水平，为仓储智能化提供基础装备和数据支撑。二是中储粮成都储藏研究院有限公司新开发的 CGSR-GDCS Ⅳ 型粮情测控系统，采用自主创新设计的 1-wire 总线驱动及分时分组复用技术，通过创新温度传感器网络布线结构，实现了不同通道电缆任意互换以及进仓主线和测温电缆生产的标准化，避免在仓内进行压线作业，提升了系统抗磷化氢熏蒸能力，有利于提高储粮信息化技术水平，推进仓储智能化的发展。

2. 学科建设进一步完善

（1）学科结构

在学科建设中，本学科结构主要是以粮食储藏基础理论和应用技术相结合，系统研究设计"三位一体"模式的学科结构。主要依托国内四所高校（河南工业大学、南京财经大学、江南大学、武汉轻工大学）负责培养粮食储藏相关专业高校毕业生，促进粮食储藏学科的发展。

在四所高校中设置的粮食储藏特色领域涉及的国家本科专业有"粮食工程""结构工程""食品科学与工程""生物工程"等。在硕士研究生教育和人才培养层面有"农产品加工与储藏工程""粮食、油脂及植物蛋白工程""土木工程""计算机科学与技术""储粮昆虫学"等，以及食品工程专业学位教育与人才培养。河南工业大学获得博士授权单位和3个相关学科博士点，在南京财经大学还有粮食储藏领域服务国家特殊需求项目的博士人才培养。河南工业大学还拥有粮食储藏科学与技术领域的国家级协同创新人才培养，以及本学科领域相关的博士后流动站。

（2）学科教育

1）高等学校师资队伍。目前国内有4所高校设置了粮食储藏专业，粮食储藏专业师资力量强，教师具有良好的业务素质和较高的学术水平与教学水平，拥有教授、教授级高工、副教授超过百人，教师队伍具有合理的年龄结构和学缘结构，同时也大力引进了博士等高学历人才充实到教师队伍。专业负责人具有丰富的教学和管理经验，专业教师有工程实践经验，为培养高素质的人才奠定了坚实的基础。

2）课程体系与教材。在课程体系设置上，主要包括通识教育课程（人文社科、自然科学技术技能等，约占36%）、学科平台课程（占31%）、专业平台课程（约占16%）、专业实践类课程（约占17%）。粮食储藏专业特色课程包括粮油储藏学、粮食化学与品质分析、储藏物昆虫学等。近年来各大专院校在"十二五"的基础上对一系列教材进行了修订，进一步深化课程改革，推动教材与时俱进。

3）教学条件建设等情况。一是教室和实验室。教室包括普通教室、多媒体教室、语音室等，由教务处负责管理，学校所有教室统一调度、统筹安排使用。实验都在专用实验室进行，实验室的安排一般由任课教师与主管实验室的专职人员协调、安排实验。二是实践平台。每所高校都有自己的实践平台，如河南工业大学扩建了 5000m^2 的粮食储藏平台专用科技研发实验楼和总容量 720t 小麦储藏中试模拟试验仓；南京财经大学建设有 20000m^2 粮食工程教学与科研实训基地，建设了 2350m^2 的专用实验室，有中试大圆仓 1 个（储粮 42t）、大方仓 1 个（储粮 30t）、小圆仓 10 个（每个储粮 4.4t）、缓冲仓 1 个（储粮 14t）。

（3）学会建设

粮油储藏学科中有专门对口的中国粮油学会储藏分会，储藏分会是中国科学技术协会领导下的中国粮油学会二级非法人资格的专业学术组织，1985 年成立以来，一直挂靠在中储粮成都储藏研究院有限公司，是连接大专院校、科研单位及粮食仓储企业的重要纽带，已经发展成为体系健全、制度完善及管理服务到位的分会之一，是粮食仓储行业不可缺少的技术交流平台，在我国粮食仓储管理与技术推广应用和国际储藏物保护方面得到了全面发展，享有较高声誉，展示了较强的影响力和号召力。近年来，组织了绿色储粮、节能减排、标准化管理、智能化粮库建设与应用等专题学术研讨会议，举办了融学术交流于一体的仓储设备与技术的小型展览，为基层粮库提供了一个集学术交流、技术咨询、技术服务和技术推广于一体的专业学术平台，开展了务实和卓有成效的专业技术服务工作。储藏分会还承担了大量粮食仓储行业内有利于提升民生的公益事项，充分发挥了社会团体为政府分忧的角色，如实用技术推广、行业学科发展、科技进步奖推荐等。

（4）人才培养

1）学校教育。粮食储藏学科的学校教育指导思想是"以行业需求为导向、以能力培养为目标、以业务和综合素质兼具为追求"，着力提升学生的工程素养，着力培养学生的工程实践能力、工程设计能力和工程创新能力，以适应社会的发展需求。

近年来，在学校教育的专业设置上紧跟社会需求、紧跟市场的发展；在学生培养过程中注重培养学生的批判性思维和跨学科思维以及面向行业科技发展解决实际问题的能力，积极营造独立思考、自由探索、勇于创新的良好环境，培育学生的国际视野；在学科人才培养上，目前已形成从本科生到硕士、博士研究生的成熟人才培养体系，毕业生从事粮食储藏学科方面的工作比例也在逐年提升。

2）职称评审。粮油科技工作者职称结构合理，老、中、青相结合，拥有大批中高级技术职称人才，年轻的高学历技术人才在行业学术上也在逐步发挥出重要作用。

3）职业技能培训。职业技能培训是学科发展的一项重要工作，主要包括：专业技术培训、职业技能认定、学术交流培训以及技能大赛等，目前行业有关储藏学科组织培训的单位主要有国家粮食和物资储备局、中储粮集团公司、中粮集团有限公司、中国粮油学会储藏分会以及各大专院校等。其中：国家粮食和物资储备局主要组织各省有关单位进行职业技能认定（含初、中、高级粮油保管员和粮油质检员，中高级技师等）；中国储备粮管理集团有限公司、中粮集团有限公司主要组织对系统内进行专业技术培训；中国粮油学会储藏分会主要组织全国粮食储藏行业进行学术交流和技术培训；各大专院校也是学术交流及培训的主要阵地，如河南工业大学建有全国粮食行业（郑州）教育培训基地，承办培训全国粮食行业高层次人才；以国家粮食和物资储备局为代表，各省及中储粮集团公司等企业内部定期举行岗位技能大赛，并以此为抓手推进员工素质工程建设。近年来，储藏学科通过内容丰富、特色鲜明的各种形式为粮油行业培训近万人次，搭建了良好平台，在行业内营造了"人才兴粮、技能兴业"的氛围，拓宽了高技能人才的成长渠道，大力推进人才队伍建设工作。

4）科研团队的发展状况。在我国，粮食储藏学科科研团队主要依托科研单位和高等院校，主要有国家粮食和物资储备局科学研究院、中储粮成都储藏研究院有限公司、河南工业大学、南京财经大学、武汉轻工大学等单位，在重大研究上发挥各自优势强强联合攻关，目前科研人才队伍稳定，新生力量也在不断成长，粮油储藏科技人才队伍良性发展。

（5）学术交流

粮油储藏学科十分重视国内外学术交流，近年来，继续贯彻实施"请进来"和"走出去"相结合等形式，参加和主持召开了一系列国内外重大学术交流及研讨会，形式多样，效果显著，为广大储粮科技工作者搭建了优质平台。

1）国内学术交流。"十三五"期间，粮食储藏学科举办相关的国内学术交流达到20多次，其中：借助中储粮成都储藏研究院有限公司的科研力量，中国粮油学会储藏分会打造了实力雄厚的学术交流平台，坚持每年聚集行业内权威专家及广大储粮科技工作者，发布新方法、新理论，总结新成果、新经验，探讨新技术、新途径，有效地推动了科技成果转化、强化了科技工作者和企业的联系；以国家粮食和物资储备局等单位为组织的科研单位、高等院校积极举办储粮专题研讨会，在全国各地多次召开绿色生态储粮新技术研讨班，培训近2500余人。这些学术交流活动为学科的繁荣发展起到了积极作用。

2）国际学术交流。把国外专家"请进来"：一方面通过举办国际会议邀请国外专家进行学术交流。如"十三五"期间继续组织做好中加储粮生态研究中心暨粮食储运国家工程实验室工作研讨会，主办了国际粮食加工场所害虫防治研讨会；积极开展非洲国家的培训班，如举办中国政府–世界粮食计划署（WFP）南南合作农作物生产及产后减损培训班；中国粮油学会储藏分会前后多次举办国际交流活动（如2017年分别在厦门和长春组织举办了第一届ICC亚太区粮食科技大会粮油储藏分会场、2017年粮食储运技术基础国际学术研讨会），先后特邀了美国James Throne教授、Bob Cracknell教授，澳大利亚默多克大学任永林教授，加拿大Digvir S. Jayas教授、周挺教授、张强教授等国内外知名专家做主题报告。另一方面是通过特邀专家讲学或者联合指导学生等方式进行学术交流。如国家粮食和物资储备局邀请了马来西亚诺丁汉大学刘中林教授、俄克拉荷马州州立大学乔治教授以及澳大利亚默多克大学杜鑫工程师等作了学术交流；河南工业大学聘请专家（如加拿大曼尼托巴大学 FujiJian Field Paul 教授、澳大利亚默多克大学任永林教授等）担任海外的兼职博士研究生导师。

让专家"走出去"：一是派国内学者到技术先进国家进行学术访问，如国内科研机构分别派学者去英国雷丁大学、澳大利亚默多克大学、加拿大曼尼托巴大学进行学术访问交流。二是让国内科研学者走上国际交流的舞台，如河南工业大学、中储粮成都储藏研究院有限公司等科研院所学者分别参加"第 12 届国际储藏物保护大会"（德国柏林）、"第 25 届国际昆虫学会"（美国佛罗里达州）、"美国国际谷物化学师协会 2018 年年会"（英国伦敦）等国际学术会议，进一步提升了我国粮油储藏学科在国际的影响力。

（6）学术出版

在"十三五"期间，粮油储藏学科出版了一系列的专著及丛书，制订和颁布了一系列标准，以《粮食储藏》和《粮油仓储科技通讯》两本专业期刊为阵地，发表论文近千篇，成果丰硕。

1）专著与教材。编辑出版著作、教材、手册和论文集近 30 部，包括：《粮食储藏横向通风技术》《现代粮食干燥技术与装备》《粮油储存安全责任暂行规定》《粮油安全储存守则》《粮库安全生产守则》以及"粮食储藏技术实用操作丛书"（《控温储粮技术实用操作手册》《连续式粮食干燥机技术实用操作手册》《谷物冷却储粮技术实用操作手册》《种粮大户安全储粮实用技术操作手册》《粮食感官检验辅助图谱》）等，这些专著在一定程度上反映了我国粮油储藏学科的发展水平。

2）学术期刊。主要有《粮食储藏》《粮油仓储科技通讯》《粮油食品科技》《中国粮油学报》《粮油科技（英文）》《河南工业大学学报》等基本期刊，其中《粮食储藏》和《粮油仓储科技通讯》是粮食储藏行业技术交流的主要载体，为行业的技术推广和成果转化发挥了重要作用。

3）相关标准。主要包括《GB/T 20570—2015 玉米储存品质判定规则》《GB/T 31785—2015 大豆储存品质判定规则》《GB 22508—2016 食品安全国家标准原粮储运卫生规范》等粮油标准 40 多项，进一步提升了规范化水平，促进了我国粮油储藏行业发展与国际接轨。

（7）科普宣传

储藏学科除了肩负起守好管好"天下粮仓"的重任，还积极履行社会责任，多渠道、深层次、新形式助力科学进步和科普宣传：第一，"十三五"期间，继续组织好"科技活动周"活动，使粮食科普进社区、进家庭、进学校；第二，积极投入研发规模化农户储粮技术及装备研究等粮食公益性行业科研专项，开发出多种农户储粮新仓型和新技术；第三，抓住契机多样化科普宣传，如中储粮成都储藏院有限公司深入革命老区赤水，开展了粮油食品安全与营养健康科普宣传，通过现场派发宣传教育手册和讲解，指导当地老百姓了解日常生活中的粮油知识；各科研院所热情接待来访民众，开放实验室，解答民众及社会热点焦点。这一系列的活动，为支持农民科学致富，支持贫困地区科技发展，提高公众科学文化素质发挥了重要的作用。

（三）学科在产业发展中的重大成果、重大应用

1. 重大成果和应用综述

在"十三五"期间，粮油储藏学科从基础理论到应用技术研究都有较大的发展，取得了一系列科学技术成果，特别是在低温绿色储粮技术、内环流控温储粮技术、平房仓横向通风成套储粮技术等方面的重大成果应用，提高了我国储粮工艺的技术水平。

2. 重大成果与应用的示例

（1）低温绿色储粮技术

四川率先启动低温储粮技术规模化应用，制定了《四川省粮食低温储备库建设规划》，低温机械制冷工艺利用的冷源媒介目前有浅层地能（地下水和土壤源）、地表水、地埋管、水冷机组＋冷却塔、风冷等多种方式，目前已建低温绿色粮库96个、仓容280万t，形成了"绿色低碳、技术多样、标准健全"的多元化、多层次、功能完善的四川省粮食低温绿色储粮体系。

主要特点：通过对储备仓主体进行保温隔热改造，包括：外墙大立面、下弦板面层隔热和下弦板仓内隔热以及门窗等，开发了浅层地能控温系统和风冷空调控温系统，研究了低温储藏工艺，主要采用浅层地能控温系统与面层空间自动控温系统结合；研究了低温储粮条件下的安全水分、原粮品质变化规律及制冷工艺运行技巧，制定了低温储粮技术操作规程和仓储管理相关制度等，建成了一批规范化的高质量示范库（如成都市龙泉驿区粮油实业有限公司、都江堰粮缘商贸有限责任公司、四川粮油批发中心直属储备库等）。

（2）内环流控温储粮技术

内环流控温储粮技术，是指冬季降低粮温蓄冷，夏季采用小功率风机将粮堆内部的冷空气从通风口抽出，送到仓内空间，降低仓温、仓湿和表层粮温，实现常年低温（准低温）储粮。内环流可均衡粮堆内部的水分和温度，减轻了粮堆发热、粮面结露、结块等局部异常粮情，延缓了表层和周边粮食的品质变化速度。

主要特点：内环流仓内空间相对湿度在40%以下，仓温在25℃以下，避免了书虱和螨类的发生，抑制了其他储粮害虫的生长繁殖速度；内环流控温既与外界无空气交换，又减少了异常粮情处理，在度夏控温过程中水分基本无损耗；在高温高湿季节，未采取内环流控温技术的仓房仓温可达到35℃以上，仓湿75%以上，保管员需要定期翻动粮面，内环流技术既减轻了保管员的劳动强度，也改善了保管员在夏季高温高湿仓房工作的环境；内环流系统可实现冬季下行式通风降温，既减小了通风降温水分损耗，又减轻了风机的搬

动、连接的工作量；内环流控温系统取材方便、安装简单、一次性投资低、运行成本低；内环流应用粮情更稳定、湿热转移小，可适当提高储藏安全水分，既降低了干燥成本，又减小降水幅度、提高烘干质量。

（3）平房仓横向通风成套储粮技术

平房仓横向通风储粮技术主要通过将通风管道安装于两侧檐墙，对粮面表面进行覆膜密封，通过两侧风机配套使用（一侧送风、一侧吸风），形成负压横向通风。近年来这项技术得到进一步发展，研究了横向通风等大量基础理论，与环流熏蒸、谷物冷却以及粮情检测有机融合，形成了平房仓横向通风成套储粮技术。

主要特点：解决了高大平房仓全程机械化进出粮问题，通风均匀性好，单位粮层的阻力低，降温效果好；可实现节能负压谷物冷却、多介质害虫综合防治（包括充氮气调、食品级惰性粉气溶胶防虫技术、环流熏蒸）和大数据粮情智能云平台技术的综合使用。

（4）"一规定两守则"应用规范

"一规定两守则"在粮食仓储行业首次制定并全面实施，明确了粮食行政管理者、作业人员等各主体的安全生产责任，进一步提升了仓储规范化管理水平。

主要特点：《粮油储存安全责任暂行规定》通过对相关法律法规、标准规范和工作实践的有效衔接，规定了粮油仓储单位、政策执行主体、粮食行政管理部门及工作人员对库存粮油储存安全的职责和义务，以及对发生粮油储存事故后果所承担的责任；《粮油安全储存守则》按照储粮作业流程发掘常见风险和隐患，有针对性地凸显关键技术和管理环节，对粮库不同层级、不同岗位的相关人员提出了工作要求和技术指导；《粮库安全生产守则》梳理了粮库发生的生产安全事故，分析事故的类型和作业环节，剖析发生的原因，突出安全生产的关键环节，着重解决如何做的问题，为粮库安全生产提供了行为规范。

三、国内外研究发展比较分析

（一）国外粮食储藏学科发展情况

1. 科技创新投入大、能力强，人才队伍实力雄厚

欧洲、美国、日本等国家普遍对粮食储藏学科的投入较高，并设立了大量的专业科研机构，如澳大利亚储藏科研联邦学院、美国的普渡大学粮食质量实验室和粮食产后教育研究中心、美国堪萨斯州立大学谷物中心、加拿大曼尼托巴大学储粮生态系统研究中心等。英国、法国、德国等欧洲国家设立了专门的粮食储藏科研机构，科研经费资助包括政府拨款、国际机构、粮食协会和商业公司资助等，为开展大量的基础研究项目和多领域的应用基础研究工作提供了大量的资金支持，并不断增强其科研创新能力。

在以上科研机构和平台中，通常都设有一系列的研究和技术推广机构，既重视粮食储

藏科技的基础研究，又注重技术推广，为科技创新和技术转化提供强有力的支撑，并打造了一支创新能力强、实力雄厚和梯度稳定的人才队伍，为粮食储藏科技创新提供了源源不断的动力，并取得了世人瞩目的研究成就。

2. 重视基础研究，为技术创新奠定坚实基础

发达国家普遍十分重视储藏学科的基础理论的研究和发展，形成了较为完整的储粮生态学体系，揭示了储粮生态系统中粮食与其他生物因子和非生物因子之间相互关系和物质能量变化的规律。早在 1996 年，出版了基本反映国际现代储粮生态学的研究现状的《加拿大储粮生态系统》等专著。近年来，不断在储粮生态系统理论、储粮害虫微生物区系消长规律、储粮期间粮堆温度、水分、气体成分动态模型、害虫抗药性、信息素、分子生物学、储藏过程检测、药剂研发和信息技术等方面取得了积极的进展。

此外，发达国家重视储粮害虫防治技术的应用基础性研究，研究开发新型熏蒸药剂，开展储粮害虫 PH_3 抗性基础理论的研究等。美国、加拿大、英国和日本等国通过建立计算机数学模型，以实现对害虫、微生物发生、发展、危害程度、扩散分布趋势以及储粮质量安全的预测预报。还有一些模拟专家技能的计算机专家系统被开发出来，如美国的"Stored Grain Advisor"、澳大利亚的"Grain Storage Tutor"等，为储粮技术创新发展提供了强有力支持。

3. 科学技术与生产紧密结合，孵化储藏新技术

发达国家更多提倡采用低温技术、气调技术、非化学防治技术等绿色或无公害储粮技术的应用，重视粮食产后的质量，以粮食的最终使用品质和最佳用途作为追求的主要目标。如低温储粮已经被广泛采用，目前已在世界上 60 多个国家和地区使用谷物冷却机超过 1 万台，每年谷物冷却机常年低温保存的粮食已超过 1 亿 t。在日本，对大米和糙米的储藏全部采用准低温体系，只要保证制冷除湿装置正常工作，即可保证储粮安全，无须担心虫霉危害；在澳大利亚、美国、俄罗斯等国，二氧化碳气调储粮技术和氮气储粮技术都得到了商业应用。

硫酰氟因替代甲基溴在美国、瑞士、意大利、英国等国得到粮食场所害虫防治许可，可用以解决储粮害虫对 PH_3 抗性日益严重问题。澳大利亚的甲酸乙酯与二氧化碳混合的钢瓶剂型熏蒸剂已经完成注册，氧硫化碳也进入注册实验阶段。在害虫生态学基础研究方面，通过准确监测储粮中害虫的种类、数量，结合储粮生态条件，确定害虫防治的经济阈值，使基于储粮害虫 IPM 策略的决策支持系统将更加完善，更具实用性。支撑害虫 IPM 策略的非化学防治技术，如生物防治、物理防治等技术将得到进一步重视。

4. 粮食干燥节能智能化，粮食储备实现过程监测

在发达国家，粮食干燥技术与设备应用广泛，粮食干燥设备多样化、智能化，美国以横流式、就仓干燥机为主；加拿大的横流式、混流式干燥机各占连续式干燥机的 50%，就仓干燥机也较为普及；欧洲各国普遍采用混流式干燥机；日本则应用干燥稻谷效果较好的

低温批式循环干燥机。在粮食干燥新技术方面，普遍采用燃油、天然气、石油液化气等相对清洁燃料，燃烧效率高、耗能低、对环境污染小。为节省能源和保持粮食品质，通常采用低温通风干燥、就仓干燥、远红外干燥、组合干燥等新技术和工艺。

发达国家根据本国国情、所处地理位置，建立了完备的粮食储备管理机制，严格储备粮管理，针对不同储备周期的粮食分类储存管理，非常重视储存粮食的品质控制。粮食入库前，对特许经营企业的仓储设施条件进行核查；粮食入库时，对粮食质量、数量实时控制，符合质量要求的粮食才能入库；粮食入库后，实行系统化储粮管理，通过早期干预，比如控制温湿度、在收获前防治真菌等方法来确保库存粮食储存安全，做到早发现、早处理。

5. 自动化、信息化、四散化流通体系完备，发展程度较高

欧洲、美国、加拿大、澳大利亚等经济发达的国家和地区，先后完成了对传统粮食储藏和流通的基础设施的技术改造，在粮库建设时一般根据不同的储运功能选择不同的仓型，配套了具有高度机械化、自动化的干燥、清理、进出仓、输送、通风、熏蒸、谷冷机等粮食仓储与物流设备，各主要环节基本实现了计算机自动控制和智能化管理。随着信息化技术的发展，各国对粮食储备和流通给予高度重视，在粮食流通体系建设上加大科技投入，如自动扦样、数据传输、网络监控等。目前，已建立规划科学、仓型合理、技术完善、设备配套、调运流畅、机械化自动化水平高的集约化的现代散粮储运系统，粮食散运量已高达80%，大幅度降低了粮油产后流通成本，储运成本仅为我国的75%，显著增强了其国际市场的竞争力。

（二）国内研究存在的差距

总体来讲，我国粮食储藏学科就储粮品质安全问题落后于发达国家，粮食储藏学科的发展滞后于社会需要，相关粮食储藏技术水平、安全体系较发达国家而言存在一定差距，主要体现在以下几个方面。

1. 基础研究实力薄弱，理论与技术瓶颈突破难

我国在粮食储藏学科研究上存在重技术开发、轻基础研究的情况，与国外在基础研究的深度、细度及进度上存在一定差距。一些重要的粮堆基础参数研究时间已久远，与现代仓储条件及技术迅速发展不匹配，需开展与之适应的相关基础研究，如储粮害虫种群动态、储粮微生物与真菌毒素危害、粮食储藏稳定性与各生态因子关系研究、害虫抗性机理等。

2. 保质减损、节能降耗储藏新技术发展缓慢

我国粮食储藏学科在气调与低温等绿色储粮技术、通风技术、物理防治技术、害虫防治储粮技术、多参数粮情测控技术等方面取得了一些成绩，但由于我国地域辽阔，储粮仓型多，储粮生态环境多样化，粮食储藏过程中水分、杂质等损耗严重，相关标准未能跟上，这些年一些科研院所在保质减损、节能降耗方面做了一些有益探索但未形成固化模式

进行推广，技术发展缓慢。

3. 粮油储藏体系较健全，但与高品质原粮储存要求衔接不够

我国粮食储藏学科针对粮食储藏安全、管理规范等制定了一系列较为科学、系统的仓储标准，但相对于人们对优质粮油产品质量要求越来越高、对粮食的要求由数量转变为质量来说，这些标准已经不能满足发展需要，加之粮油产品质量追溯系统不够完善，极少有企业能够真正做到粮油产品从收购到销售进行全过程质量追溯，因此需要进一步健全和完善粮油储藏标准体系，进一步衔接好粮食储藏各项标准，研究制定粮食储藏过程高品质原粮储存与加工衔接关于品质要求的标准，注重质量溯源，解决人们对美好生活向往与发展不平衡不充分带来的矛盾，比如粮食储藏过程中的保水、保质问题等。

4. 技术产业化不够，技术衔接不顺畅

受经费、转化平台缺乏等因素制约，我国很多新技术发展进程缓慢、普及率低，大都处于资料化状态，仅在科研院所和高等院校或者少数地区进行小规模试行研究，先进成果和技术集成较少，并未得到很好的推广及实际应用。同时，粮食产量大幅度增加，粮仓收储矛盾空前突出，建仓修仓进度滞缓，调销腾库力度较小，多渠道消化不合理，无法充分利用社会仓容，粮食储藏能力有限，造成粮食收获后，无法立即进行合理有效的仓储，加之我国粮食生产产量总体呈上升趋势，粮食供给地区不平衡、结构不合理、种植效益低等问题仍未从根本上得以解决，导致技术衔接也不顺畅。

5. 粮食产地烘干、清洁能源保质干燥技术和保质干燥问题仍然突出

我国主要以一家一户为单位生产粮食，收获后的粮食绝大多数需要马上送到粮库或出售给粮商，粮食烘干设施建设分布不均匀，只在部分乡镇或交通便利的城市集中建设了一些粮库及烘干储粮设施，烘干能力明显不足。与发达国家比较，如美国采用机械谷物烘干量占总量的95%左右，美国农场由农户联合拥有的粮食储藏能力高达3亿多吨，占国家总仓储能力的58%，可见我国产地粮食烘干能力较发达国家有较大差距。我国每年因无法及时干燥造成粮食损失约占粮食总量的5%，经济损失为180亿~240亿元。现有烘干技术缺乏保质干燥理论支撑，设计制造带有一定的盲目性，设计参数较粗化，大多数干燥机企业多采用低端仿制，烘干后粮食品质差，且以燃煤热风链条炉加列管换热器为干燥热源，存在热效率低、能耗高、尾气排放超标等弊端。因此，须全面提升产地粮食烘干能力和水平。

6. 粮库精细化、智能化、科学性建设和管理有待提高

我国管理模式较粗放，育种、农户、粮库、市场各环节间存在信息闭塞甚至脱节现象，难以形成有机联动统一体，粮油产品在收储、售出过程中监测信息化、作业智能化程度低。发达国家如日本已采用统一管理、技术指导、"一卡通"结算等管理模式，区域内统一管理，分区指导，提供指导与最新交易信息，在粮食选种、种植、收获、干燥、运输、存储、加工、消费等流程上已形成一套较为成熟的管理模式。

（三）产生差距的原因

1. 学科地位低，高层次科技创新人才缺乏

近年来，国家把粮食安全提到很高的地位，从而促进国内高校和科研院所越来越重视粮食储藏学科的建设和发展，然而，粮食储藏学科在教育部学科目录中未明确列出，现在还处于食品科学与工程、植物保护、农业工程等学科的边缘。尽管三所粮食高校均设置了粮食储藏学科方向，在学科建设、人才培养方面给予照顾，但总体来看，学科地位较低，未受到应有的重视，也未获得应得的资源。同时，本学科高层次科技创新人才缺乏，学科中院士还处于"零状态"，国家杰出青年基金获得者、教育部长江学者、万人计划等国家级人才也极度缺乏。因此，亟待从学科建设和高层次科技创新人才汇聚以及培养水平方面去提升，从源头上解决制约我国粮食储藏科技创新的"瓶颈"。

2. 协作体制不健全

尽管国家一直提倡协同创新发展、产学研用结合，很多单位也成立了多个协同创新中心，但是总体来看，"单兵作战"的情况还没有根本改变，单打独斗、小打小闹的局面仍然比较突出，竞争意识多于合作意识，无法形成合力联合攻关研究出具有行业影响力的项目，导致在国家科研体制改革后，造成被动局面，制约着重大理论与技术的突破。

3. 相关设施设备结构及配置分布不平衡

一是粮库数量多，结构不尽合理。现有仓容中，国债项目及省级直属重点项目的设施条件好，设备配套，但多数粮库仓型复杂，仓储状况良莠不齐，给储藏管理规范化和先进储藏技术的应用推广带来困难。二是仓储设备的配置水平不平衡。新建粮库配置的设备数量多、技术先进，原有粮库配置的设备少、技术落后，大中型粮库的设备利用率高、使用效果好，小型粮库设备利用率不高，维修保养的不够造成有些设备无法使用。三是一些粮库收储的不同品种或同品种批次差别较大的粮食，难以做到分仓储存，混仓储存造成储粮安全隐患和粮食品质、等级的下降。

4. 资金投入总体不足

我国储藏学科建设和发展主要依靠国家的项目资金投入并依托科研院所和大专院校实施推动，自2003年科研院所改制成科研企业并实施自负盈亏以后，项目经费非常有限，一方面要在有限资金内做好项目，另一方面还得投入市场求生存，这样一来分散了科研企业的研究精力，给科研企业带来了非常大的难度，诸如基础研究等课题很难自主投入去深入研究，大部分以推广应用技术为主。因此，学科投入与机制体制扶持力度还需要加强，为粮食储藏学科发展提供保障。

5. 科技成果转化机制不畅

一是储藏学科的科技成果具有公益特性，粮食附加值相对较低，受众比较特殊，很难像其他学科的成果一样，可以将技术高值转让；二是本学科缺乏自身大型转化平台，成果

主要依赖于行业外企业进行转化，转化水平也参差不齐；三是成果转化后，企业自身投入难度大，难以进行规模化的应用，单个粮食储备库与科技研发人员对接效率低、规模小，转化成效不明显。

四、发展趋势与展望

（一）战略需求

粮食储藏学科建设和发展围绕国家粮食安全战略需求，储粮科技继续向着"低损失、低污染、低成本"和"高质量、高营养、高效益"方向发展。在提升粮食储藏行业高新技术应用的同时，应更高层次地减少粮食储藏数量损失，保障质量安全，严格防控品质劣变和控制卫生品质。在行业提升的同时，加强环境与生态的保护，保障安全生产。推广保质减损、绿色储粮、节能减排储藏技术，促进"中国好粮油"的工程建设。在行业科技上，探讨相关科学前沿，加强应用基础研究，做好中国粮食标准化工作，加大成果转化力度，服务于生产需求；加强储藏科技兴粮、粮食储藏科技人才兴粮工作，充分利用人才工程、平台建设、学科建设、协同创新、产业联盟等为粮食储藏行业的可持续发展提供强有力的支撑；加快推进行业信息化、智能化研究与建设，全面提升粮食储藏技术集成与信息化水平。

结合国家乡村振兴战略，延伸粮食与油料产后储藏与安全保障产业链，做好农业合作社、粮食专业协会对粮食储藏科技需求的支持工作，努力实现"储粮好、储好粮、粮储好"，即把好入仓粮质、做好过程控制、总体水平高。

同时，结合"一带一路"倡议，关注联合国粮食计划署"全球零饥饿的战略目标"，为发展中国家的粮食安全提升技术、人才、交流、培训等支撑。

（二）研究方向及研发重点

1. 基础理论研究

1）建立粮食储藏生态系统基础参数数据库，完善粮堆多场（温度场、湿度场、流体场、生物场等）耦合模型和理论。

2）加强谷物与油料储藏过程中环境微生态因子及变化规律、生态调控技术与基础理论研究。

3）加强粮食、油料、油脂及制品储藏品质、变化规律及防控技术与基础理论研究。

4）建立粮食安全储存判定标准或敏感指标，并研究其在储粮过程中的变化规律，在此基础上建立安全储存时间预测模型，用以指导合理的粮食储存及轮换周期。

5）研究粮堆中微生物生长演替规律，建立生长预测模型，在此基础上研发储粮微生物监测、预警技术以及相关设备。

6）研究储粮过程中微生物污染与粮食质量安全的关系，从粮食安全和控制经济的角度，寻求粮堆霉菌发热防控的最佳控制点。

7）研究粮食储藏过程中隐蔽型真菌毒素的形成机制、污染状况和毒理等，探究现有真菌毒素去毒控制技术在粮食实际生产过程中的应用转换。

8）开展储粮害虫、霉菌等有害生物之分类学、生物学、生态学、遗传学、毒理学基础研究，完善储粮害虫基因识别技术与数据库。

9）加强干燥基础理论研究，研究干燥工艺的普适性和特殊性，研究变温干燥工艺品质变化规律。

10）开展仓房结构理论与创新研究。

2. 技术集成创新与装备研发

1）加强区系调查以及不同区域差异性分析，探索不同储粮生态区发热问题的根源，明确防控及处理的对象，集成创新处理模式。

2）开展粮情测控分析智能判断技术研究，对异常粮情自动预测、判断与处理。

3）开展粮食进出仓作业粉尘控制技术研究与设备集成，研究高效出入仓智能化作业研究与装备，集成净粮入仓工艺与技术。

4）开展磷化氢替代技术研究，研发储粮害虫生物、物理等绿色综合防治技术。

5）开展横向通风智能控制软件和硬件应用测评，构建横向智能通风工艺及设备标准，搭建通风工艺测试平台。

6）开展粮油流通技术与装备研究，粮食运输过程温湿水测控技术研究及应用，开展粮食在途运输品质测控技术研究。

7）开展干燥技术提升改造和新型清洁能源干燥技术及装备的研究，加快研究中小型"机动式"干燥技术与装备及大中型的"粮动式"干燥装备。

8）开展现代粮仓保温隔热、气密新材料及产品的研究。

9）加强粮堆温湿度水一体化在线检测技术及产品开发。

10）其他相关技术，如有害生物及代谢物早期快速检测方法、大豆安全储存及减损问题研究、分区域分仓型储粮工艺定量化研究、设施设备标准化研究。

3. 应用示范

1）开展低温储粮技术应用研究示范推广。

2）开展具有自主知识产权的气膜仓的研究与示范。

3）加强不同储粮生态区横向通风成套技术保质保水储藏效果分析，加强集成工艺智能化升级和更大规模推广应用。

（三）发展策略

一是加强顶层设计，落实国家粮食安全战略为总目标。我们要充分认清当前形势，中国粮食储藏需求特色鲜明，技术提升瓶颈现实仍存，理论体系构建任重道远，标准规范配套尚且滞后，科技人才队伍尚难谈兴旺等问题仍然突出，我们必须坚定战略定力，创新工作思路，从行业发展及整个布局去考虑设置研究方向和内容，逐步解决上述现实问题，更高水平、更高质量、更高效率地保障国家粮食安全。

二是点面结合，多措并举增强储藏学科发展活力。围绕国家战略振兴行业，多方发力：在国家突出基础研究的大背景下，粮食储藏科研应更加重视基础理论和技术研究，注重点面结合，系统全面有深度，完善理论构架；加强储藏技术研究与创新平台建设，高效实用发挥效能，提高自主创新能力；加强技术集成、创新与引领，促进科技成果转化服务于行业需求；构建绿色储运技术体系，推动行业向着"绿色、生态、和谐"的方向发展。

三是攻坚克难，努力开创储藏学科新局面。面对艰巨繁重的保粮工作任务，我们必须攻坚克难、砥砺奋进，注重多学科交叉融合研究，加强产学研用融合发展，突破关键技术瓶颈，利用科技创新驱动发展，努力把储藏事业推向一个新的高度。

参考文献

［1］ 吴子丹，赵会义，曹阳，等. 粮食储藏生态系统的仿真技术应用研究进展［J］. 粮油食品科技，2014，22（1）：1-6.

［2］ 姚姣姣. 赤拟谷盗磷化氢敏感和抗性品系数字基因表达谱分析［D］. 西安：陕西师范大学，2016.

［3］ 伍祎，李志红，李燕羽，等. DNA分子遗传标记技术在仓储害虫中的研究与应用［J］. 中国粮油学报，2015，30（10）：140-146.

［4］ 王争艳，苗世远，鲁玉杰. 锈赤扁谷盗成虫趋光行为研究［J］. 应用昆虫学报，2016（3）：642-647.

［5］ 王小萌. 粮堆微生物场及多场耦合机制和模型的研究［D］. 长春：吉林大学，2019.

［6］ 张崇霞，李丹丹，严晓平. 德美亚1号玉米烘干褐变机理研究［J］. 粮食储藏，2015，44（6）：37-39.

［7］ 罗乔军，张进疆，何琳，等. 空气源热泵谷物干燥的研究进展［J］. 食品与机械，2014（3）：228-233.

［8］ 刘春山. 远红外对流组合谷物干燥机理与试验研究［D］. 长春：吉林大学，2014.

［9］ 周浩，向长琼，陈世军. 国内外粮油储藏科学技术发展现状及趋势［J］. 粮油仓储科技通讯，2017（5）：1-3，9.

［10］ 国粮发〔2010〕178号，关于执行粮油质量国家标准有关问题的规定［S］. 北京：国家粮食局，2010.

［11］ 程玉，曾伶. 储粮害虫磷化氢抗性分子遗传学研究进展［J］. 粮食储藏，2016（1）：5-9.

［12］ 严晓平，穆振亚，李丹丹，等. 硫酰氟防治储粮害虫研究和应用进展［J］. 粮食储藏，2018（4）：15-19.

［13］ 中国科学技术协会. 2014—2015粮油科学技术学科发展报告［M］. 北京：中国科学技术出版社，2016.

［14］ 杨静，吴芳. 国外粮食安全储藏期评估研究进展［J］. 粮食储藏，2016（4）：1-8.

［15］ 李丹丹，李浩杰，张志雄，等. 我国氮气气调储粮研发和推广应用进展［J］. 粮油仓储科技通讯，2015（5）：37-41.

［16］ 尹君，吴子丹，吴晓明，等. 基于温湿度场耦合的粮堆离散测点温度场重现分析［J］. 中国粮油学报，2014（12）：95-101.

［17］粮食储运国家工程实验室. 粮食储藏"四合一"升级新技术概述［J］. 粮油食品科技,2014,22(6)：1–5.

［18］韩枫，蔡静平，黄淑霞. 储粮昆虫及真菌危害实仓监测应用与研究进展［J］. 粮食与油脂，2016（4）：12–15.

［19］季振江，程小丽. 横向通风技术在科学储粮中的应用进展［J］. 粮食加工，2018（5）：75–77.

［20］张来林，钱立鹏，郑凤祥，等. 不同粮种横向和竖向通风性能参数的对比研究［J］. 河南工业大学学报（自然科学版），2017（2）：75–79, 99.

［21］陈鑫，赵海燕，李倩倩，等. 平房仓横向通风技术在玉米储藏上的应用研究［J］. 粮食储藏，2017（1）：37–42.

［22］李福君，赵会义. 粮食储藏横向通风技术［M］. 北京：科学出版社，2016.

撰稿人：郭道林　周　浩　王殿轩　唐培安　张忠杰　向长琼　曹　阳　付鹏程

严晓平　鲁玉杰　熊鹤鸣　宋　伟　杨　健　徐永安　沈　飞　李燕羽

李浩杰　魏　雷　丁　超　张华昌　石天玉　曾　伶　汪中明　李　月

粮食加工学科发展研究

一、引言

粮食加工学科是我国农产品加工学科中建立最早的学科之一，目前总体技术水平已达国际先进水平。中华人民共和国成立后，为适应我国粮食生产快速发展和对粮食加工科技人才急切需求的形势，1954年原粮食部会同教育部决定在南京工学院（现东南大学）食品工业系创建了我国第一个粮食加工本科专业。我国粮食加工学科创建65年来得到了快速发展，目前，我国约有146所高校设置与粮食加工相关的食品科学技术与工程专业学士学位，约38所高等学校具有硕士学位授予权，15所高等学校具有博士学位授予权。

随着我国经济建设的快速发展，社会主义建设进入新时代，粮食产量取得12年连续增产，2018年我国粮食总产量达到6.58亿t，连续四年保持在6.5亿t以上。我国人民对口粮的要求已由"吃得饱"向"吃得好"转变，人们对美好生活的向往与供给侧的结构性矛盾日益突出，因此粮食加工已由以前的粗加工向营养、健康、美味的精准加工转变。当前我国粮食加工业以大宗粮食和杂粮、薯豆类及其加工副产品为基本原料，应用粮食加工科学与技术原理和营养学原理，生产各种米、面主食及主餐食品、方便食品、焙烤食品、营养健康食品和婴儿食品及相关的粮食加工装备，旨在有效利用粮食资源，提高饮食的营养效价，改善膳食结构，提高居民的健康水平和身体素质。粮食加工学科为适应粮食加工业的新需求，在以往稻谷、小麦、玉米加工学科的基础上相继延伸了玉米深加工、米制品加工、发酵面制品加工、面条加工、杂粮全谷物食品加工、粮油营养等，目前已形成8个分支学科。

稻谷加工学科是研究稻谷加工理论与技术的学科。稻谷是世界上最重要的谷物之一，其产量居各类谷物之首。稻谷在我国是种植面积最大、单产最高、稳定性最好、总产最多的粮食作物，在我国具有举足轻重的地位。我国稻米产量占世界总产量的31%，居世界首位，近五年我国稻谷的产量稳定在 2 亿 t 左右，占我国粮食总产量的 30% 以上，其中约 85% 的稻米作为主食食品供人们消费，全国有近 2/3 的人口以稻米为主食。近三年来稻谷加工学科在稻谷脱壳的砻谷机、糙米去皮的碾米机方面取得新的技术突破，"十三五"国家重点研发项目"大宗米制品适度加工关键技术装备"的研究取得重大进展。

米制品学科是研究以稻米为主要原料，经过加工制得的方便米线、方便米饭、米粥、米发糕、粽子、汤圆、糍粑、年糕等米制食品的一门科学技术。米制品加工学科是大米加工学科的延伸，是以研究米制品加工利用理论与技术为主的综合性应用学科。

小麦加工学科是研究小麦加工成各种食品的科学理论和生产技术。小麦是世界上最重要的粮食之一，小麦适应性强、分布广、用途多，其分布、栽培面积及总贸易额均居粮食作物第一位。全世界 35% 的人口以小麦为主要粮食。小麦产业几乎是所有发达国家农业的支柱，小麦食品也是这些国家餐桌主食的核心。小麦提供了人类消费蛋白质总量的 20.3%，热量的 18.6%，食物总量的 11.1%，超过其他任何作物。无论从营养价值还是加工性能看，小麦都是世界公认的最具有加工优势的谷类作物。由于具有独特的面筋蛋白和丰富的营养成分，使其在人类的饮食文化中发挥着其他粮食不可代替的作用。小麦也是粮食中最重要的贸易商品，它在世界粮食总贸易量中的比重为 46% 左右。我国小麦平均年总产量为 1 亿多吨，约占世界总产量的 18.5%，居于世界首位。

发酵面食学科是由小麦加工学科延伸分支学科，主要研究以面粉为主要原料、以酵母菌为主要发酵剂生产蒸煮类的面制食品，如馒头、包子和花卷等产品的理论和技术，有别于西方发酵的面包等烘焙食品学科。发酵面食在我国有很大的市场，目前发酵面食的面粉用量已占到面粉总量的 40% 左右，最近几年我国发酵面食的工业化生产水平越来越高，相应的冷链物流配送体系、食品安全检控体系建设更加完善。

面条加工学科是小麦加工学科所延伸的分支学科，该学科与发酵面食学科的基本差别在于各种面条都无须用酵母菌等发酵剂。我国面条加工是支撑国民主食消费市场的主要产业。挂面是中国传统干面的主食产品，2018 年中国挂面年产量约为 800 万 t。随着我国连锁快餐店和面馆的快速发展和我国食品"冷链"物流网络的形成，家用电冰箱、电磁炉、微波炉等设备的普及，为适应新的市需求，近年来我国生鲜面和半干面发展迅速，相应的科学技术理论也应运而生，特别在国家"十三五""大宗面制品适度加工关键技术装备"重大科技专项的研究已取得重大进展。

玉米深加工学科主要是研究玉米转化为食用和非食用的高附加值产品的科学理论和生产技术的一门学科。玉米是世界三大粮食作物之一，2017 年世界玉米总产量达 10.39 亿 t，其中美国为 3.86 亿 t，中国 2.15 亿 t。玉米是加工程度最高的粮食作物，发展玉米加工业是 21 世纪人类的一个重要战略。

杂粮（含全谷物食品）学科是重点研究各种小品种杂粮理论与生产技术的一门新兴学科。我国杂粮分三类：一是杂粮类，如荞麦、糜子、高粱、燕麦、谷子、大麦、黑麦、青稞等；二是食用豆类，如蚕豆、芸豆、绿豆、红小豆、扁豆、鹰嘴豆、豌豆等；三是薯类，主要指红薯、马铃薯等。杂粮在我国已有7000多年的栽培历史，主要分布于生态条件相对较差的高寒、干旱半干旱的高原地区。我国杂粮不仅品种资源丰富，具有相对低廉的成本优势和独特的保健功能，而且是旱地农业理想的作物。杂粮产量约占粮食总产量的10%，播种面积约占16%。发展杂粮产业，对于保护耕地、减少水土流失、培肥地力、建设生态农业、促进农业可持续发展、生产健康食品具有重要意义。

粮油营养学科主要是研究粮油及其制品的营养因子与人体健康的关系及其对人体健康的调节机理和相应的调控技术。本学科近几年来不断优化粮油产品适度加工技术，对粮油食品在加工过程中营养组分的动态变化规律进行系统性研究，为最大限度地保留食品的营养价值、不断优化和推广适度加工技术提供了坚实的科学依据；从营养学的角度指导粮油食品的加工、销售环节，最大限度地保留粮油加工产品中的有效成分不被破坏或流失，提高其营养价值；引导公众树立健康消费观念，促进均衡膳食习惯的形成和巩固；建议合理膳食结构，降低相关慢性代谢性疾病的发病风险，促进全民健康等。

二、近五年研究进展

（一）本学科主要研究内容及取得的成果

1. 稻谷加工的研究内容及取得的成果

我国研发的回砻谷净化技术，是国际上首次引用色选机对回砻谷进行净化，可以将回砻谷含糙米降低到非常低的程度，从而降低爆腰率3%~5%，降低糙碎率1%~2%；发明的留胚米和多等级大米的联产加工的方法，是国际上首次引用色选机分离含胚米粒和不含胚米粒、分离不同加工精度的米粒，一条生产线可以同时生产留胚米以及不同加工精度的几种产品；发明全自动砻谷机，使其具有占地面积小、自动调换快慢辊的优点，保证砻谷效果和效率；生产的第三代碾米机——低能耗低破碎自动米机与普通米机相比，可降低碾米工段增碎、单位电耗和米粒温升各50%以上，经评价总体居国际领先水平；我国生产的色选机不仅可以依据颜色的不同分离异色粒、垩白粒，还可依据形状不同分离其中碎米、小碎米，依据米粒表面残留米胚和糠层的面积分离不同精度的米粒。

稻米检测方面，机器视觉技术和近红外光谱技术的快速检测准确率得到提高[1-3]。在稻米加工设备控制方面，开发出一套能保证设备在最佳工况下工作的工艺控制系统[4]。在云制造方面，"云智能稻谷加工平台"在实现稻谷加工的资源共享、远程监控等功能上取得一定突破[5]。在碾米机方面，研究出超大型立式砂辊碾米机且单双电机动力配备有突破，可提高糙米处理量和降低能耗[6]。稻谷副产物综合利用创新技术和早籼稻产后精深加工关键技术应用取得突破[7]。在砻谷机方面，对自动化控制技术得到突破[8, 9]，新型全自动变频高效砻谷机，自动调换快慢辊，且变频调速，以适应辊径的变化，保持设定的线速差和线速和等技术参数，保证砻谷效果和效率。富硒留胚米加工技术及碾米机优化取得重大进展[10]。在稻谷粉碎方面，超微粉碎技术及应用有所突破[11, 12]。在稻米制品加工基础理论和关键生产技术研究更加完善。

稻谷加工学科积极承担国家"十三五"重点研发计划项目"大宗米制品适度加工关键技术装备研发及示范"、农业和粮油行业公益专项以及国家自然科学基金项目。重点研究：大米适度加工关键技术、品质评价体系研发与示范；营养大米、专用米等加工关键技术设备研发与示范；全谷物糙米制品营养保全及品质改良关键技术装备研发与示范；糙米米粉（线）加工与保鲜连续化关键技术装备研发与示范；稻米加工副产物的食品化利用新技术与新模式。

2. 小麦加工的研究内容及取得的成果

在小麦及面粉加工方面，热处理对小麦和小麦粉中的害虫的杀灭效果的影响研究、水分调节对小麦及面粉品质的影响机理方面取得突破[13]，也开发出相应的设备。在小麦制粉检测方面，基于快速分析的在线检测、自动化检测及其与关键设备、工艺控制系统的融合取得了重大进展[14]。开发了新型振动筛和新型振动打麸机等，生产效率得到提高。基于面粉品质的磨粉机磨辊动力学、热力学研究取得了一定的基础理论研究成果。开发的小麦色选机智能化程度高、产量大（10~24 t/h），能彻底解决小麦中多种异色粒及霉变粒的剔除难题。尤其是基于国家重点课题，在小麦加工领域取得很多成果和进展，如通过对农业部行业公益项目"传统粮食加工制品加工关键技术及装备研发"，开发了适合我国传统面制品的小麦粉加工技术及装备，可以实现我国传统面制食品（面条、馒头）用面粉的标准化生产。目前正在进行的国家重点研发计划"大宗面制品加工关键技术与装备"主要基于提升面制品营养需求的小麦加工技术进行研究，目的是开发全麦粉加工技术、适度面粉加工技术。通过项目研究开发的关键技术、装备、标准等，有力地推动小麦加工学科的进步。

3. 玉米深加工的研究内容及取得的成果

随着肉类和乳制品消费的不断扩张，中国对包括玉米在内的谷物类产品需求激增。为了进一步开发新型玉米深加工技术、提高玉米生产地区的经济水平，国家正在大力扶植发展玉米深加工行业，涉及玉米淀粉、玉米油、玉米蛋白、变性淀粉、淀粉糖和糖醇、乙醇、有机酸、聚乳酸、糖醇等玉米制品行业以及酶工程、发酵工业、饲料工业等相关衍生行业，对于提升玉米深加工行业技术水平、促进玉米深加工行业结构优化和区域经济的发展、打通从玉米粮食生产到食用化、高值化、功能化应用的经济链条有着重要的推动作用。

"十三五"以来，玉米深加工学科在产品开发、技术创新、装备制造和人才培养等方面取得了诸多成就，对于推动玉米深加工产业的健康有序发展起到了至关重要的作用，玉米深加工涉及的主要产业都获得了不同程度的发展。在完全自主的大型化、自动化加工装备领域，其发展水平已可与发达国家的先进水平持平，且开始向国外出口成套技术及装备，淀粉糖的国产装备自给率已达 90% 以上。在国家重点研发项目及重大科技转型研究经费的支持下，我国玉米深加工领域承担了"现代食品加工及粮食收储运技术与装备"国家重点研发计划和"方便即食食品制造关键技术开发研究及新产品创制"重点专项，突破了全营养组配与协同增效、组合式挤压耦合匀化脱水、挤压微体化 – 协同风味修饰和超高压限制性酶等关键技术；开发了全营养即食面、冲调方便粥和全营养玉米饼等即食健康新产品。

4. 杂粮加工的研究内容及取得的成果

本学科在 2015—2019 年间完成了国家"十二五"科技支撑计划项目"粗粮及杂豆食用品质改良和深度加工关键技术研究与集成示范""现代杂粮食品加工关键技术研究与示范"和"甘薯主食工业化关键技术研究就与产业化示范"的结题工作。项目通过对杂粮、杂豆食用品质改良及深度加工关键技术研究，有效改变杂粮及杂豆"有营养、不方便"的局面，转变杂粮、杂豆产业经济增长方式，培育新的经济增长点。拉动杂粮及杂豆全产业链发展，带动西部发展，促进居民食物结构调整，增进国民营养与健康。解决了以高淀粉甘薯和紫薯甘薯为原料工业化生产新型绿色加工食品的关键技术问题，为加速我国甘薯食品加工业的产业发展提供了科技支撑。

本学科承担"十三五"国家重点研发计划项目"传统杂粮加工关键新技术装备研究及示范"和"薯类主食化加工关键新技术装备研发及示范"、国家自然科学基金项目及省部级科研项目多项。目前杂粮和薯类生产技术、加工工艺、加工装备等领域的研究均已取得良好进展，为杂粮加工学科的发展起到推动作用。

5. 米制品加工的研究内容及取得的成果

米制品学科在烘焙、挤压膨化、功能性、发酵、蒸煮微波等类型米制品的基础理论、新技术与新产品、工程技术与产业化、全链条质量安全保障等领域取得了重大进展。

近两年来，从大米蛋白水解产物中分离鉴定出的生物活性肽包括抗氧化肽、抑菌肽、降血压肽、免疫调节活性肽、金属螯合肽、降血脂肽、多功能阳离子肽等。大米多酚类物质提取技术及其功能性研究日益增加。发酵米制品营养品质研究不断深入，发酵米制品现代加工技术持续进步。鲜湿米粉是工业化生产的代表性发酵米制品，"十三五"期间鲜湿米粉等发酵米制品产品的质量标准和生产技术体系不断优化，产品的标准化、规模化生产不断加强。鲜湿米粉、米发糕、红曲米、醪糟、米酒、米醋等传统发酵米制品已经受到研究者和工业界的普遍关注，发酵工艺的可控性持续优化。

米制品稳态化挤压、干燥等技术有所突破，方便米饭烹制技术、无菌化处理技术和常温保鲜等方面提升明显。方便米饭的快速干燥、加压微波或高能电子束等杀菌技术的研究，有力推动我国蒸煮米制品的发展。

6. 面条制品的研究内容及取得的成果

随着国内居民的饮食结构变化，面条加工逐渐向注重产品低热量、均衡营养、方便多样化、安全化的方向发展，新型杂粮、全谷物营养面条、方便面条的新产品成为产品开发的热点，湖南裕湘、今麦郎、益海嘉里、克明面业等先后开发出第二代方便面和高添加杂粮挂面，取得了加工技术和产品创新方面的突破，并取得了良好的市场反响。在技术研发方面，面向产品精准制造的相关技术装备成为热点，先后开发出多种技术装备，并逐渐应用于市场当中。在科学研究方面，承担国家重点研发计划 3 项，包括大宗面制品适度加工关键技术装备、传统杂粮加工关键新技术装备、方便即食食品制造关键技术开发研究及新产品创制。

7. 发酵面制品的研究内容及取得的成果

随着人们物质生活水平的提高，人们不仅仅满足于发酵面食品的主食功能，更希望其能带来营养功能和保健功能，因此近年来关于营养健康发酵面食方面的研究日益增加。发酵面食品品质改良剂（食品添加剂）的研究向绿色安全方向发展，严格控制食品添加剂中化学制剂含量，推进天然绿色食品添加剂的研发成为主流趋势。各类以发酵面食为主食的新兴中餐连锁企业遍地开花，并积极走出国门。

发酵面食品品质评价标准体系逐步建立。关于馒头和面包制作过程及感官评价方法的国家标准《GB/T 35991—2018 粮油检验 小麦粉馒头加工品质评价》和《GB/T 35869—2018 粮油检验 小麦粉面包烘焙品质评价 快速烘焙法》都已经发布并实施。上述标准方法的研究和建立，解决了馒头和面包用小麦品质评价的关键技术，为我国小麦育种、生产、收储及加工等提供了科学、合理的标准，为加强我国粮食生产，确保粮食安全，促进传统蒸煮和烘焙面制品产业化发展，提供了技术支持。

8. 粮油营养的研究内容及取得的成果

目前粮油产品的营养工作主要是控制加工过程对粮油食品中营养物质的影响，实现成品粮油中的营养成分保留，做到"注重纯度，控制精度"[15]；推广强化粮油产品及其制品，达到帮助人们补充一些微量营养素的目的；提倡按科学配比组织生产米、面、油产品合理配比粮油加工的部分产品，有利于满足人们营养所需和饮食健康。

（二）本学科发展取得的成就

1. 科学研究成果

（1）获奖及专利成果

近五年，本学科在获奖项目、申请专利、发表论文、制定修订标准、开发新产品等方面成果显著。加速了粮食加工学科的发展，有力推动了粮食加工产业的技术进步。

1）获奖项目：稻谷加工学科获得中国粮油学会一等奖 1 项，省一等奖 2 项；杂粮加工学科荣获国家科技进步奖二等奖 1 项，中国粮油学会一等奖 2 项，省一等奖 5 项；玉米深加工学科获省部级科技奖励 6 项；米制品学科获得中国粮油学会科技奖励一等奖 2 项，湖南省科技奖励一等奖 1 项；粮油营养学科获得国家科技发明奖二等奖 2 项，中国粮油学会科学技术奖 27 项（其中特等奖 1 项，一等奖 6 项）。

2）申请专利：稻谷加工学科申请及授权专利 366 项；小麦加工学科共申请专利 4217 项；玉米深加工学科共申请专利 3374 项，专利申请总量远超美国；杂粮加工学科申请国家发明专利 20 余项，其中 10 余项已获授；米制品学科申请专利 50 余项；面条制品学科共申请专利 2281 项，其中发明专利 1587 项；发酵面食学科申请中国发明专利 1780 余项；粮油营养学科共申请发明专利 644 项，获得授权 543 项。

3）发表论文：小麦加工学科共发表中文论文 947 篇，SCI 论文 928 篇；玉米深加工学科发表的 SCI 论文总数达 3781 篇；杂粮加工学科发表文章 100 余篇；米制品加工学科出版相关著作、教材、手册和学术论文 100 余篇（部）；发酵面食方向发表中英文学术论文 700 余篇；粮油营养学科在国内外期刊发表学术论文 400 余篇，其中被 SCI/EI 收录论文 100 余篇，出版著作 5 部。

4）制定修订标准：小麦加工学科制（修）订标准 22 项，其中国家标准 7 项，行业标准 15 项；杂粮加工学科制（修）订标准 18 项；发酵面食方面学科进行了发酵面制品具有中国特色饮食文化的客观评价，共发布并实施 2 项关于馒头和面包制作过程及感官评价方法的国家标准，3 项仪器法测定小麦粉面团流变学特性的国家标准，3 项在研行业标准；粮油营养学科制（修）订粮油食品国家标准和行业标准 64 项。

5）开发新产品等方面成果：稻谷加工学科开发生产的加工机械装备新产品主要有自动砻谷机、自动碾米机、云色选机、全自动包装机等，开发生产的产品主要有富硒留胚米、冲调米胚、冲调米糠粉等；小麦加工学科围绕小麦专用粉、面粉预混粉、面粉深加工产品以及副产物综合利用等研制了一系列新型产品，如拉面专用粉、烩面专用粉、常温熟面专用粉、冷冻熟面专用粉、乌冬面粉、老面发酵馒头专用粉、食用小麦麸皮、速溶胚芽粉等新型产品；玉米深加工学科开发了玉米专用粉及玉米主食产品，创制全玉米重组米、玉米降压肽、高分支慢消化糊精等；杂粮加工学科开发新产品包含针对目标人群的杂粮挂面、杂粮馒头等主食品，方便化主食品，杂粮精制米和杂粮专用粉等；米制品加工学科开发了米发糕、益生菌米乳、米面包等系列发酵米制品，速冻米粉、速冻米饭等速冻米制品，糙米卷等挤压膨化米制品，米片、米线、固体饮料等营养米制品，及稻米分离提取物或富集浓缩物等新产品 10 余种；面条制品学科相关企业开发出第二代方便面和高添加杂粮挂面，其中，第二代方便面极大提升了非油炸面饼复水效果和食用品质，燕麦、荞麦等高添加杂粮面条及全麦粉面条产品的开发取得了良好的市场反响；发酵面食学科涌现出众多添加药食两用成分的功能性发酵面制品：如养胃、抗疲劳、助消化等配方馒头制品，在加强馒头的营养成分的同时，通过丰富的多糖、脂类及其他成分的加入，使产品具有清香回甘的特点，此外，中西结合式发酵面食也在创新中不断涌现，如中式夹心汉堡、水果馅包子、新型烤馒头等；粮油营养学科开发了全麦挂面、苦荞挂面、糙米米粉米线、速食糙米粥等营养和口感俱佳的优质产品。

（2）实施重大科技专项

粮食加工科学技术学科在"十三五"期间承担的国家级科技计划项目主要包括：大宗米制品适度加工关键技术装备研发及示范、大宗面制品适度加工关键技术装备研发与示范、传统粮食制品加工关键技术与装备、传统杂粮加工关键新技术装备、方便即食食品制造关键技术开发研究及新产品创制、特殊保障食品制造关键技术研究及新产品创制、中华传统食品工业化加工关键技术研究与装备开发、粮食收储保质降耗关键技术研究与装备开发、现代食品加工及粮食收储运技术与装备、大宗粮食分类收储及超标粮食分仓储存技术标准研究、薯类主食化加工关键新技术装备研发、传统杂粮加工关键新技术新装备研究及示范、全谷物糙米粉食制品加工共性关键技术研究与示范、全谷物加工共性关键技术研究与重大产品创制、淀粉豆类方便即食食品制造关键技术研究新产品创制、粗粮及杂豆食用品质改良及深度加工关键技术研究与示范、碾米制粉制油节能减损技术指标研究与制定、基于挤压重组技术的方便杂粮主食品加工关键技术装备研制及示范、农产品加工与食品制造关键技术研究与示范、中式自动化中央厨房成套装备研发与示范、食品安全大数据关键技术研究、中地区大学农业科技服务技术集成与示范、稻谷玉米淀粉代谢及黄变机制、食品风味特征与品质形成机理及加工适用性研究等。

（3）科研基地与平台建设

在国家发展和改革委员会、科技部和有关省政府的关心支持下，粮食加工科研基地与平台建设取得重大进展。

2017 年 12 月，经科技部批准，食品营养与安全国家重点实验室以天津科技大学"食品科学""发酵工程"等传统特色专业为依托，成立省部共建食品营养与安全国家重点实验室，围绕食品质量安全与食品营养健康研究的前沿和热点领域开展理论创新和应用基础研究。

经国家发展和改革委员会批准，建立了"稻谷及副产物深加工国家工程实验室""粮食发酵工艺与技术国家工程实验室""小麦和玉米深加工国家工程实验室"和"粮食加工机械装备国家工程实验室"，由原国家粮食局批准建立的"国家粮食局谷物加工工程技术研究中心""国家粮食局粮油资源综合开发工程技术研究中心"和"国家粮食局粮油食品工程技术创新中心"，为科研创建了基地与平台。

中粮营养健康研究院是中粮集团的核心研发机构，于 2014 年入驻未来科学城，是集聚粮油食品创新资源的开放式国家级研发创新平台，是国内首家以企业为主体的、针对中国人的营养需求和代谢机制进行系统性研究以实现国人健康诉求的研发中心。

（4）理论和技术突破

1）稻谷加工领域，2015 年通过中国粮油学会组织鉴定的"镉大米安全加工利用关键技术"和 2016 年通过中国粮油学会组织鉴定的"年处理 5 万 t 镉超标大米镉消减产业化实施方案"，在镉超标大米的安全利用方面取得了重大突破，总体技术为国际先进水平。

实现整米镉（0.25mg/kg 以下）去除率 30%，米粉（0.25mg/kg 以上）去除率可达到 93% 以上，成品得率 90%~93%，淀粉破损率低于 10%，除镉成本低于 100 元 /t。该生产线也可在生产食品级大米蛋白过程中用于除镉。

2016 年 8 月通过中国粮油学会组织评价的"低破碎低能耗自动碾米机"，总体技术水平达到国际领先，在碾米室结构、自动化运行等方面取得了重大突破。首创实时调整碾米机转速和进出口流量，在人工设定碾米精度前提下实现碾米机的自动运行，与普通碾米机相比，吨米电耗降低 15.98kW·h，增碎率降低 8.4%，温升降低 13℃，节能减碎效果显著。

2）小麦加工学科，在适合我国传统蒸煮类食品小麦专用粉生产方面的新技术取得突破。通过对在制品理化特性、面团流变学特性与面制品品质相关性研究，将品质控制、产品研发有机融入小麦加工过程，按（理化、流变或蒸煮）功能特性对在制品进行分离，并按照不同面制食品对面粉品质需求进行重组，改变了传统以粉流配制为主导的专用粉生产技术，创新基于在制品配制为主导的专用粉生产技术，满足馒头、面条、饺子等不同蒸煮类食品品质需求，使优质馒头、面条、饺子等专用粉出粉率提高 20% 以上，更加适合我国蒸煮类食品质量要求。

在低品质小麦加工转化利用技术方面，针对穗发芽、赤霉病浸染以及无机械加工能力等低品质小麦的质量特点，研发了小麦发芽损伤程度识别技术，建立了赤霉病小麦近红外光谱鉴别模型；研发将发芽损伤小麦以及无机械加工能力的小麦通过热处理、超微粉碎、微波处理等物理技术，改善面粉的食用品质，创新芽麦和无机械加工能力小麦的加工和利用技术；创新基于剥皮、分选、色选的小麦赤霉病粒去处技术，可使赤霉病菌污染小麦籽粒去除率可达到 60% 以上，赤霉病小麦中真菌毒素削减 60%~70%；研发穗发芽和赤霉病浸染小麦分级利用新思路，即将发芽损伤程度较轻的小麦以及赤霉病粒和呕吐毒素超标的小麦经处理后达到国家标准的可以加工成面粉作为食品应用，将发芽损伤程度严重的小麦以及经过处理后没能达到国家标准的小麦用作工业应用（淀粉、酒精等产品生产），实现了低品质小麦的合理生产与利用，有效提高小麦资源的利用效率。

2019 年 1 月，通过中国粮油学会组织评价的"FBGY 系列小麦剥皮机的研制与应用"项目整体技术达到国际领先水平，在总结传统打擦碾脱皮设备的结构特点基础上大胆创新，采用原创的"多元渐压旋剥原理和方法"发明专利技术，达到小麦表皮清理和轻度剥皮目的，明显改善了小麦表面清理效果和效率。将传统的高速打击谷物改变为柔性摩擦、磨削、搓剥及涡流旋转作用，使小麦在处理过程中的破碎率大幅下降，解决了传统碾剥设备普遍存在的动耗大、谷物温升高等问题。简化了传统的小麦清理工艺，清理设备减少 30% 以上，动力配置降低 50%。提高了小麦表面清理效率和效果，入磨小麦灰分下降 0.03%~0.07%，小麦增碎率下降 80%，节能减碎效果显著。而且对小麦赤霉病菌和微生物污染具有一定的消减作用，通过一道剥皮能使小麦的呕吐毒素（DON）含量下降 30%，微生物菌下降 50%。主要构件使用寿命比传统的打麦设备延长 5~8 倍。

3）玉米深加工的技术开发已经从对以玉米为原料的组分初步分离精制和食用性开发发展到利用基因工程技术对玉米原料修饰改性，发酵工程对玉米制品进行功能性深化，以及新型加工装备和技术对玉米原料进行综合加工、绿色生产的阶段。"十三五"期间，我国玉米淀粉、淀粉糖醇和玉米发酵等产业的能耗和资源消耗持续降低，玉米淀粉及淀粉糖市场份额占有率52%，稳居世界第一位；玉米发酵类产品及糖醇类，包括山梨醇、赖氨酸、味精、苏氨酸、麦芽糖醇、柠檬酸以及葡萄糖和糖浆等分别占据市场份额50%、60%、68%、76%、85%、61%和35%，不仅产量稳居世界第一位，产品收率和产品质量也达到了国际领先水平；在完全自主的大型化、自动化加工装备领域，发展水平已可与发达国家的先进水平持平，且开始向国外出口成套技术及装备，淀粉糖的国产装备自给率已达90%以上。

4）杂粮学科在杂粮与主粮营养复配、杂粮主食品食用品质改良、加工过程中杂粮活性物质的保存与调控基础理论方面取得突破。创新杂粮精制制粉、多谷物营养复配、杂粮主食化、杂粮食品的风味调控、杂粮食品的保藏等核心技术，以及杂粮活性组分的活性保持与调控技术取得突破。通过灭酶新技术突破杂粮粉的储藏和保鲜难题；创新研制燕麦专用碾米设备与燕麦、荞麦直条速食面挤压熟化成型设备，通过谷物原料主成分构成优配、高温二次 α 化与粥体复水微孔洞加工、粥胚质构重组加工关键及速食粥风味调节与稳定化调控关键技术，被中国食品科学技术学会鉴评为国际先进水平。营养代餐食品创制关键技术及产业化应用项目获得 2015 年国家科技进步奖二等奖，该项目发明了高溶解、高乳化和耐盐蛋白及免疫活性短肽和多糖等营养配料的高校制备与应用技术，创建了以谷物为基质的临床营养代餐食品加工关键技术，突破了全谷物浓浆和复合植物蛋白营养乳加工技术装备瓶颈，创制出全谷物冲调食品品质改良成套技术装备，显著改善了产品的营养结构；整体技术水平达到国际先进水平，并在全国多家龙头企业推广，取得显著的社会经济效益。

5）发酵米制品的现代化加工新技术在国内取得突破，形成了传统发酵米制品优势菌种分离鉴定技术、专用发酵剂生产技术、专用粉加工技术、米制品品质调控技术等系列关键技术，在湖北、湖南等稻谷主产区米制品加工企业推广应用，实现了米糕、米酒等传统发酵品的绿色高效现代化加工，取得了显著的经济效益、社会效益和生态效益。

6）我国面条加工装备自主研发能力逐渐增强，主要集中在绫织式复合压延、分层嵌入式复合压延、半干面自动上杆脱杆、脱水缓苏一体化技术、智能化干燥系统、挂面超声波切断、智能化控制系统等方面的技术取得突破，已应用于国内市场。

7）发酵面食方面，从发酵菌种中抽提风味物质研究、产品开发与产业化方面获得巨大进步。如安琪酵母研发成果呈味增鲜酵母抽提物生产关键技术及应用，通过研究滋味活性物质结构与滋味关系及协同复合酶解技术，开发出高谷氨酸、高核苷酸、高呈味肽酵母抽提物系列产品；通过酵母抽提物为主料与不同原料组合的热反应技术，开发系列风味化酵母抽提物,该成果于 2017 年 12 月获得湖北省科技进步奖一等奖。2018 年 2 月,安琪伊犁公司与安琪股份公司、三峡大学、湖北工业大学联合申报的"发酵用面包酵母浸出物产业化关键技术"项目获得新疆维吾尔自治区科技进步奖一等奖。

8)粮油营养方面取得了一系列重要的理论和技术突破。培育了 9 个营养品质优良的玉米新品种和 1 个新品系。该项目成果将基础研究、技术发明与育种实践紧密结合,达到国际领先水平,社会经济效益显著。该项目开发的分子标记在国内外育种单位展开应用,培育甜玉米新品种累计推广 354.14 万亩(1 亩 $\approx$ 666.7m^2),农民累计新增产值 28.33 亿元,企业累计新增利润 4424.4 万元,社会经济效益显著。

2. 学科建设

(1)学科教育

目前,我国约有 146 所高校设置与粮食加工相关的食品科学技术与工程专业学士学位,约 38 所高校具有硕士学位授予权,15 所高校具有博士学位授予权。

江南大学、河南工业大学、武汉轻工大学、南京财经大学、南昌大学、天津科技大学、华中农业大学是业内以粮食加工、食品营养为优势特色学科的高校。高校中设置的粮食加工学科涉及的本科专业有粮食工程、结构工程、食品科学与工程等,在硕士生培养层次有粮食、油脂及植物蛋白工程、农产品加工与储藏工程、土木工程、粮食信息学等。其中江南大学已是以粮食加工为优势特色学科的"211"重点建设高校和"985"平台建设高校,2019 年国内综合排名第 52 位,拥有博士和博士后授予权。河南工业大学粮食加工学科长期致力于粮食产后领域的加工基础理论及工程技术研究,构建了集储运、加工、装备、信息、管理等于一体的完整学科体系;拥有全国最完整的粮油食品加工学科群;拥有博士学位授权一级学科,硕士学位授权一级学科;粮食加工学科和专业为国家特色专业建设学科和专业,国家卓越工程师培养学科;"粮食产后安全及加工"学科群入选河南省首批优势特色学科建设工程;"粮食工程"为国家级综合改革试点专业、国家级卓越计划专业、河南省名牌和特色专业。

(2)学会建设

1)中国粮油学会食品分会作为中国粮油学会最早建立的分会之一,充分发挥专业面广、科技工作者众多、学术资源丰富等特点,大力发展会员,侧重于在企业科技人员和管理人员、大专院校师生中吸收会员,使其组成更具有广泛性,目前已有单位会员近 200 个,个人会员 1140 余人。同时每年都积极组织和参与学术活动,参会者既有学术研究人员,又有工程技术和生产技术人员,构建了贯穿产学研的多专业交流平台,学术交流主题紧扣国家和行业的热点、焦点问题,如粮食供给侧改革、全谷物健康食品、"一带一路"、西部大开发等。始终围绕用新工艺、新技术、新材料来改造、提高传统粮食行业的整体水平,探讨粮食加工向精深加工发展,粮食初级产品向食品等方向延伸,有力推动了粮食食品学科和行业的发展。编辑出版了食品分会会刊《粮食与食品工业》。

2）玉米深加工分会现拥有个人会员250余名。自分会成立以来，针对玉米深加工行业近年来发展的新形势，每年赴我国山东、东北等玉米主产区的数十家玉米淀粉、变性淀粉、淀粉糖深加工企业调研了解玉米以及玉米深加工产品的供需情况，商讨新形势下发展玉米深加工产业所面临的挑战和应对措施，并协助国家相关管理部门掌握行业的整体情况；组织分会部分专家加入全国食用淀粉基淀粉衍生物标准化技术委员会，目前已组织分会成员参与制（修）订各类国家标准18项。

3）米制品分会积极开展学会自身建设，近三年发展个人会员1000余人，并不断扩大单位会员数量，极大地提高了分会的影响力和对行业的科技推动力。米制品分会成立了由行业知名专家与企业家组成的科技团队，有力推动了广西螺蛳粉、江西米粉、湖南米粉、广东米粉等我国优势区域米粉产业的发展。同时，米制品分会积极配合学会开展各类国际、国内学术活动，于2018年赴日本佐竹机械有限公司总部广岛开展大米加工技术交流，并赴东京参加东京国际食品工业展，在促进米制品加工学科技进步、科技工作者交流互动等方面发挥了重要的作用。

4）面条制品分会吸引了中国面条制品行业有影响的企事业单位、科研院所、有关院校及专家学者。成立三年来，分会积极开展学术交流与产学研活动，已经成功举办了4届面条制品产业发展论坛，有力推动了我国面制品行业的技术进步与装备升级。

5）发酵面食分会目前在册单位会员51个、个人会员636名，近几年吸纳了许多在校学生以及大型发酵面食加工企业、发酵面食主原料、加工装备生产企业的技术骨干。通过编辑出版《发酵面食分会会讯》期刊（目前已出刊10期，共发行逾22000册），运营分会网站"中华面点网"（www.chinadimsum.com）和官方微信平台，及时发布分会工作动态和行业资讯，有效地促进了发酵面食产业技术和人才的交流。通过成功举办两年一届的行业技能竞赛"中华发酵面食大赛"，引导和带动广大发酵面食从业人员钻研技术，提高技能水平，推动行业发展进步。

6）粮油营养分会挂靠在中粮营养健康研究院有限公司。秉承理事会的四个工作目标：粮油营养学科的学术权威机构、粮油营养科普知识公众传播的重要机构、粮油营养科学转化为生产力的促进机构、中国粮油营养界同世界交流的桥梁机构，从粮油、食品、营养等多角度开展高水平学术会议、交流活动，强调专业化和学术化，搭建学术交流平台，融合产业，对接市场，借鉴、寻找科技项目，为科技创新和成果推广打基础，平均每年参与科技学术活动逾百场。截至2018年12月，粮油营养分会系统注册会员人数达到10288人，年增长人数4912名，年度增长率91.3%。目前，中国粮油学会会员总人数17404人，营养分会个人会员人数占中国粮油学会个人会员总数的60%。

（3）人才培养

江南大学食品学院近三年年均招收本科生350人，硕士生310人，博士生90人。学院实施工程化、国际化、学术型、创业型四大类个性化人才培养，实施导师制、建立开放实验室、设立课余研究项目等方式，有力地支撑了研究性工程创新人才培养的目标。

河南工业大学粮油食品学院每年招收本科生500人，硕士生160余人，博士生20余人，2012年获批"服务国家特殊需求博士人才培养项目"，2013年开始招收博士研究生，2014年获批食品科学与工程博士后科研流动站，2017年获得食品科学与工程一级学科博士学位授权。

武汉轻工大学食品科学与工程学院年均招收全日制本科生近500人，硕士研究生50余人。其中粮食、油脂及植物蛋白工程学科为湖北省特色学科、湖北省高校有突出成就的创新学科。

南京财经大学食品科学与工程学院有食品科学与工程、食品质量与安全、粮食工程、应用化学、生物工程等5个本科专业，硕士生200余人，食品科学与工程是国家特色专业、江苏省品牌专业，食品科学与工程、食品质量与安全是江苏省"十二五"高等学校重点专业。

（4）职业技能培训

在专业技术培训、特有工种设置和培训等方面也有如下进展与成绩。稻谷加工学科的许多专家积极参与由原国家粮食局组织编写的《制米工国家职业标准》，协同中国粮食行业协会大米分会组织的制米工技师培训等活动，在加快产业优化升级、提高企业竞争力、推动技术创新和科技成果转化等方面发挥了重要作用。河南工业大学粮油食品学院拥有国家粮食和物资储备局的"全国粮油食品行业培训郑州基地"，并于2018年入选国家人力资源和社会保障部国家级专业技术人员继续教育基地，承办了全国粮油食品技术培训和商务部援外粮油食品技术培训，2015—2019年承办了20多期国内粮油食品技术培训班和8期援外技术培训班。发酵面食分会持续开展面点培训班，加强了职业教育，培养高素质的技术人才。由中国面粉信息网主办，营养分会承办"小麦及其制品质量营养与安全品质评价技术培训班"，围绕小麦质量安全与营养品质在产业链的变化规律，评价技术和方法，就如何提高小麦有效供应，以及改善小麦产业链结构性矛盾做了系统性讲座。

（5）学术交流

1）国内学术交流。2015—2019年，粮食加工研究各领域积极举办相关国内学术交流，对于推动科技成果转化、强化科技工作者与企业联系和促进学科繁荣健康发展起到了积极的作用。2016年8月4—5日，食品分会与米制品分会、玉米深加工分会、粮油营养分会、呼和浩特市人民政府在呼和浩特联合主办了"2016年粮食食品与营养健康产业发展科技论坛暨行业发展峰会"，来自全国各地的高等学府、科研院所、生产厂家等近400人参加此次盛会。联合办会的成功体现了政产学研结合、学科相互促进的共同发展道路之魅力。

2）国际学术交流。2017年5月21—24日，中国粮油学会与国际谷物科技协会（ICC）联合举办的"第一届ICC亚太区粮食科技大会"在厦门顺利召开，来自世界17个国家的500多名代表参加，会上对谷物科技重点议题进行深入交流；米制品分会组团赴日本参加了 2017、2018 年度东京国际食品工业展；杂粮加工学科与加拿大杂豆协会、亚洲农业工程学会、国际谷物科学技术学会等国外 40 多个学术团体、国际组织以及美国、加拿大、德国、英国、荷兰、挪威、丹麦、日本、澳大利亚等 80 多个国家的科研机构和企业持续开展广泛的交流互合作；设有与美国普渡大学、荷兰瓦赫宁根大学、印度达尔瓦德农业科技大学等合作的中印有机杂粮研究所等 20 余个联合研究中心。2017 年 8 月 11—13 日，由中国粮油学会发酵面食分会组织的"第九届发酵面食产业发展大会"在湖北宜昌举行，海内外发酵面食行业专家 300 余人与会，聚焦创新驱动产业升级，共谋中国发酵面食走向国际舞台。2018 年 12 月 11—13 日由国家粮食和物资储备局科学研究院组织召开的"国际小麦品质研讨会"在深圳召开，行业参会人员 197 人，外国专家 11 人参会报告。

（6）学术出版

"十三五"期间，粮食加工科学技术形成了近 10 部系列专业教材和专著，并出版了学科论文集 4 部。这些教材和专著汇集了国内粮食加工学科领域的主要成果和成就，分析整理了基础性的理论和观点，提出了诸多有参考价值的新体系、新观点或新方法，具有很强的理论价值和实践价值，如《稻谷加工工艺及设备》等；学术期刊主要有《中国粮油学报》《河南工业大学学报》《武汉轻工大学学报》《粮食与食品工业》等。

（7）科普宣传

中国科协实施了全民科学素质行动计划项目，米制品分会、华中农业大学等有关单位积极申报了"糙米高 γ-氨基丁酸烹饪方法研究与科普推广"项目，服务于米制品学科的科普宣传工作。湖北、广东等省份通过省科技特派员项目支撑创新驱动发展战略、乡村振兴战略实施，面向贫困地区调动更多的人才、智力资源，开展米制品加工等粮食加工学科的科技服务和科普宣传工作。

发酵面食分会围绕发酵面食，通过持续的科技下乡活动、举办发酵面食大赛等多种形式，有力推动了当地发酵面食行业的产业化、品牌化进程，在创造大量就业岗位的同时，也形成了地方经济特色，成为当地支柱产业，催生了安徽江镇、湖北毛市镇、福建圆庄镇、山东黄夹镇等面点师之乡的诞生。其中，仅湖北监利县的面点从业人员数量就高达7.5 万人，年创收 65 亿元左右。

粮油营养分会推出营养健康大讲堂特色活动，定义为营养健康科普教育、专业交流和行业发展的公众平台，每期邀请行业专家、院士学者聚焦热点话题，以科技创新为导向，以群众关注为主题，以政策支持为支柱，以市场机制为动力，通过专业技术交流，带动科普和公民素质建设整体水平显著提升。截至 2018 年 12 月，大讲堂已累计举办 40 余期，不但讲述到营养科学的高大精深，也积极指导着百姓的米面糖油等厨房琐事。邀请行业院士专家倾情奉献科学精神，百万观众真实的领悟科学常识。此外，粮油营养分会还建立了"粮油与营养"微信公众号，创办了刊物《食营养》，运用微信微刊等新媒体的传播途径，用更加科普化、大众化和趣味化的形式将行业热点、专业知识、科技前沿、产品特写、观察视点、膳食健康、动态资讯等内容融合并通过培训、网络和平台推广。中粮营养健康研究院有限公司还组建了专业知识扎实又充满热情的儿童营养健康讲师队伍，使家长和孩子们通过食物营养的课程，了解常见粮油食品的营养价值以及每天适宜摄入量，为孩子养成良好的生活习惯打下基础。

3. 学科在产业发展中的重大成果、重大应用

（1）稻谷加工学科

"大型绿色节能稻谷加工装备关键技术与创新"荣获 2016 年中国粮油学会科学技术奖一等奖。项目成果已在 3 家粮机单位生产，累计获经济效益 16051 万元。先后建立了数十条稻谷加工生产线，创造了巨大的经济效益和社会效益。"稻谷加工副产物和油料皮壳高值化利用技术及应用"荣获 2016 年湖北省科技进步奖一等奖。

（2）小麦加工学科

研究开发高效节能小麦加工新技术、清洁安全小麦加工新技术、传统面制食品加工技术、副产物利用技术等，开拓出了多项具有中国特色的小麦湿法和干法加工工艺，如磨撞均衡出粉的制粉新技术、特殊物料分级新技术、三相小麦淀粉分离新技术等，并在近千家新建或改造企业运用，提高了产品得率，降低了能耗，优化了产品结构，取得了丰硕的成果，获得了巨大的经济效益和社会效益。

（3）玉米深加工学科

在玉米淀粉及变性淀粉领域，完成了水、物及蒸汽的完美闭环工艺的转变，推动了生产技术朝向绿色、低碳、环保、循环、高效和优质的方向发展壮大；在淀粉糖及糖醇技术领域，采用汽爆加氢技术、酶解与微生物方法联用以及真空连续结晶等技术，推动了木糖醇和阿拉伯糖等产品收率和产品质量达到国际领先水平。

（4）杂粮加工学科

研究开发的燕麦灭酶技术与装备、燕荞全粉加工技术与关键设备、燕麦脱皮机、薏仁米加工关键设备和成套生产线等 10 余项设备，荣获国家科技进步奖二等奖及中国粮油学会、中国食品科学技术学会等多项奖励，在贵州、内蒙古、甘肃等地建成年加工 2 万 t 薏仁米、6000~10000 t 藜麦生产线多条，成功推广杂粮加工设备 70 余台套。开发的米伴侣、五彩面等产品已成功在全国范围内销售，其中，高杂粮含量（51%）营养健康挂面技术成果被中国食品科学技术学会鉴评为国际先进水平。

（5）米制品加工学科

营养主食米制品生产关键技术创新成果在湖南、湖北等省市近 20 家企业推广应用，累计新增销售 298.06 亿元，新增利润 17.45 亿元，产品成功出口到新加坡、欧洲、美国等 10 多个国家和地区。围绕米饭、米粉、发芽糙米、米糕、汤圆等大米主食工业化生产中存在的科技问题，研发基于产品综合品质的加工型稻谷原料快速筛选技术，确保加工用原料的优质低耗；研发出湿热（酶）调控淀粉大分子构象技术，开创性地为大米主食品质控

制提供了理论支撑；研发大米主食加工高效装备及配套工艺技术，确保加工产品的安全性和高效性。实现了主食米制品生产连续性、高效性，确保安全生产。

（6）面条制品加工

通过挂面产业优势技术集成创新，实现了"小麦收储、制粉、挂面加工、产品储运一体化和自动化模式"；设计了原粮自动检测分级系统，创新了连续真空和面、干燥双排柔性上架、节能降耗干燥、挂面自动送料和分料包装等技术，该集成技术对于挂面产业的提升意义重大。此外，尚宝泰（昆山）机械有限公司自主研发的1600型超大产量面机在益海嘉里（昆山）公司成功应用，为国际最大产能的挂面生产单机设备。国内主要大型面条加工厂商投入大量资金和人力研发营养型荞麦、燕麦、全麦、马铃薯等高添加杂粮面条。

（7）发酵面制品方面

依靠科技进步，我国发酵面食的工业化、连锁化程度越来越明显：主要表现为原料更加规格化、生产工艺的标准化、生产设备的智能化等。通过制定政策和标准支持推进发酵面食等主食制品的工业化生产、社会化供应等产业化的经营方式，大力发展方便食品、速冻食品；通过开展主食产业化示范工程建设，认定一批放心主食示范单位，推广"生产基地＋中央厨房＋餐饮门店""生产基地＋加工企业＋商超销售""作坊置换＋联合发展"等新模式；保护并挖掘传统主食产品，增加发酵面食的花色品种；通过加强传统发酵面食产品与其他食品的融合创新，开发出众多个性化功能性发酵面食产品。

（8）粮油营养方面

一是针对营养强化粮油食品的开发。针对营养素不平衡的状况，开发营养强化型粮油食品，并已在国内广泛推行。强化谷物、强化食用油技术成熟，已实现工业化生产。此外，通过现代生物技术与传统育种技术相结合，培育富含微量营养素的作物新品种，从而解决我国人群普遍存在的"隐性饥饿"问题。二是倡导"全谷物食品"及"适度加工"，促进粮油加工副产物综合利用。围绕全谷物加工适宜性品质评价及技术优化、适度加工精度与营养品质评价开展深入研究，建立基于适度加工思想的食用油加工技术体系，为引导粮油食品行业的升级和转型提供了科学依据和基础数据。

三、国内外研究进展比较

（一）国外研究进展

1. 稻谷加工学科的国外研究进展

国外研究着力发展免淘洗 γ-氨基丁酸大米、功能性预涂层大米。推广图像纹理分析技术对稻谷品质进行分析，利用过热蒸汽加工技术延长稻谷储藏期，通过建立网络数据包络分析模型对碾磨处理后的稻谷进行品质评价。采取清洁生产模式，有效减少稻谷加工所产生的废弃物对人类和环境的污染；研发碎米、米糠等稻米加工副产物综合利用新

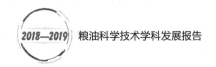

技术。

2. 小麦加工学科的国外研究进展

国际上小麦加工科学技术发展主要体现在以下几个方面：①降低面粉微生物含量的小麦安全加工技术；②基于营养特性的小麦加工控制技术，通过控制加工技术和参数，尽量能保留小麦籽粒中的营养成分成为加工重点，如分层碾削技术、小麦发芽制粉技术、控制加工过程升温技术、控制淀粉粒损伤和蛋白变性技术等；③基于保留传统小麦及制品风味的加工技术，研发保留面粉风味的新碾磨技术、传统发酵剂制作发酵面制品技术、鲜湿面加工及品质控制技术等；④适合蒸煮类面制品的小麦及面粉品质评价正逐步得到重视，美国、加拿大、澳大利亚等小麦主产国越来越重视适应馒头、面条等蒸煮类面制品的小麦品种选育、品质评价及加工技术研发；⑤小麦胚和小麦麸皮等小麦加工副产物在食品中的应用技术越来越得到重视；⑥新型小麦淀粉和谷朊粉分离技术及改性技术正逐步得到重视。

3. 玉米深加工学科的国外研究进展

以美国为代表的玉米深加工领域的发达国家仍然保持着较强的创新力度，特别是在节能、节水、节约原料，以及提高产品质量、安全性、降低生产成本和降低环境污染的生产和技术工艺等方面，主要包括：①大力发展高胚芽保存率的干法脱胚技术，降低玉米加工过程的水耗、能耗；②玉米加工产品不断向精深化、高值化、功能与营养化、健康化方向迈进；③在氨基酸等产品的发酵生产过程中，引入膜分离生物发酵反应器耦合的技术，实现目标产品的高效连续分离和增产；④不断研发加工副产物的综合利用技术，如将玉米醇溶蛋白应用于塑料和膜包装工业，提高玉米加工产业的综合效益。

4. 杂粮加工学科的国外研究进展

以美国堪萨斯大学、加拿大多伦多大学等为代表的机构，系统研究了燕麦、荞麦、红小豆、豌豆等杂粮活性组分在籽粒中的分布、加工过程中的损失、活性组分的提取、结构及其对"三高"、癌症和肠道微生态的影响。杂粮精制及专通用装备取得显著进展，以瑞士布勒集团公司为代表的杂粮脱壳、脱皮、分级、制粉、挤压等加工装备代表了国际同领域的领先水平。如瑞士布勒集团的燕麦脱皮机，通过转子与罩壳之间的相互作用温和去除燕麦的最外层表皮，可显著减少其污染和营养损失。美国 Wenger 公司、德国 WP 公司、意大利帕万马布公司和法国克莱斯特罗公司等已将食品挤压机广泛应用于谷物早餐食品、膨化休闲食品等产品的生产中。在政府、科学界、产业界的共同努力下，有关全谷物食品的认知和消费在不断提升。据英敏特统计，2016 年，全球约有 7533 种的全谷物食品进入市场，这一数据相比 2000 年的 218 种，增长超过 3000%。

5. 米制品加工学科的国外研究进展

在研究稻谷原料和米饭、米粉、米糕、汤圆、粽子等大米食品指纹图谱基础上，采用主成分分析、聚类分析和回归分析等方法，探讨大米食品综合品质与原料成分的关系，建立基于食品风味品质和理化特性等综合品质的数学模型及其加工型稻谷品种的快速筛选技术，对不断增加的稻谷品种原料快速判别其加工适应性，极大促进了米制品加工业的发展。同时，通过专用菌种分离鉴定、专用发酵剂制备、发酵米食品质调控，建立了米发糕、甜米酒等发酵米制品以及米面包、米蛋糕等新型发酵产品的生产技术体系。

6. 面条制品加工学科的国外研究进展

日本、韩国等国家与地区，在小麦面粉品质指标体系，面粉组分及之间交互作用，面粉与添加物之间作用，和面、熟化、压延、干燥条件与面条品质等亚洲面条加工理论及加工过程精准控制技术、面条质量标准体系等方面的研究，处于国际领跑地位。瑞士布勒公司是西方大宗面制品加工技术与装备、谷物制品加工装备研发与制造领先企业。日本当前关注的产品形式主要为冷冻面与半干面加工新技术，以及仿手工生产装备开发。意大利面的研究热点为 Gluten-free（无麸质）面条，其原料多为玉米、马铃薯、大米、高粱或来自这些原料的淀粉，并通过添加胶、乳化剂或淀粉预糊化来改善面条品质。

7. 发酵面食学科的国外研究进展

国际上如美国、德国、意大利、日本等发达国家，在发酵面食领域已形成产品创新、原料供应、生产加工、食品添加剂修饰、生物发酵、机械制造、标准评价、科技创新等为一体的庞大产业体系。在天然先进的保质保鲜技术研发、发酵面食的储藏和运输存在风味改变、品质劣化、口感变差和微生物繁殖甚至腐败等问题的研究上都取得重要进展。仅以冷冻食品为例，美国有 2700 多种、日本有 3100 多种，是我国的 6 倍。并建立了现代冷链物流体系，采用先进的管理手段实现产品流通中的动态管理，确保产品质量安全。

8. 粮油营养学科的国外研究进展

对营养组分的作用机制及量效关系研究更为深入。研究不同谷类食品的特征性生物活性因子及代谢产物，考察全谷物在机体内的吸收与代谢过程，以及与特定健康指标是否存在量效关系；从体外研究、模式生物、人群干预等探究膳食纤维、谷维素、酚酸、花青素等成分在能量平衡、糖脂代谢、癌症预防等方面的特定作用或协同增效作用；基于对大规模人群全谷物摄入与多种慢性疾病发病风险及危险因子的相关性分析，建立了适合不同人群的摄入量参考标准。

基于健康大数据的精准营养研究成为未来重要的发展方向。精准营养的特色研究手段包括在数据搜集阶段对可穿戴设备等新技术的应用，以及对基因组学、转录组学、蛋白质组学、代谢组学等组学数据和大数据分析方法。通过研究基因与环境的交互作用，从而提高疾病风险预测的精度，并促进个体化且精准的膳食营养、生活方式干预和疾病预防。

通过建立可持续的粮食系统促进营养改善。联合国粮农组织和世界卫生组织联合倡导，为应对营养不良给公共卫生和经济发展造成的巨大影响，目前采取相关行动的切入点主要包括：①增加获得健康饮食途径的供给侧政策措施；②帮助消费者选择健康饮食和增加消费者获得健康饮食的渠道；③利用制度措施增强粮食系统内部的问责制和公平性。

（二）我国相关研究与国外的差距

1. 稻谷加工学科国内研究存在的差距

我国稻谷加工技术、装备等虽已取得令人瞩目的成就，但仍然存在很多问题。与强国相比，稻谷加工可追溯系统有待完善，在技术装备尤其是专业仪器的原创开发、机械装备的外观、稳定性、使用寿命等方面尚有一定差距。企业研发能力不足，科学技术投入较少，加工创新意识较为薄弱。

2. 小麦加工学科国内研究存在的差距

我国小麦加工业与国外相比存在的主要差距体现在以下几方面：①小麦加工产业链基础研究薄弱、科技对产业的支撑不够，我国蒸煮类面制品的小麦品种、品质评价指标体系及加工技术体系方面缺乏系统的理论支撑，加工过程的选择和控制较多基于经验，理论不足；②加工产品过分提高精度，对营养和健康重视不够；③设备制造精度差，智能化程度不够，目前我国小麦加工业虽已实现工业化和自动化，但无法实现加工过程的智能化和数字化；④面条、馒头等传统面制品及面包等的加工技术和装备比较落后；⑤深加工程度低，新产品开发滞后，附加值低；⑥产品质量标准体系、质量控制体系和卫生安全监督有待完善。

3. 玉米深加工学科国内研究存在的差距

玉米深加工领域科研投入仍然偏低，企业科研力量薄弱。玉米深加工基础理论研究有待加强。我国玉米深加工科学技术领域基础研究层次偏低，仍停留在采用现有玉米原料辅以配方改良、工艺改进的阶段，没有从分子层面等阐明产品加工品质及食用特性形成的机制，未能够形成指导技术创新以解决共性关键问题的理论体系。在玉米组分功能特性、玉米淀粉分子结构、变性淀粉改性机制、玉米生物转化过程及调控机理等方面的科学理论研究均存着一定的差距，并进一步影响了在下游深加工技术领域技术的发展。

4. 杂粮加工学科国内研究存在的差距

缺乏加工专用品种选择依据的研究理论支撑。我国杂粮和薯类的品种多、来源复杂，原料品种、年份、产地各异，产品品质控制难度较大，应将选种、育种与食品加工有效关联起来，为加工适宜性良好的专用品种的优化筛选提供基础和应用基础研究支撑。

杂粮和薯类加工技术水平较低。整体来看，近年来推出的一系列杂粮和薯类精深加工产品依然存在加工水平较低、加工企业小而分散等问题，市场上能够满足改善膳食需求和营养需求的相关产品较少，且大多缺乏标准规范。同时，因为杂粮存在口感差、制作不方便、色泽不好看、不易储存等问题，加之消费者对其健康益处了解不深、选择有限，导致我国消费市场与科学研究脱节，最新的科学研究进展难以与市场实现有效对接和转化。因此加强产学研合作，大力发展杂粮和薯类精深加工科学研究是首要任务。

5. 米制品加工学科国内研究存在的差距

我国米制品加工产业布局不够全面。发达国家已通过施肥等种植环节强化大米及米制品的营养机制，而国内则主要是在加工环节强化米制品的营养品质，成效不足。年糕、米线、元宵、米面包、点心、松饼、饮料、宠物食品等米制品主要以米粉为原料加工而成，国内米制品专用粉的生产远远落后于小麦粉加工或国外相关行业。因此，围绕不同米制品品质要求和工艺技术特点，开展大米微观结构、理化特性、加工品质、营养特性等方面的基础研究和技术创新，对于米制品加工业的发展尤为重要。

我国米制品新技术研发缓慢。布勒帝斯曼公司、美国 PATH 公司、菲律宾 Superlative Snack 公司、哥斯达黎加的 Vigui 公司等国外公司持续优化挤压技术等米制品加工新技术，利用这些技术生产和碎米等原料，生产系列新型营养大米产品，产生了显著经济效益，国内相关技术的研发有待进一步强化。在米制品营养品质评价方面仍存在一定差距，例如对于米制品中 GABA、二甲双胍等营养组分功能和富集技术的研究和应用还缺乏系统性。

6. 面条制品加工学科国内研究存在的差距

①我国对面条内在质量标准缺乏系统的研究，面条质量的标准严格地说应分为两个层面，一是国家或行业规定的检验标准，二是企业根据产品特性制定内在质量标准，而内在质量标准是企业建立质量标准的基础，是开发新产品和制定新工艺的必需手段，要尽快缩小这种差距；②缺乏系统的制面研究方法和面条适口性评价的检验方法；③多加水工艺和新产品开发滞后；④制面机械性能亟待提高。

7. 发酵面食加工学科国内研究存在的差距

①天然先进的保质保鲜技术研发滞后；②发酵面食的储藏和运输存在风味改变、品质劣化、口感变差和微生物繁殖甚至腐败等问题，保鲜技术特别是抗老化技术是保证发酵面食品质和延长货架期的首要因素，也是关系到其能否实现商业化与工业化生产的关键技术之一；③机械化、规模化、标准化水平有待提高；④我国面制品加工机械的技术研发的力量和设备不足，与世界先进水平有一定的差距；⑤我国面食发展的难点是缺乏相对标准及其制定方法的研究，影响科学合理的新产品的开发和新工艺的制定。

8. 粮油营养学科国内研究存在的差距

粮油食品营养品质及健康作用的基础性数据积累相对薄弱。一方面，对于我国特有优势品种的主粮、杂粮杂豆、薯类、植物油等粮油食品的营养成分以及与健康相关的植物化合物含量缺乏系统全面的数据库。另一方面，以粮油食品为基础的膳食模式与健康结局的关系方面缺乏高质量大规模人群队列以及随机化对照试验研究，在制订人群膳食指南和营养素摄入量参考值时仍需依赖国外研究结果。然而不同人群在遗传背景、饮食习惯、生活环境等方面存在很大差异。因此，亟须加强我国粮油食品营养主要成分指纹图谱数据库、国民营养健康大数据监测及改善等基础性研究工作；对于粮油食品加工健康升级的关键共性技术方面缺乏系统性研究。我国在粮油食品加工方面过度追求精细化和更好的口感，造成营养成分大量流失和资源浪费。这一问题已经引起政府部门、研究机构和社会大众的关注，旨在引导科学的谷物加工和消费的产业政策逐步出台。目前还缺乏对于粮油食品加工过程中主要组分结构与功能关系及食用品质改良的研究，缺乏合理适度的加工模型及技术标准、综合评价体系和评价方法，缺乏在全谷物货架期及稳定化加工技术、活性保持技术等方面的突破性成果，这些都在一定程度上制约了绿色健康粮油食品的产业化推广。

（三）产生差距的原因

1. 交叉学科建设与高层次科技创新人才培养机制不完善

尽管"十三五"期间国家在学科建设和人才方面采取了新的举措，也吸引和培养了一些高学历人才，然而粮食加工学科底子薄、起点低，有影响力的学科带头人等顶级人才还很缺乏。当前的人才队伍已不能满足实际需求和未来发展的需要，亟待提升交叉学科建设和高层次科技创新人才引进培养水平，解决制约我国粮食加工科技创新的瓶颈问题。以粮油营养领域为例，需要具备食品营养、食品加工、分子生物学、流行病学等多学科背景的复合型人才队伍，而目前食品行业从业人员更关注在食品本身营养特点及加工过程对于营养成分影响方面，而对营养成分及其相互作用在人体的代谢过程和对人体健康、生长发育和疾病风险影响的研究相对薄弱。

2. 基础研究层次偏低

粮食加工学科的研究较多的停留在采用现有原料辅以配方改良、工艺改进的阶段，没有从基础研究层面等阐明产品加工品质及食用特性形成的机制，从而不能够形成指导技术创新以解决共性关键问题的理论体系；粮食加工企业在科技研发方面的资金投入和重视力度不够，产学研结合程度有待提升，导致新技术开发能力、产品创制能力以及工程化能力明显不足，从而导致了技术系统集成创新能力差，不少有价值的成果不能高效地转化为市场产品；粮食加工产业的结构升级有待深化，原料损耗及生产能耗大，新型绿色加工技术应用不足。

3. 科研与实际成果转化脱节

目前，我国粮食加工学科的成果转化率及对于产业发展的贡献不甚理想。造成这一局面的原因很大程度上是由于我国的科研研究方向和成果与产业需求脱节，科研成果难以有效转化为实际生产力。由此也进一步加剧了企业对于科研产出的信心不足，相应的经费投入难以得到保障。产学研紧密结合的良性粮油营养科技创新体系亟待进一步培育和完善。近年来，我国政府陆续出台各项鼓励产学研对接和科研成果转化的政策和机制，但进一步落实过程中却未能及时、有效地形成办法或条例，导致有益于学科发展的政策未能有效落实。

4. 成果转化平台不足

粮食加工学科缺乏有行业影响力的国家级平台，造成成果转化效率不足的局面。目前的转化平台转化能力跟不上行业的发展，加工成果转化和产业化工程化平台缺乏，难以促进学科高层次科技创新、成果转化与推广；基础科技创新平台缺乏，致使原创性科技创新能力不足。

四、发展趋势及展望

（一）战略需求

1. 稻谷加工学科战略需求

当前广大消费者非常注重稻谷的营养和功能，国家粮食局公布的《粮油加工业"十三五"发展规划》中强调要积极推进农业现代化，到 2020 年，初步建成适应我国国情和粮情的现代粮食产业体系，更好地保障国家粮食安全。在未来五年，通过做优稻谷产业链、构建优质产品链、提升稻谷价值链，来满足市场需要；在对稻谷进行加工的过程中应当高效利用稻谷及其副产物的资源，并合理控制其加工精度。稻谷中 60% 以上的营养素都积聚在糠层和米胚中，所以在稻谷加工过程中应最大限度地将其保留来维护稻谷的营养价值。一方面防止过度加工造成的大米营养流失和资源浪费，另一方面避免有害杂质混入和超标而带来食用安全隐患。因此，通过绿色加工、高附加值制造技术以及质量安全控制等关键技术的结合来有效改变我国粮食的传统加工模式，对于保障粮食安全具有重大意义。

2. 小麦加工学科战略需求

小麦加工学科研究发展趋势应主要针对我国小麦加工业的共性和关键问题，着力开展小麦资源深度开发与综合利用相关的基础理论研究以及关键技术研究与产业化。小麦加工学科以国家粮食战略工程和粮食核心区建设为核心，以小麦化学与加工转化、传统面制食品加工理论与应用、安全检测与控制技术为研究方向，以科学高效利用小麦资源、提高粮食产后生产加工效益和综合利用能力为目的，深入开展小麦加工转化理论、关键技术和具有战略性、前瞻性技术研发，以及国家小麦加工转化技术标准的制订；形成具有行业领先水平、结构合理的创新团队，构建长效的产学研合作机制，成为研究成果技术转化的有效渠道、产业技术自主创新的重要源头和提升企业创新能力的支撑平台。积极服务于国家和地方经济建设，不断推动我国小麦加工业的技术进步，为加快国家粮食战略工程和粮食核心区建设、科学利用小麦资源、有效降低小麦加工过程损耗、提高粮食产后生产加工效益和综合利用能力、确保国家小麦及面制食品质量提供有效的科技支撑。

3. 玉米深加工学科战略需求

作为世界三大粮食作物之一，玉米因其丰富的产出、广阔的加工利用领域以及可再生资源的优势而受到全球广泛关注。玉米是加工程度最高、产业链最长的粮食品种，可加工大约 3500 种产品。随着玉米深加工理论研究的不断深入、玉米深加工技术的日益改良以及产品的大量开发，玉米深加工产品已成为人类重要的食品和工业原料来源，在提高农业产品附加值、增加农民收入、活跃地方经济、为社会创造财富等方面发挥了巨大的作用。"十三五"期间，在全球大部分农作物产量增速趋缓、农产品价格持续走弱、我国农业产业结构调整相对滞后的大背景下，如何进一步强化玉米深加工产业产品开发、技术创新、装备制造和节能减排工作，满足不同行业、不同消费群体趋于优质化、多样化和专用化的需求结构变化需求，对贯彻实施国家创新驱动发展战略，保障国家粮食安全，加快转变经济发展方式等具有重要的战略意义和现实意义。

4. 杂粮加工学科战略需求

发展杂粮和薯类加工学科是保障我国粮食安全、关系到我国老少边穷地区农业和农业经济建设以及生态可持续发展的重大战略。2015 年，中央农村工作会议提出"要着力加强农业供给侧结构性改革，提高农业供给体系质量和效率，使农产品供给数量充足、品种和质量契合消费者需要，真正形成结构合理、保障有力的农产品有效供给"。新时代，我国社会的主要矛盾已经转化为人民日益增长的美好生活需要和不平衡不充分的发展之间的矛盾。依托科技创新，在保障杂粮和薯类全产业链安全、可控的前提下，通过新装备、新技术、新工艺的研发与创制，保障、改良杂粮和薯类食品的加工、实用和营养品质，大力开发系列化、方便化、受众群体差异化的杂粮和薯类食品，让杂粮和薯类营养健康食品买得到、买得起。通过开展杂粮和薯类的多元化应用途径，实现产品的高附加值化转化，延伸产业链。打造并强化民族品牌的全球竞争优势，让我国百姓吃出健康、军人吃出战斗力、孩子吃出未来。

5. 米制品加工学科战略需求

"十三五"规划将促进米制品加工业快速发展，米制品加工科学技术水平显著提升。为深入落实创新驱动发展战略，米制品加工学科需在基础理论研究、新型产品研究与开发、加工技术装备研制、米制品深加工过程综合利用及标准质量检测体系及标准的研究等方面进行全面系统研究。同时，加强米制品基础研究和边缘学科高新技术的交叉融合，对于促进米制品产业化科技创新具有重要推动作用；集中优势力量，联合分散科技资源，形成优势互补科技队伍，加强技术集成与创新，实现重大关键技术突破和米制品加工学科共性技术研究平台搭建与信息共享；实施科研导向机制，建立健全产学研用紧密结合技术创新体系，促进传统产业改造提升和高新技术产业的发展，为建设科技创新型米制品加工企业奠定基础；协调各方利益平衡关系，建立良好信息通道，加强科研成果的应用推广和知识产权的维护，促进科技成果转化为生产力，推进我国米制品加工产业的发展。

6. 面条制品加工学科战略需求

随着国民生活水平的不断提高，我国粮食加工行业普遍存在过度加工的现象。由于片面追求"精、细、白"，在加工环节造成的粮食浪费每年高达 750 万 t 以上，而且营养成分损失严重，导致国民膳食纤维和微量营养素摄入不足，由此引发大量慢病问题。《国务院办公厅关于加快推进农业供给侧结构性改革大力发展粮食产业经济的意见》(国办发〔2017〕78号文件)中明确指出:"推广大米、小麦粉和食用植物油适度加工,大力发展全谷物等新型营养健康食品。"

面条作为我国很多地方的主食一直深受人们的喜爱。随着工业技术的发展,面条的加工逐步走向机械化,但是与发达国家相比依然有很大的差距。一方面,随着生活节奏的加快以及人们对于食品方便性和健康性的需求越来越高,半干面、冷冻面/熟面应运而生并且发展迅速。另一方面,在"大健康、节粮减损、绿色环保"等宏观政策引导下,为适应城乡居民营养健康水平日益提高的需求,"营养、安全、美味、便利"成为当前面条市场的主旋律,我国(营养)挂面、半干面与冷冻面条产业呈现良好的发展势头,正由过去单纯追求产量向高技术含量、高附加值、连续化、智能化生产的发展方式过渡,产品品质与差异化竞争成为企业发展的主要驱动力。面条制品行业的转型升级、提质增效和产品结构调整,亟待高性能、高效率、低能耗、低排放的现代化加工技术装备支撑。

7. 发酵面食加工学科战略需求

随着国民生活水平的不断提高,在"十三五"期间将贯彻《国家创新驱动发展战略纲要》和《"健康中国2030"规划纲要》的任务要求,发酵面食肩负着重要使命。发酵面食在我国占有很大的消费量,当前我国社会主义建设进入新时代,我国主食工业化发展面临提质增效、转型升级的重要任务。特别是研究天然先进的保质保鲜技术,使发酵面食在储藏和运输中风味改变、品质劣化、口感变差和微生物繁殖甚至腐败等问题取得新突破,对发展我国发酵面食工业化生产,促进主食生产方式和膳食方式的现代化,提高人民的饮食质量,确保人民的营养健康有着重要的战略需求。

8. 粮油营养学科战略需求

在"十三五"期间将贯彻《国家创新驱动发展战略纲要》《"十三五"国家科技创新规划》《国家中长期科学和技术发展规划纲要(2006—2020)》《"健康中国2030"规划纲要》《国民营养计划(2017—2030年)》的任务要求,通过组织实施具有中国特色的粮油食品营养健康技术创新体系,围绕国人营养健康需要和产业引领技术与关键共性技术需求,积极探索国际学科前沿技术,力争以基础研究带动应用技术群体突破,助力实现"健康中国梦"。

严峻的健康形势和产品消费升级对粮油营养研究提出了更高的要求。系统分析表明,高BMI、低全谷物摄入、高精制谷物摄入是当前中国高糖尿病发病的最重要的个体危险因素。以营养健康为导向的粮油食品产业符合我国居民对均衡膳食模式的需求,将开创现代粮食加工与营养膳食模式全面结合的新局面。

降低粮油加工过程中的营养成分损失和资源浪费势在必行。亟须对我国粮油加工业产品开展适度加工和健康消费的技术研究,指导相关国家粮油标准的修订。此外,我国粮油加工综合利用率很低,有待开发粮油功能活性成分,利用粮油资源转化食品、食品添加剂

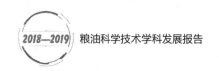

等功能性产品也具有很大发展潜力。

（二）研发方向及研发重点

2016年，中央农村工作会议首次提出"大农业、大食物"，为推动粮经饲统筹、农林牧渔结合、种养加一体、一二三产业融合发展，将构成影响中国未来二十年市场格局的复合产业定律。在大农业大食物的新概念时代，粮食加工学科需要适应新的发展要求，紧密跟踪国际研究前沿，尤其在粮食性能和品质改善、精准适度与绿色低耗加工、资源利用度和产品多样性等方面加快技术和产品创新，延长产业链，提高粮食加工业的竞争性发展核心，在新时代、新业态、新发展的环境下，为国家战略、行业发展提供科学和技术支撑。

1. 稻谷加工学科研究方向及研发重点

我国稻谷供应充足，处于阶段性稻谷过剩、结构不平衡阶段（优质稻占比过低）。2011—2018年稻谷年产量都超过2亿t，而我国稻谷年消费量约1.8亿t，造成库存约2亿t，达到历史最高水平。

产品需求方面，我国已进入人口老龄化、消费多元化、零售现代化的社会，对稻谷加工行业和加工技术装备提出了新的要求，如：稻米结构力学特性与碾白工艺技术的研究、减碎、节粮、节能大米生产技术；稻米微观结构与营养分布与食用品质关系的基础研究、留胚米、GABA米、富硒大米、富硒留胚米等富营养大米制品生产技术；方便米饭、方便米线（米粉）等即食稻米主食产品生产技术；稻壳制取生物炭技术；米胚、糊粉层粉制取生产休闲食品技术。

2. 小麦加工学科研究方向及研发重点

小麦加工学科的研究方向和重点体现在以下几个方面：①传统分离技术向高效分离技术方向发展。通过传统技术的升级换代和新技术的有机结合，使小麦加工和副产物加工实现最佳分离分级，提高产品产出率、产品的专用性和适应性。②小麦分级加工技术将会得到发展。基于最终加工用途，依据小麦品质特征建立小麦分级加工技术体系，如分别建立适应面条、馒头、面包、淀粉及谷朊粉加工等的原料——加工技术——质量评价等分级加工体系，规范加工，提升产业升级。③适应面条、馒头等我国传统蒸煮类面制品的小麦加工技术及品质评价体系应得到重视。目前我国小麦加工技术及产品质量评价体系均是借鉴国外烘焙类面制品的面粉加工工艺和产品质量评价体系，研制适应我国传统蒸煮类面制品的加工技术及面粉品质评价体系，将是一个重点发展方向。④基于我国目前存在的小麦赤霉病感染、微生物超标等问题，建立控制和消减赤霉病及控制微生物含量的小麦安全加工技术将会是一个发展重点。⑤基于目前我国小麦加工过程中营养物质损失严重的情况，结合我国蒸煮类面制品的特点，建立适应我国国情的小麦适度加工技术及加工过程营养物质控制技术将会是一个重点。⑥加工装备向数字化、智能化方向发展。

3. 玉米深加工学科研究方向及研发重点

针对我国玉米深加工领域的发展现状以及与国外先进国家所存在的差距及其原因，未来国内玉米深加工领域的研发方向与重点主要涵盖：①以酶法浸泡、全组分高度综合利用和节能减排技术为核心的玉米淀粉绿色制造技术；②满足不同应用需求、市场高度细分的变性淀粉开发及微波、挤压等新型改性手段和装备的应用及推广；③色谱、树脂等分离纯化技术，基于基因工程的育种、酶工程、发酵等生物技术，以及纤维素乙醇、淀粉基生物新材料的开发应用技术；④新型功能性糖醇产品的开发及生理特性研究，高值功能与营养型玉米食品新产品的研发与产业化示范等。

4. 杂粮和薯类加工研究方向及研发重点

杂粮和薯类加工学科要构建打造我国营养健康多元化的杂粮和薯类产品新生态。研发重点包括多元化、系列化营养健康杂粮和薯类食品的研发及创制技术体系、杂粮和薯类食品的营养健康作用评价体系、杂粮和薯类食品的标准体系等三大研发体系的构建。

在"农业供给侧结构性改革""一带一路""健康中国2030"等大战略背景下，积极组织有关政府部门优化科研创新环境、加大科技投入力度、助力推动产学研对接与成果转化。坚持以市场需求作为导向，以科研创新作为依托，以加工、出口产业可持续发展作为龙头，进行优化育种、规模种植、优化储存运输环境，研发创制新装备、新技术、新产品，贯彻落实全产业链发展思路推动营养健康杂粮和薯类食品行业的发展。

5. 米制品加工研究方向及研发重点

米制品加工学科研究内容主要包括：加工基础理论研究、米制品产品（如米制挤压食品、米制蒸煮食品、米制烘烤食品、米制膨化食品和米制发酵食品等）的研究与开发、米制品加工技术和装备的研发、米制品质量与检测技术研究。其中，研究重点主要集中在：①不同品种大米微观结构及成分构成与加工特性关系研究；②原料中各组分协同影响对米制加工产品特性关系的研究；③米制品食品化学研究；④新型加工设备和辅助装备的研制（大型可控压挤压机和排气装置、冷却模具等的研发）；⑤大型米制品成套工艺及设备的优化设计和过程控制技术与新型机电一体化技术的应用研究；⑥生物技术（如酶工程、发酵工程等）在米制品加工效能和产品种类与质量提升方面的研究；⑦全面分析、综合利用米制品加工过程中的废水、废渣，增加企业综合经济效益，实现低碳经济发展；⑧加强米制品相关国家标准研究及快速在线检测方法与仪器研究，为米制品品质评定和检测方法的制（修）订和完善提供技术支撑。

6. 面条制品加工研究方向及研发重点

①研究小麦品质、小麦加工技术对我国传统食品的适应性，以产品的适应性判断小麦、面粉品质优劣，生产适应市场所需的面粉品质；②研究面条生产过程（从原料到产品，包括和面、压延、熟化、干燥、储藏）的基础理论，为面制品加工技术与装备升级提供支撑；③研究原料关键组分、面条加工核心工艺参数与面条品质的对应关系，阐明多形

式复合压延对面条品质的提升效果；④研究冷冻熟面品质的影响机理及其调控策略；⑤研究排气热能回收循环利用技术等面条干燥新技术；⑥开发基于臭氧或电解水杀菌的半干面减菌化关键技术；⑦开发面条生产全过程智能化调控系统与质量可追溯体系；⑧研究面条的营养与消化特性，研究营养功能配料的添加标准与方法，开发特膳食品与健康面条；⑨对传统面条种类的挖掘、分类与整理、开发，研究特色传统面制品（如空心面、手工拉面）的加工工艺装备、品质精准控制技术，采用工业化、标准化技术代替传统手工制作；⑩挂面生产设备与技术的发展必然向着优质高效、节能减排的自动化或智能化方向发展。和面技术将得到进一步优化提升和集成创新，根据小麦粉品质和面团质量要求而自动调节的智能化加水方式是技术研发的一个重要方向。提高挂面包装机械化和自动化水平，完成从前段加工到后段包装的自动化对接，也是提高挂面生产全过程技术水平的重要环节。挂面全自动化控制的、可以根据产品特性（形状、规格、配料等）智能调节的成套生产设备将得到研发和推广。

7. 发酵面制品加工研究方向及研发重点

发酵面食领域大力发展天然先进的保质保鲜技术。加强科技自主创新，大力发展天然且先进的发酵食品的减菌化加工技术和保鲜技术，例如，可将天然类抑菌剂与可食性材料（如纤维素、壳聚糖、乳清蛋白、大豆分离蛋白等）混合制备可食性薄膜；或者将其涂覆到普通塑料薄膜表面，制备成具有抑菌性能的绿色包装材料，将大大减少保存期的品质劣变，能耗远远低于冷冻保藏，符合面食产业化发展方向。今后可以从以下两方面对馒头的加工生产进行改进：一是通过加强生产环境的卫生管理以避免有害微生物的侵染；二是通过创新抗老化工艺技术延缓馒头的老化，使其在较长时间内拥有良好的食用品质，延长货架期，满足商业化和工业化生产的需求。

8. 粮油营养研究方向及研发重点

粮油营养的研究内容主要包括粮油营养组成及其健康效益的研究、全谷物产品营养健康新技术开发、粮食适度加工技术研究开发、杂粮营养食品关键技术研究开发与示范、粮食副产物综合利用技术研究开发等方面。

研发重点主要集中在：①研究粮食食品大分子组分及微量元素与小分子组分结构性与功能性关系，解析粮食营养组分及其转化规律，研究不同人群对于粮油食品的营养需求；②研究全谷物食品营养健康加工机理、品质改良加工技术；③研究粮油食品适度加工优化调控技术及智能设备；④研究杂粮与主粮营养复配科学基础、开展主食应用与功能化关键技术研究与示范；⑤开发米糠、小麦麸皮中功能活性物质等附加值高、市场前景好的新产品等。

参考文献

［1］王粤，李同强，王杰. 基于机器视觉的大米垩白米的检测方法［J］. 中国粮油学报，2016，31（5）：147-151.

［2］陈尚兵，袁建，邢常瑞，等. 机器视觉检测技术在稻米方面的应用现状［J］. 粮食科技与经济，2018，43（5）：50-54.

［3］周军琴. 基于近红外光谱技术快速检测稻米营养品质和加工精度的研究［D］. 兰州：甘肃农业大学，2016.

［4］胥保文，蔡健荣，张文松，等. 稻米加工装备工艺控制系统设计［J］. 食品工业，2018，39（2）：225-228.

［5］李莹，张咪咪，周劲. 云智能稻谷加工平台［J］. 科教导刊（上旬刊），2017（7）：50-52.

［6］肖崇业，罗丽鸿. 节能型双辊碾米机动力配备［J］. 粮食与饲料工业，2016（5）：1-3，19.

［7］李楠楠，赵思明，张宾佳，等. 稻米副产物的综合利用［J］. 中国粮油学报，2017，32（9）：188-192.

［8］曹海军，张远，陈伟超，等. 关于砻谷机的自动化研究［J］. 粮食与食品工业，2017，24（5）：83-85.

［9］张士雄，阮竞兰，武照云，等. 基于双电机驱动全自动气压胶辊砻谷机的研制与控制系统设计［J］. 粮食与饲料工业，2015（11）：5-7.

［10］左家瑞，秦正平，张朝富，等. 大米硒营养及生产富硒留胚米原料的选择［J］. 粮食与饲料工业，2016（10）：1-3，14.

［11］张良，袁永俊，杨攀. 超微粉碎稻谷糠壳发酵生产燃料丁醇的研究［J］. 西华大学学报（自然科学版），2012，31（6）：92-97.

［12］韩雪，郭祯祥. 超微粉碎技术在谷物加工中的应用［J］. 粮食与饲料工业，2016（3）：13-16.

［13］曹辉，刘芳芳，张平孝. 小麦制粉企业实用检测技术概述［J］. 粮食加工，2018，43（4）：16-27.

［14］王姗姗，赵春江，钱建平，等. 批次清单结合 Petri 网追溯模型提高小麦粉加工过程追溯精度［J］. 农业工程学报，2018，34（14）：263-271.

［15］王瑞元. 粮油加工业在发展中应处理好的几个问题［C］// 中国粮油学会. 中国粮油学会油脂分会第二十二届学术年会暨产品展示会论文集，2013：1-6.

撰稿人：姚惠源　张建华　顾正彪　王晓曦　于衍霞　位凤鲁　赵永进　贾健斌
　　　　谢　健　郑学玲　谭　斌　朱小兵　程　力　安红周　徐　斌　董志忠
　　　　肖志刚　李兆丰　任传顺　赵思明　孙东哲　翟小童　吴娜娜　陈中伟
　　　　欧阳姝虹　王媛媛　张　赓　王　晨

油脂加工学科发展研究

一、引言

油脂是人类三大营养素之一，也是食品最重要的成分之一。油脂加工学科以油脂、蛋白和脂类伴随物及相关产物的化学与物理性质、油脂及蛋白的加工技术、综合利用技术、工程装备技术以及所依托的科学理论为其基本内容，属于食品加工技术领域。

油脂加工业是我国食品工业的重要组成部分，其产值在我国食品工业20余个细分行业中一直名列前茅。它是农业生产的后续产业，又是食品、饲料和轻化工业的重要基础产业，肩负着保障国家粮油食品安全、满足人民健康生活的物质需求和为社会提供多种必不可少的工业原料的双重任务。五年来，随着我国食品工业的发展和人民生活水平的不断提高，油脂作为人类食品原料和工业原料的重要程度愈加凸显。

现代化学化工、机械工程、新型材料、机电液一体化、智能装备、信息技术及计算机集成控制技术的综合应用，极大地促进了油脂加工技术的发展。自20世纪90年代起至"十三五"时期，我国油脂加工业取得了突飞猛进的发展，油脂加工规模快速增长，油脂加工企业数量和产能均属世界之最。近五年来，在供给侧结构性改革、去杠杆、转型升级的背景下，我国食用油产量与人均消费量增速已明显放缓，进入快速发展后的产业优化与结构调整的战略机遇期。2018年度，油料加工能力约2.5亿t，油脂精炼能力约5478万t；全国油料加工量近1.4亿t，植物油总产量2962.6万t，人均年消费量为27.3kg（全球人均年消费量为24.4kg），在国民经济和人民生活中具有十分重要的地位和作用[1]。

油脂工业在发展中形成了沿海的天津滨海新区、江苏张家港、广东新沙港、广西防城港、山东日照港，以及沿长江、黑龙江、中原腹地、新疆边疆的产业集聚区，集约效应显现，集约水平提高，集群效应扩大，产业链向上下游延伸。出现了一大批著名油脂企业。

油脂科技和油脂工业相互依存，油脂加工学科的发展推动了油脂工业的发展，油脂工业的发展促进了油脂学科的进步。五年来，我国油脂科技人员和油脂加工企业通过努力，获得国家科技进步奖1项、国家技术发明奖1项和省部级一等奖6项；获得国家发明专利27项，实用新型专利54项，发表了大量的论文、专著；建立和完善了油料油脂标准体系。这些成果的获得，极大地促进了我国油脂加工产业的快速发展。

五年来，油脂工业在满足国内油脂市场需求的同时，更加注重资源合理利用、环境保护、产品质量提升、品种规格增加以及生产减损增效。在设备大型化、自动化、生产集约化、品种多样化、资源节约化等方面取得了明显进展。我国油脂消费量不断增加，油料加工及油脂精炼能力逐年增长，企业规模不断扩大，油脂资源综合利用程度快速提高，特种油脂开发得到重视。经我国油脂业界广大科技工程人员不懈努力，在保障安全、提高自给率、创新加工模式、转化增值、提高装备水平等方面取得突破，获得丰硕的成果，中国油脂工业达到了世界先进水平。

二、近五年研究进展

（一）油脂加工学科研究水平

五年来，油脂加工学科创新思维、创新理念、创新技术、创新管理，使油脂加工业取得了显著进步。

1. 油料预处理、榨油技术已达到国际先进水平

我国油料预处理压榨生产技术向适度焙炒、适温压榨的发展成效明显，有效防范和减少了风险成分的形成。我国大型油料预处理、制油技术水平，以及其成套设备的工艺性能和消耗指标达到国际水平。目前，油料预处理主要装备的制造能力已经能够满足国内需求，自行设计制造的大型轧胚机（日处理能力达到680~750t）、卧式调质干燥机（日产量达1500~2000t）、螺旋榨油机（日处理量达400~500t）性能优良，不仅能满足国内需求，而且出口世界。中小型成套设备已达到国际领先水平。成功开发的双螺旋榨油机，满足了低温压榨工艺的需要。

2. 我国油脂浸出成套设备日趋大型化、自动化和智能化

现在，我国自行设计制造的大型油脂浸出设备最大日处理量可达6000t，技术经济指标达到国际先进水平，性价比在国际上有较大优势；中小型油脂浸出装备可以满足国内乃至世界各国对浸出制油的要求，并有较大的价格优势；自主研发的亚临界萃取技术和装备通过多年的不断完善，已经广泛应用于特种植物油生产；采用超临界CO_2萃取技术实现了纯度97%以上粉末磷脂和牡丹籽油等的规模生产。

3. 我国的油脂精炼工艺和设备技术水平大幅提升

油脂化学精炼工艺和设备已经十分成熟，为国内大中型油厂普遍采用；物理精炼技

术逐渐得到推广应用；干法脱酸技术、酶法脱胶工艺已开始用于工业化生产。低温短时脱臭、填料塔脱臭等方法得到广泛应用；国产离心机得到了较快发展和提高；叶片过滤机性能指标达到国际先进水平；板式脱臭塔的应用解决了油脂的色泽、烟点问题；脱臭真空系统采用闭路循环水和优化的填料组合塔，减少了用水、节约了蒸汽、抑制了反式脂肪酸的产生；通过适度精炼技术，防范和控制了风险成分的形成，最大限度地保留了油脂的营养成分。

4. 我国新油源研究开发取得丰硕成果

通过产学研紧密合作，适合于油茶籽、米糠、玉米胚芽、核桃、牡丹籽、小麦胚芽等多种特色油料加工需要的烘干、剥壳、压榨、浸出、精炼及综合利用的新工艺新装备得到研发。米糠和玉米胚制油取得突破性进展，2017 年全国米糠油产量为 60 万 t，玉米油产量为 105 万 t，合计为 165 万 t，为我国提高了 4% 的食用油自给率。与此同时，微生物油脂的开发研究和规模生产也有了较快发展[2]。

5. 油料油脂资源综合开发利用形成一定规模

大豆、花生加工已由单纯制取油和粕，逐步向制备各种蛋白产品和开发高附加值产品的方向发展。目前，大豆分离蛋白、浓缩蛋白、组织蛋白的生产厂家分别为 20 余家、10 家和 17 家，年产量分别达到 40 万 t、20 万 t 和 10 万 t，产品进入跨国食品企业采购清单或出口多个国家。"十三五"期间，多条大豆蛋白肽、异黄酮、皂苷、低聚糖生产线投入生产；新型大豆蛋白可降解材料、可食用包装材料取得了一定进展，大豆蛋白黏合剂已经实现工业化生产。饲用大豆浓缩磷脂已占据 90% 市场份额，以大豆磷脂为原料生产出了多种磷脂药品和保健品。花生加工不再局限于浓香花生油为主的产品，利用低温压榨花生饼粕生产出的风味花生蛋白粉、低变性花生蛋白粉、花生组织蛋白、花生短肽、红衣提取物等系列产品逐步形成规模，提高了花生蛋白的利用率和附加值。

6. 高新技术在油脂生产中得到实际应用

微生物油脂生产技术、共轭亚油酸合成技术、油脂微胶囊化技术、超临界 / 亚临界流体提取油脂技术、分子蒸馏脱酸技术、酶催化酯交换制备结构酯技术、酶脱胶技术、酶脱酸技术、微波 / 超声波辅助提取油脂等技术成为研究热点，并已得到商业化应用。膜分离技术已经成功应用于多肽生产和油脂、蛋白废水的处理。

7. 食用油的营养和安全性得到高度关注

我国已经研究建立了科学的和较为全面的油料油脂质量安全标准体系，系统研究了食用油中多种内源毒素、抗营养因子、环境与加工污染物的成因与变化规律[3]，重点评估了浸出溶剂、辅料和加工过程对油脂品质和安全性的影响，对成品油低温浑浊与反色、回味、发朦等现象进行了卓有成效的研究，开发出了劣质油、反式脂肪酸、3- 氯丙醇酯、多环芳烃、真菌毒素、3，4- 苯并芘等危害物的高效检测、防控、风险评估技术和植物油身份识别技术并集成示范，凝胶渗透色谱、指纹数据电子鼻、全程低温充氮技术已分别在煎炸油品质监控[4]、调和油识别和植物油稳态化方面获得应用推广。针对不同油脂品种，已开发出低反式脂肪酸、低 3– 氯丙醇酯和低缩水甘油酯的工业化生产工艺与方案。与 10 年前相比，我国大宗植物油的反式脂肪酸含量小于 2% 的占比从 33.7% 提高到 85.9%，大于 2% 的占比从 66.3% 降至 14.1%。

（二）油脂加工学科发展取得的成就

1. 科学研究成果

（1）在国家立项及重大科技专项的实施情况

近五年来，国家继续加大对油脂加工关键技术的研究与产业化开发的科研投入，全面提升了油脂科技创新能力，有力促进了油脂产业的可持续发展。

2016 年启动的"十三五"国家重点研发计划"大宗油料适度加工与综合利用技术及智能装备研发与示范"项目，围绕大宗油料加工产业面临的关键问题与重大科技需求，以大豆、菜籽、花生等大宗油料为研究对象，开展基于新方法建立、新技术突破、新装备保障和新产品创制的科技创新链条建设，以及适度加工系统化技术规范建设等；构建油料油脂加工绿色多元化集成模式，实现大宗油料加工工程化技术集成应用和产业化示范，以带动传统油料加工产业的升级改造，显著提升我国油脂产业的整体加工水平与国际竞争力。

2016 年，根据国家重点研发计划重点专项，启动了"食品加工过程中组分结构变化及品质调控机制研究"项目，以大豆、花生、菜籽为研究对象，在全面收集油料品种的基础上，开展油脂、蛋白、活性物质等多维多模式指纹图谱构建，筛选目标指示物，建立加工适宜性评价模型、技术、方法与标准；明晰压榨、精炼等典型加工过程对油脂、蛋白、活性成分等特征组分分子链结构、聚集行为、单分子组装等多尺度结构变化；揭示油脂加工过程中甘油三酯晶型、蛋白网络结构、相界面等关键结构（域）形成途径，与油脂、蛋白制品感官、风味、质构、营养、功效等品种功能的关联机制；运用大数据分析方法明晰油脂加工过程参数、组分结构变化、品质功能三者之间全数据网络关系，建立油脂、蛋白等产品品质功能预测模型，构建加工全过程组分结构与品质功能调控理论体系与可视化平台，实现油料产品品质功能导向的精准调控与高效制造，抢占国际油脂乃至食品加工科技前沿制高点。

2018 年，"特色油料适度加工与综合利用技术及智能装备研发与示范"项目列入国家重点研发计划重点专项，该项目针对我国特色油料种类多、营养丰富，但地域分布广、性质差异大、存在加工技术粗放、专用设备缺乏、智能化程度低、产品单一、综合利用率低，以及过度加工导致功能成分损失、潜在风险因子产生等突出问题，研究开发基于特色油料特性，精准适度加工与高值化利用的新技术、专业化智能装备，并形成示范线。

（2）基地平台建设

近五年来，在国家高强度投入的支持下，建设了一批国家重点实验室、工程技术研究中心、产业技术创新战略联盟、企业博士后工作站和研发中心等，大大改善了人才培养条件和科学研究条件，油脂科技研发实力不断增强，基础研究水平显著提高，高新技术领域的研究开发能力与世界先进水平的整体差距明显缩小，部分领域达到世界领先水平，实现了由单一的"跟跑"向"三跑"（跟跑、并跑、领跑）并存格局的历史性转变。

（3）获奖项目、申请专利、发表论文、制修订标准等

1）获奖：江南大学、河南工业大学、武汉轻工大学、南京财经大学、东北农业大学、合肥工业大学、中国农科院、鲁花集团、丰益（上海）研发中心、江苏迈安德集团、山东三星集团、河南省亚临界生物技术、河南华泰机械、瑞福油脂等大专院校、科研单位及企业在2015—2018年油脂学科获国家级奖项3项；获中国粮油学会科学技术奖特等奖1项，一等奖3项；获有关省、部级科学技术奖一等奖3项。

2）授权专利：油脂加工作为一个传统行业，其技术的发展和需求历来是相辅相成、相互促进的。油脂加工业近年来越来越着眼于前沿技术，加大研发投入的力度，努力提高发明专利申请的"含金量"，改进加工工艺，有力促进了我国油脂工业的快速发展。五年来，我国油脂行业共获得发明专利39项，实用新型专利86项，并在国际专利授权方面取得突破。

3）论文和著作：近五年来，我国油脂科技工作者发表各类论文合计2000篇以上，其中SCI收录论文超过200篇，出版学术著作12部。论文围绕油脂产品坚持安全、优质、营养等诸多热点、难点问题发表真知灼见，推动了企业经营管理水平和产品质量的提高；促进了油脂行业节能、环保技术、资源节约型可持续发展。

4）标准：在全国粮油标准化委员会油料及油脂分技术委员会的积极组织下，我国油脂行业制（修）订了国家和行业标准157项，团体标准3项，有力地推动了我国油脂工业的健康发展。

（4）理论与技术突破情况

油脂学科取得的重大理论与技术突破有如下8个方面。

1）精准适度加工理论在实践中得到应用和完善，被推广至粮油全行业。"十二五"期间提出的"油脂精准适度加工"理论通过近五年的实践得到了进一步完善，并被写入《粮食行业科技创新发展"十三五"规划》和《中国好粮油行动计划》，在粮油全行业推广。全国粮油标准化技术委员会油料及油脂分技术委员会启动了制定植物油适度加工技术规程。"精准适度加工"模式摒弃了传统的高能耗、高排放、易损失营养素和形成有害物的过度加工模式，节能减排提质效果显著，是我国油脂行业提高油脂产品质量安全与营养健康的必由之路。在新理论的指引下，油脂科技工作者与企业共同开发出低、适温压榨制油、双酶脱胶、无水长混脱酸、瞬时脱臭关键技术与装备，获得内源营养素保留率≥90%、零反式脂肪酸的优质油品，脱色工段也降低了加工助剂用量及能源消耗，提高了精炼得率[5]。

2）建立了油料加工适宜性评价理论与技术。针对我国长期存在油料原料加工特性不是完全熟知、加工适宜性评价技术方法缺乏、未按加工用途对油料品种进行科学分类等突出问题，建立了同时测定球蛋白、伴球蛋白等33个加工特性指标的高通量、实时快速的近红外与高光谱检测技术，创制了便携式花生品质速测仪，检测准确率 >96.65%；构建了花生加工适宜性评价综合模型，拟合准确率达到92.86%，揭示了原料核心指标与制品品质的关联机制，研发出加工适宜性评价软件系统、评价技术与可视化平台，可综合快速判断原料品种在4种制品上的加工适宜性，验证准确率达到88.41%；首次按加工用途对我国花生品种进行了科学分类，筛选出适宜加工油、酱、凝胶型与溶解型蛋白的加工专用品种38个，构建了花生专用品种与加工特性基础数据库，实现了网络共享，为提升我国花生原料品质、推动花生产业技术升级提供了技术支撑[10, 11]。

3）特种油料和新油料资源的加工技术取得突破。木本油料、米糠、玉米胚芽、微藻是不与主粮争地的油脂资源，对其有效利用是提高我国食用油自给率的重要途径。在国家政策支持下，近五年以油茶籽、核桃为代表的木本油料，以玉米胚芽、米糠为代表的粮油加工副产物，以 DHA/ARA 藻油为代表的微生物油脂的生产规模和加工技术水平不断提高，其产品在食用油中的占比明显增加。随着国家对油茶、核桃、文冠果、油用牡丹、长柄扁桃、元宝枫等食用木本油料的开发投入加大，通过产学研紧密合作，已开发出适合于油茶籽、牡丹籽等木本油料需要的烘干、剥壳、压榨、浸出、精炼及综合利用的新工艺新装备，为生产功能性油脂奠定了基础。在玉米胚制油方面，从玉米胚芽的提取、原料筛选、控温压榨、全程自控精炼、分散喷射充氮及 GMP 灌装工艺等多方面着手，研发和创新生产工艺，提升了玉米油的产量和质量。通过研发米糠膨化保鲜技术装备，推广"分散保鲜、集中榨油"和"分散榨油、集中精炼"等模式，米糠制油开始趋于规模化加工[6]。通过微生物菌种筛选和培育技术、菌体预处理技术研究，近年来 DHA/ARA 藻油生产规模迅速扩大，形成了规模效应，质量不断提高，我国已拥有年产藻油4000t 的产能，目前实际年产量约1500t，可满足国内婴幼儿食品市场约40%的需求，且有部分产品出口。

我国已经培育出优质的高油酸花生、高油酸菜籽等品种，一些油脂加工企业推出了高油酸植物油产品，如浙江省农科院的高油酸菜籽油、鲁花集团和山东金胜粮油的高油酸花生油等，油酸含量达到80%左右，填补了国产高油酸食用植物油产品的空白。

4）制炼油新技术不断涌现。我国水酶法制油技术实现了由实验室向产业化的转化。超临界 CO_2 萃取技术在大豆粉末磷脂制备、高值油料制油技术方面得到应用，大型生产装置实现国产化。通过多年的不断完善，自主研发的亚临界萃取技术和装备目前已应用于多种小品种油脂生产。成功开发出异己烷为主要成分的植物油低温抽提剂，沸点比正己烷低约5℃，迄今已在十几家浸出油厂得到应用，有望作为6号溶剂油的替代产品。浓香菜籽油生产在精选、微波调质生香、美拉德反应二次生香、低温压榨、适度精炼、自动控制、质量管理等关键技术装备获得突破，与传统炒籽生香技术产品形成差异化，加工出品质高、香味独特的浓香菜籽油，目前浓香菜籽油已成菜籽油市场主导产品之一，占据全国近30%的市场份额。

5）食品专用油脂生产技术快速进步，产量大幅上升。攻克我国食品专用油易出现析油、硬化、起砂、起霜等品质缺陷和反式脂肪酸含量高等技术难题，使产品反式脂肪酸的含量均降低到 0.3% 以下，通过建设与改造多条生产线，开发出了低/零反式脂肪酸的烘焙油脂、煎炸油脂、糖果巧克力油脂等食品专用油系列产品，目前我国各类食品专用油的总产量已经超过 300 万 t，为我国食品工业的发展和油脂行业增值转化提供了重要支撑[7]。

6）油脂资源利用水平大幅提高，产品打破国外垄断。突破了高黏高热敏性磷脂精制、纯化分离和改性等技术难题，开发出酶改性和高纯磷脂酰胆碱梯度增值产品，建立了磷脂国产体系。实现脱臭馏出物连续酯化关键工艺，减少了传统天然 VE 生产工艺的废酸水污染。发明了复合酶解、精制分级制肽新技术，生产出高品质高附加值大豆肽产品，广泛应用于保健食品和特医食品。建立了高水分挤压技术制备花生蛋白手撕肠的新装备新工艺，开发出具有丰富纤维结构和类似动物肉质地的植物蛋白肉产品，延长了花生加工产业链。另外，大豆异黄酮、大豆皂苷、大豆低聚糖联产提取技术实现了工业化。

7）建成危害因子溯源、检测和控制技术体系，保障食用油安全。针对食用油安全领域出现的新问题，系统研究并查明了食用油中多种内源毒素、抗营养因子、环境与加工污染物的成因与变化规律，开发出反式脂肪酸、3-氯丙醇酯、多环芳烃、黄曲霉毒素等危害物的高效检测、控制和去除技术并集成示范，大幅提升食用植物油的质量安全水平。

8）攻克重大装备大型化难题，智能化趋势明显，显著提升节能降耗水平。近五年来，大型预处理压榨设备、浸出成套设备、炼油装备的制造能力、质量水平和智能化程度不断提高，不仅能满足国内需求，而且出口到国外。整体技术水平达到世界先进水平。大型榨油机、轧胚机、调质干燥机、浸出器等设备国内均能自行设计制造，并广泛用于国内外油脂加工企业，各项经济技术指标先进，节能效果显著。我国生产的叶片过滤机性能与指标达到国际先进水平，自行设计制造的中小型离心机，性能优良，性价比高，应用极为广泛。

2. 学科建设（学术建制）**成就**

（1）学科结构、学科教育、人才培养

目前我国油脂加工学科已发展为包括油脂化学、油脂营养与安全、油脂加工工艺、油脂化工、油脂装备与工程以及油脂综合开发利用等几大分支的学科，建立了完整的油脂加工学科结构和人才培养体系（从中专到博士）。在 1998 年学科调整中，油脂加工学科本科教育被合并到食品科学与工程，但仍然保留了硕士阶段、博士阶段的油脂加工学科所在的粮食、油脂及植物蛋白工程，成为食品科学与工程一级学科下设的 4 个二级学科之一。在油脂加工专业设置方面，目前，除江南大学、河南工业大学、武汉轻工大学最早设有油脂工程本科专业，天津科技大学、吉林工商学院等新设了油脂工程专业。截至 2017

年，全国设有食品科学与工程研究生教育的100多家高校中，培养粮食、油脂及植物蛋白工程研究生的有57所。许多大中型油脂加工企业建有研发中心（包括博士后工作站），并与科研院所、高校紧密结合，形成新型的合作关系，初步形成了以企业为主体、科研院所为支撑、市场为导向、产学研政用"五位一体"的研发体系构架。通过"九五"至"十三五"连续的学科建设和人才培养、引进，造就了一批食品科学与工程的杰青、优青、长江学者、百人计划学者、千人计划学者、万人计划学者、农业科研杰出人才、科技部中青年科技创新领军人才等高科技人才，形成了一支较高水平的食品科技创新队伍，为油脂工业快速发展提供了有力的人才保障。

（2）学会建设

近五年，中国粮油学会油脂分会积极开展学术交流活动，促进行业科技进步。自2015年以来，每年都召开油脂学术年会。2017年，学会组织业内47位权威专家向国家粮食局和发改委提交了《建议国家大力支持米糠油产业发展》的报告，希望政府有关部门像支持大豆产业一样支持米糠资源的利用；撰写了《国内外粮油科学技术发展现状与趋势》课题报告中的油脂专题；协助总会完成了上交给国家粮食局的《我国环渤海油脂产业综合利用调研报告》。

（3）学术交流

1）油脂学科主办和主持的国际学术会议。油脂分会充分利用油脂加工国际交流的平台，解决重大的行业问题。自2015年以来，油脂分会积极组团参加"国际葵花籽油高峰论坛""国际稻米油发展论坛会"和"第一届亚太区粮油科技大会"，促进了与国际油脂学术组织的交流，加速了葵花籽油、稻米油在我国和亚洲更为广泛的应用。2017年10月30—31日，由欧洲油脂科技联盟（EFL）与中国粮油学会（CCOA）联合举办的"第九届煎炸油与煎炸食品国际研讨会"在上海顺利召开，促进健康煎炸食品的开发，推动煎炸食品行业的可持续发展。

2）油脂学科主办的国内学术会议。油脂分会每年都要召开学术年会和各类研讨会，针对学科出现的新情况，组织专家研究提出应对策略，帮助生产企业排忧解难，深受社会各界的高度认可和赞誉，对推动我国油脂产业的健康发展起到了积极的作用。

（4）学术成果

为达到资源共享，丰富和提高教材质量，在王兴国、何东平、刘玉兰等教授的带动下，江南大学、河南工业大学和武汉轻工大学联合组织专家教授，编写出版了"十二五"高等学校油脂专业系列教材7部。《现代油脂工业发展》搜集、整理了王瑞元教授级高工在各个时期、多种场合的讲演和工作报告的部分文稿，共计160篇，是中国现代油脂工业发展的一部见证之作。《贝雷油脂化学与工艺学》是油脂学科经典著作，2016年，由江南大学王兴国、金青哲教授主译的第六版中文版6卷本出版发行，计500余万字。由王兴国、金青哲教授撰写的专著《食用油精准适度加工理论与实践》，介绍了食用油精准适度加工的理论基础、技术要素和实施路径，以及重大产品的开发、质量评价与标准体系建设等内容，为新加工模式在粮油行业的推广应用提供了重要依据。王强主编的《花生深加工技术》及其英文版 *Peanut: processing technology and product development* 是国际上第一本系统介绍花生加工品质评价技术、模型与方法的学术专著，为我国花生加工品质形成的物质基础、变化机理与调控技术的深入研究提供参考；《粮油加工适宜性评价及风险监控》涵盖了花生、油菜等加工适宜性评价技术，明确了粮油生产与加工过程中品质改善技术和有害物质变化规律，构建了粮油加工风险监控技术体系。这些专著代表了我国油脂加工科技工作者的学术水平，凝聚了智慧、展示了才华，具有较高的理论造诣和丰富的实践经验，成为我国油脂加工科研的重要参考书籍[12, 13]。

（5）科普宣传

为提高消费者的油脂营养与健康知识，油脂分会在中国粮油学会的统一部署下，除认真编写《粮油食品安全与营养健康知识问答》中的油脂篇，何东平、祁鲲、武彦文、石克龙、赵霖分别编写了6部科普书籍。2016年，中国粮油学会油脂分会对所谓的营养与健康"专家"西木博士发表的有关油脂加工和营养方面的错误言论进行了批判和纠正；2017年，油脂分会积极参加由国家食品药品监督管理总局、国家网信办、农业部国家质量监督检验检疫总局等作为指导单位，由新华网、中国食品辟谣联盟主办的针对"两件网络食品谣言"以及由中国食品辟谣联盟和中国焙烤食品糖制品工业协会主办的针对"反式脂肪酸问题"误导的新闻发布会，及时发表了文章，对谣言进行了有理有节的批判；对优恪网违规发布的花生油质量安全评价警示信息做出明确澄清，抵制了有损于行业发展的不科学的误导宣传，引导消费者以科学的态度对待食用油安全中出现的敏感问题，受到了业界的一致好评。与此同时，鼓励各地油脂专家撰写科普文章，并在电台上讲解或报纸上发表，收到良好效果。

（三）油脂加工学科在产业发展中的重大成果、重大应用

1. 2015年度获中国粮油学会科学技术奖项目

一等奖：新型植物油抽提溶剂开发与应用技术研究。岳阳金瀚高新技术股份有限公司、江南大学和中国农机院等单位以6号溶剂油为原料，突破加氢、多塔组合式精馏、分子筛吸附、精馏控制等关键技术，开发出以甲基戊烷为主成分的馏程为60~63℃的新型植物油抽提溶剂，并在20余家浸出油厂得到应用，在安全、环保的前提下实现高效生产，节能降耗，提高油和粕的品质。

一等奖：食用油脂质量安全控制关键技术研发与应用。河南工大等单位系统研究了油中多环芳烃、塑化剂、黄曲霉毒素、玉米赤霉烯酮、重金属等风险因子的影响因素及规律，确定了玉米胚AFB1控制与安全储存技术、炒香型油脂PAHs可控炒籽技术、包装油脂中PAEs控制与安全储存技术；突破了炒香型油脂PAHs脱除的关键技术PAHs脱除率

达 98% 以上，实现了油脂中污染物的高效脱除与营养成分的高效保留。

一等奖：米糠油加工关键技术研究与产业化应用。武汉轻工大学等单位针对米糠资源加工利用中存在的技术难题，研究获得了一整套米糠加工利用的关键技术，明显改善了米糠储藏性能；通过高真空、短时受热、闪蒸脱酸／脱臭的物理精炼工艺，最大限度地保留了米糠油中谷维素等有益成分；自主研制的多级混合脂肪酸精馏分离装置分离米糠油混合脂肪酸，使混合脂肪酸连续分离成较高纯度的油酸和硬脂酸。

2. 2016 年度获中国粮油学会科学技术奖项目

特等奖：食用油适度加工技术及大型智能化装备开发与应用。针对我国食用油过度加工突出的问题，江南大学等单位系统研究食用油加工过程中营养成分变化规律、风险因子形成与迁移机制，开发出内源酶钝化、两步脱色、低温短时脱臭等 7 项精准适度加工关键技术。成果在 20 余家大型企业应用，建成 59 条生产线；形成了由 31 项专利和 13 项操作规程支撑的食用油适度加工技术体系，开发重大产品 2 项。

一等奖：大宗低值油脂高值化关键技术及产业化示范。以天然大宗低值油脂为原料，研发生物酶法、化学法催化制备功能结构脂甘油二酯、食品乳化剂单甘酯关键技术和产品；以大宗低值油脂（酸化油、潲水油、地沟油）为原料，研发生物柴油、生物润滑油等环境友好、新型化学品的高效催化转化和清洁生产技术。核心技术已投入应用。

3. 2016 年度获国家科学技术进步奖项目

二等奖：油料功能脂质高效制备关键技术与产品创新。项目解决了目前功能脂质产业存在的资源利用率低、功能素材单一、加工适应性差和产品创制滞后等共性问题。突破了微波调质压榨－物理精炼制备功能脂质技术，实现油料细胞的微膨化，促进脂类伴随物的高效溶出，脂质中总酚提高 3 倍。建立了多不饱和脂肪酸的超声波预处理酶促定向酯化技术，创制的 α－亚麻酸甾醇酯纯度达 96.9%，为产业升级换代做出突出贡献。

4. 2017 年度获中国粮油学会科学技术奖项目

一等奖：油茶籽加工增值关键技术创制及产业化应用。创建了油茶籽清理剥壳、破碎仁壳分离、调质和低温压榨制取油茶籽油新工艺；攻克了油茶籽油风味的化学基础及制备浓香油茶籽油的关键技术；形成了油茶籽油安全生产控制体系；建立了油茶籽蛋白和蛋白肽的关键制备工艺和技术、水相非酶法制取油茶籽油关键技术，实现产业化应用，取得显著的经济和社会效益。

一等奖：芝麻油适度加工与副产物高效利用创新技术研发应用。建立了适度炒籽控制多环芳烃技术、芝麻脱皮制油控制塑化剂技术、适温压榨提升芝麻油和芝麻饼品质技术、分级压榨生产半脱脂食用芝麻产品技术、芝麻油多环芳烃高效吸附净化脱除技术、由芝麻油脚提取富含芝麻木酚素的芝麻磷脂工艺技术，并集成应用。

5. 2017 年度获中国商业联合会科学技术奖

特等奖：花生加工特性研究与品质评价技术创新与应用。自主创制了花生加工特性指标快速检测新技术新设备，首次明确了我国花生加工特性指标的分布范围与突出特点；构建了花生加工适宜性评价综合模型和评价方法，揭示了原料核心指标与制品品质的关联机制；首次按加工用途对我国花生品种进行了科学分类，筛选出加工专用品种，构建了花生专用品种与加工特性基础数据库，填补了国内外空白。

6. 2018 年度获中国粮油学会科学技术奖项目

一等奖：大豆 7s，11s 蛋白质提取及低聚肽的研究和新型智能化装备开发与应用。项目解决了传统大豆分离蛋白存在的颜色不良、豆腥味重和溶解度低等问题；攻克了多级定向酶解、低聚肽分子量控制和功能性肽片段保留等关键技术；提高了低聚肽的纯度和透明度；解决了低聚肽生产中成本高、耗能大、扬尘、冲溶性差、分子量分布不均匀、功能性不明确和食用安全等难题；实现了低聚肽塔内富集、成粒。自主设计建成年产 1500t 低聚肽生产线，达国际先进水平。

一等奖：核桃油加工关键技术创新及产业化。针对我国核桃油产品结构单一、资源利用率低和加工技术落后等难题，破解了铁核桃剥壳分离难题，首创了核桃色选分离、调质和低温压榨关键制备技术与工艺，利用近红外光谱技术快速检测核桃成分，自主研发了核桃乳关键加工技术与设备，实现了产业化，其经济和社会效益显著。

7. 2018 年度获国家技术发明奖

二等奖：生物法制备二十二碳六烯酸油脂关键技术及应用。该项目由南京工业大学等单位研发。发明了从菌种定向选育、发酵过程控制与放大到油脂提取精制的成套绿色工业化生产工艺，率先实现了裂殖壶菌来源的高品质 DHA 油脂的规模化生产；同时突破了裂殖壶菌规模化生产 DHA 的技术瓶颈，整体技术处于国际领先水平。油脂行业大力组织该项技术的推广取得很好成效，已在多家企业成功应用，产品远销海内外。

三、国内外研究进展比较

（一）国外研究进展

近年来，新材料、农业生物技术、工程装备等学科研究进展，推进了油脂加工学科的进步。新技术、新装备的应用有力推进了油脂加工技术的革新升级。

1. 高效低耗的绿色制油技术革新不断

1）膜分离技术在油脂加工行业得到很好的应用。膜超滤技术的应用使脱胶和脱色工艺合二为一，省去了传统工艺中的诸多工序，降低了脱色白土用量，精炼得率大为提高。大豆卵磷脂膜分离技术的应用，较传统的丙酮萃取工艺，能源消耗少、技术流程简单。美国艾奥瓦大学发明了第一个用于分离脂肪酸的膜，这种膜根据脂肪酸双键数目的多少决定分子半径的原理，可以快速分离低纯度顺式混合脂肪酸或顺式脂肪酸酯。该技术有望替代蒸馏、冻化、尿素包合等分离手段用于脂肪酸分离。另外用膜生物反应器（MBR）技术处理油厂污水，可降低废水生化需氧量（BOD）、化学需氧量（COD）和悬浮物（SS）含量。

2）纳米中和技术。纳米中和技术不改变现有精炼生产线，只要在原有线路上做较小改动后加装高压泵和纳米反应器即可，原有精炼工艺和纳米中和技术可以互相切换。采用纳米中和技术后可以降低磷酸使用量90%，降低碱液用量30%~50%，提高油脂精炼率0.2%~0.4%，降低硅藻土和白土的用量，节省蒸汽。

3）超临界亚临界提取技术的应用。目前，全世界已有超过125家工厂使用超临界技术，大多数使用的是超临界CO_2技术。亚临界制油技术已实现了产业化。

4）纯CO_2制冷代替氟利昂和氨为冷媒在食品专用油脂生产中的应用。斯必克（SPX）流体公司旗下Gerstenberg Schroeder品牌的人造奶油起酥油生产设备，采用纯CO_2制冷的Nexus系列激冷机已在世界上推广应用，大幅减少对大气的污染，保障了生产安全。我国也分别于2017年和2018年在益海嘉里（天津）有限公司和不二制油（肇庆）工厂进行了应用。

2. 重视油脂安全和营养基础研究，引领行业发展

目前北美油脂加工企业通过工艺和设备改进、生产规模的扩大及废水再利用，用水量与20世纪相比较约减少了50%。

针对反式脂肪酸、3-氯丙醇酯、缩水甘油酯、氧化聚合物、多环芳烃等进行了系统研究，制订了一系列检测和控制方法并已投入应用。

高效、高准确性、高通量的脂类化合物分析鉴定方法的研究突破，大大促进了脂质代谢、脂质生物功能和脂质营养研究。

开发适度精炼技术，在消除不良组分的同时最大限度地保留了营养物质，开发出了多种物理和化学适度精炼技术，例如硅土精炼、生物精炼、膜精炼、混合油精炼等。

3. 油脂生物制造技术长足发展，对产业发展产生深远影响

随着工业生物技术的发展，微生物油脂不仅在发酵技术上，而且在制炼油技术上都在不断取得新的进展，利用微生物生产功能性油脂已成为当今产业一大亮点。微生物油脂除了作为婴幼儿配方食品用油，在食用油脂市场上的占比也有变化，欧美和日本已有相关产品上市，产品消费者从婴幼儿等特殊人群扩展到了所有人群，带来食用油行业和食品行业的新发展，正在形成一个大产业。

经过几十年的努力，利用育种技术和基因技术培育高油酸的花生油、葵花籽油、菜籽油、红花籽油均已经商业化。高油酸菜籽油、高油酸葵花籽油已在欧美发达国家被逐渐用于煎炸，如德国的Good-fry油、澳大利亚的Monola油。另外，全球高油酸大豆的种植面积、加工和贸易正在不断扩大。

利用基因工程技术培育油料新品种取得进展。澳大利亚联邦科学与工业研究组织（CSIRO）和美国嘉吉利用基因技术，将海藻中的DHA、EPA基因转移到油菜籽中，所开发的菜籽油中DHA含量可达15%，超过鱼油中的DHA含量，并已进入测试和监管部门

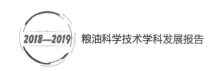

审批阶段，预计 2020 年后进入市场；美国正在开展利用转基因技术增加甘蔗和甜高粱的茎秆和叶中油脂的积累来生产生物柴油。

4. 基于生物技术的新型油脂加工技术逐步应用推广

酶技术在油脂行业应用不断扩大。酶脱胶技术已被广泛用于植物油的精炼中，具有节能减排、提高油脂得率等诸多优势；酶促酯交换技术的应用可提高脱酸油产品的得率，有利于环境保护。发明了适用于催化不同酸价油脂生产生物柴油的脂肪酶，可以将不同游离酸含量的低值油脂与甲醇反应生产生物柴油。

经过生物技术改造的微生物油脂得到推广。富含 ω–3 脂肪酸的微生物油脂已实现了商业化生产，主要产品是富含 EPA 和 DHA 的油脂；适用于煎炸的微生物油脂也已实现了商业化生产。

（二）与国外的差距与原因

1. 基础研究

脂质组学、脂质营养健康等基础领域的研究近年来被国内研究者重视，大量研究表明，油脂的营养不但涉及能量、脂肪酸平衡，还与天然甘油三酯的结构、链长以及其中脂溶性微量伴随物密切相关，但与油脂加工业联系不够紧密。国内相关的研究者多为公共营养学背景，而国外相关研究多为油脂加工、营养卫生领域专家的合作研究，实验更具针对性，结论更具权威性。

2. 综合利用

油脂加工企业在完成了规模发展后，综合利用技术已成为企业发展的重要途径之一。同时，综合利用也是我国油脂行业可持续发展战略的重要途径。但我国对油脚、磷脂、脱臭溜出物、废白土、油料皮壳、蛋白乳清、豆渣、胡麻胶等副产品的整体利用率不足 10%。

大豆压榨行业的主要产品大豆饼粕仍然以作为饲料原料为主，油料蛋白开发利用技术仍需加强。

我国花生加工中蛋白变性严重，虽然已经相继建设了一些低温制油和低温脱溶花生蛋白生产线，但占比仍需提高。

3. 产业链延伸、产品多元化

国外油脂加工企业大多拥有完整的产业链，以此增强竞争力。我国油脂加工业油料加工产品结构单一，主要为油脂和饼粕。我国虽有大豆蛋白、磷脂、脂肪酸、植物甾醇、天然维生素 E、蛋白肽等综合利用产品，但规模尚小且均存在品种和高附加值产品少、收率低、档次低等问题。不少产品至今尚无完整统一的质量标准，产品质量参差不齐。

食品专用油是食用油脂的深加工产品，我国食品专用油脂年产量已经达到 300 万 t，但存在品种品类不齐全的问题，相关核心技术、生产装备仍被国外垄断，尚无统一、完整的国家质量标准体系，产品质量也是参差不齐。

4. 新材料、新技术的应用

与国外油脂加工业相比，新材料、新技术在油脂加工中应用相对滞后。国内大型油脂加工企业的消耗指标已经达到国际先进水平，但由于新材料、新技术的应用不够，一些中小规模企业的消耗指标仍然过高。另外，除了己烷，更加安全、环保的新溶剂（如异己烷、异丙醇、乙醇等）、酶法制油、酶法精炼等虽然已获得应用，但规模仍然不大。

5. 机械装备的智能化水平

我国食用植物油加工装备总体水平有了很大提高，单线的生产规模得到快速提升，机械装备达到和接近国外同类技术先进水平，但大宗油料和小品种油料的设备通用化现象突出，品种规格较单一，专用化设备开发滞后，自主创新能力不强，产品低值高损现象明显，设备的运行稳定性和自动化、机电一体化尤其是智能化水平有待进一步提高。

6. 学科建设

油脂加工学科属于大食品范畴，目前国内有食品院系及研究所300余所，涵盖内容很广，适合培养宽口径全面型人才，但多数高校只是将油脂加工作为食品科学与工程专业中的一个方向，设置油脂加工学科的高校并不多，应用型人才培养难度较大，人才结构性矛盾比较突出。

四、发展趋势及展望

（一）战略需求

我国是人均油料资源十分缺乏的国家，目前食用油自给率已经降低至31%左右，食用油存在对外依存度过高的重要隐患。为解决我国食用油脂资源不足、减缓食用油进口过快增长、减少我国市场对进口食用油的严重依赖等问题，应着力加强国内新油源的开发，增加国产食用油的市场供给，这是今后相当长的时期内需要面对的严峻问题。

我国油脂加工业存在产能过剩较为严重、对外依存度高、深加工转化能力不足、成品油过度加工并存等问题，产业链条短，成品率低、副产物综合利用率低、附加值低，创新能力不强，部分品种盲目无序低水平发展等矛盾亟待有效疏解，亟须加强研发和科技成果转化投入，建立以企业为主体的技术创新体系，健全创新机制，加快产业升级。

近十几年来，我国居民患肥胖、心脑血管疾病、糖尿病等与油脂相关的慢性病的数量增长迅猛。因此，推广膳食结构多样化的健康消费模式，控制食用油的消费量，提高食用油营养素密度，保证膳食脂肪的均衡摄入，成为慢性病预防的重要措施。

总体而言，我国食用油生产量与人均消费量增速已明显放缓，进入快速发展后的产业优化与结构调整的战略机遇期。

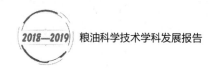

（二）重点发展方向

1. 多油并举，广辟油源，弥补我国油脂资源利用不足

我国食用油安全存在对外依存度过高的重要隐患，给保障国家食用油供给安全带来很大风险。为此，必须坚持多油并举，除要稳定和发展国产大豆、菜籽、花生、棉籽等大宗油料生产以外，还应广辟油源，大力发展葵花籽、芝麻等其他油料作物和油茶籽、核桃等木本油料生产，充分利用米糠、玉米胚芽、小麦胚芽等粮食加工副产物制油，增加亚麻籽油、红花籽油、微生物油脂等特色小品种油供应，实现油料供给多元化。

充分利用我国丰富的动物油脂资源优势，开发动物油脂生产技术，丰富动物油脂品种，提高其在我国食用油中的占比，减少对进口植物油的依赖，通过科学研究及科普宣传使消费者正确认识动物油脂的营养价值。

在保障国家粮食安全底线的前提下，充分利用国际农业资源和产品市场，保持部分短缺品种的适度进口，优化油料油脂进口结构，满足国内市场需求。

2. 加大精准适度加工技术推广应用，大力推进油脂加工业的转型升级

精准深度加工是我国油脂加工业转型升级的必由之路。要针对植物油产业存在的过度加工现象，凝练重大科学问题和工程技术问题，全面开展基于油脂产品安全、营养、健康为目标的油脂适度加工工艺和关键设备的研究开发，实现理论创新和关键技术突破。要以食用油的安全和营养为基础，以安全、高效、绿色加工与资源高效利用为目标，采用高新技术特别是现代信息技术、生物技术、精细化工技术改造传统产业，构建并完善符合各种油料特性的食用油精准适度加工新技术产业化体系，加大其推广应用，增加优质食用油供给，服务于供给侧改革重大需求，实现由"放心粮油"向"优质粮油"的转变。

重点研究甘油三酯、油脂伴随物的结构与功能以及营养价值，为开发健康油品提供科学依据，坚持质量安全第一，把"优质、营养、健康"作为今后的发展方向，以精准适度加工为导向，积极开发与推广提高油脂安全和营养的工艺与技术，最大限度地保存油料中的固有营养成分，纠正过度加工现象[5]。

要大力加强各类食用油脂安全性的研究，将油品的生产过程置于严格的全程质量控制管理之下，将油品的加工精度界定在合理的范围内，将油品标准的制订和修改建立在全面翔实的实验数据和充分严谨的科学论证基础之上，为"放心粮油"工程、"中国好粮油"计划在全国的成功实施奠定基础。

要加快发展小包装食用油，加快步伐替代市场上的散装食用油，保证食用油安全性。

3. 加大开发节能减排技术，提高清洁生产水平

油脂加工业机械装置大、能耗高、污染较大，目前主流的技术仍是传统的正己烷浸出和化学精炼法，大量热能消耗在业界长期存在，是当前建立节约型社会必须重视解决的问题；同时，加工过程中存在多种废弃物的排放问题，虽有多项技术革新，但目前总的循环

利用率仍不足 90%，距离实现食品产业"零污染"的目标尚有相当大的差距。从可持续发展和环境保护方面着眼，应采用高新技术特别是现代信息技术、生物技术、精细化工技术改造传统产业，改变不利于人类健康的加工工艺，特别是简化工序，避免过度加工，减少废弃物并对其进行无害化、资源化处理，使油脂加工技术水平上一个新台阶。

根据国家节能减排的总要求，油脂工业要把节能减排的重点放在节电、节煤、节汽、节水等降耗上，放在减少废水、废气、废渣、废物等产生和排放上，并按照循环经济的理念，千方百计采取措施加以利用和处置，变废为宝，实现污染物的零排放，为节能减排创造条件。为防止油脂产品在加工过程中的再度污染，要推行清洁生产，通过对工艺、设备、过程控制、原辅材料等革新，确保油品在加工过程中不受二次污染。要积极探索缩短工艺、减少设备，下大力开发高效节能技术与装备，特别是预处理车间的节电工艺和设备，如低电耗的破碎机、调质器、油料输送设备等。

针对大豆、油菜籽等油料，进一步筛选安全、高效的新型浸出溶剂，重点开展新型溶剂连续浸出工艺技术和设备研究；围绕油菜籽、花生等高含油油料，研究开发高效、安全的非溶剂制油新工艺和新装备；进一步革新和完善油脂精炼技术，强化有效精炼过程，尽量减少皂脚、废白土、脱臭馏出物等副产物；要研究和开发废弃物对策与环境管理；推广无机膜分离技术在废水处理中的应用，回收油脂和提高废水处理的水平。

4. 进一步重视资源的综合利用

大力开发既能从油料中制取优质油脂，又能充分利用其中营养成分的工艺路线，达到充分合理利用油料资源，多出油、出好油，与油料增产具有相当大的意义。充分利用米糠、胚芽、饼粕、皮壳、油脚、脱臭馏出物等副产物，变废为宝。当前，对这些资源利用的重点应继续放在大力推广米糠和玉米胚的集中制油和饼粕的有效利用上，近期目标是使米糠等副产物的综合利用率由目前的不到 30% 提高到 50%。米糠浑身是宝，富含多种具有保健功能的天然营养因子，推进米糠深度开发利用，足以催生一个庞大的产业群，它将成为我国油脂加工领域的一个新的增长点[8]。

进一步加强对油茶籽、核桃、红花籽、亚麻籽、沙棘、葡萄籽和杏仁等特种油料的开发利用；要利用生物技术制备特殊功能的微生物油脂；加大高油酸植物油加工技术投入和应用基础研究。

5. 进一步提高我国油脂机械的研发和制造水平

要重视关键技术装备的基础研究和自主创新。把油脂装备制造业自主创新的发展重点放在大型化、自动化、智能化和专用化上；要进一步提高机械产品的质量，既要重视外观质量，更要注重内在质量；要重视开发节能降耗的设备，研究开发出符合清洁生产和适度加工需要的装备，加快研究开发出适合木本油料加工的装备。

6. 加快油脂工业向食品制造业和功能食品业延伸，助推"健康中国"建设

基础科学和医学研究的不断进展为油脂产品开发指明方向，随着人民物质生活水平的

提高和健康意识的增强，要积极鼓励推动油脂工业由农副食品加工业转向食品制造业和功能食品生产。增加优质食用油和安全、营养、健康油脂产品的供给，倡导按照更高标准生产食用植物油产品，为市场和不同消费者提供优质化、多样化、个性化、定制化的食用油脂产品。

积极调整产品结构，加快优质油脂产品的开发，提高名、优、特、新产品的比重，积极发展煎炸、起酥、凉拌、调味等各类家庭专用油脂和食品工业专用油脂。

推进油脂加工向定制化、精准化、个性化方向发展，大力开发适合不同消费群体的功能性油脂，如降血脂、减肥的营养健康油品和婴幼儿、老年、运动员食品专用的油脂产品，重点是向生命周期的两头延伸，助推"健康中国"建设。

7. 大力采用数字化技术，推动油脂工业转型升级

油脂工业要积极融入已开始萌芽的食品工业深刻变革，通过共享经济、互联网、大数据、人工智能等新技术、新模式，积极推动供给侧结构性改革，使之成为油脂工业创新增长点。着力打通油脂行业消费互联网与工业生产互联网的信息传递，诸如，大力发展食用油产品的在线交易；设计智能生产物流系统，提高生产效率，实现生产过程自动化、智能化和信息化；发力工业互联网，开始探索 MES 系统、追溯系统、机器人的广泛应用，引领油脂工业装备向着模块化、智能化、信息化的方向发展。

（三）发展趋势[5]

1. 食用油的市场需求仍将保持一定的增长速度

随着我国人民生活水平的进一步提高以及城镇化进程的加快和人口的增长，我国对食用油的需求将继续保持增长态势，但鉴于我国食用油的年人均消费量达 27.3kg，已经超过世界人均食用油的消费水平，所以其增长速度将放缓。

2. 利用好两个市场，满足中国食用油市场需求的方针不会改变

近些年来，国家及相关部门发布了一系列振兴中国油料生产的规划和措施，推动了我国油脂油料生产的发展，促使我国油菜籽、大豆、花生、棉籽、葵花籽、亚麻籽和油茶籽等 7 种油料的总产量超过 6000 万 t，但其增长速度远跟不上消费增长的需要。为此，必须更好地利用国内、国外两个市场，才能满足食用油市场的需求，这一趋向在相当长的时间内是不会改变的。

3. 确保产品质量，倡导安全、营养、健康消费和适度加工等理念

中国政府对食品安全高度重视，食用植物油与人民生活健康息息相关。为此，必须始终把安全与质量放在第一位，食用植物油加工企业都必须严格按照国家食品安全标准组织生产。严格把好从原料到生产加工、储存、产品销售等全过程的质量关，以确保食用植物油产品的绝对安全。在此基础上，把优质、营养、健康、方便作为发展方向，大力倡导适度加工，提高纯度，严格控制精度，提高出品率。要科学制（修）订油料油脂的质量标准，

引领油脂行业健康发展。要广泛进行科普宣传，引领科学消费、合理消费、健康消费。

4. 深入推进油脂行业供给侧结构性改革，增加优质功能性油品的供给

根据《粮油加工业"十三五"发展规划》，食用植物油加工企业要满足不同人群日益增长和不断升级的安全优质营养健康粮油产品的消费需要，要增加满足不同人群需要的优质化、多样化、个性化、定制化粮油产品的供给，增加起酥油、煎炸油等专用油脂和营养功能性新产品的供给；提高名特优新产品的供给比例；增加绿色有机优质营养等中高端产品的供给。

5. 坚持多油并举

要增加和改善我国国产菜籽油、花生油、大豆油、棉籽油、葵花籽油、芝麻油等食用油的供应；大力发展油茶籽油、核桃油、橄榄油、牡丹籽油、文冠果等新型健康木本食用油脂；增加亚麻籽油、红花籽油、紫苏籽油等特色小品种油脂供应；积极开发米糠油、玉米油等，尤其是要搞好米糠的利用，为国家增产油脂。

6. 进一步优化调整产业结构，根据优胜劣汰的原则，继续培育壮大龙头企业

培育和发展大型骨干企业，支持其做强做大、做优做精，引导和推动企业强强联合，跨地区、跨行业、跨所有制兼并重组；积极采用先进技术与装备，鼓励有地方特色资源优势的中小企业积极提升技术装备水平和创新经营方式，主动扩展发展空间，形成大中小型企业合理分工协调发展的格局；对工艺落后、设备陈旧、质量安全和环保不达标、能耗物耗高的落后产能，要依法依规加快淘汰；支持粮油加工产业园区或集群建设，促进优势互补。

7. 重视安全文明清洁环保和节能减排

油脂加工企业将继续强调：必须加强安全生产、清洁生产和文明生产，做到绿色生产，节能减排保护环境，要把安全文明生产、绿色生产、保护环境和节能减排等作为油脂加工业发展的永恒主题。到2020年，确保完成单位工业增加值 CO_2 排放比2015年下降18%，能耗下降15%，主要污染物排放总量减少10%以上等目标。

8. 重视关键技术装备的创新研发

要以专业化、大型化、成套化、智能化、绿色环保、安全卫生、节能减排为导向，发展高效节能降耗的食用植物油加工装备；积极研发适用于不同木本油料加工的成套设备，提高关键设备的可靠性使用寿命和智能化水平；要逐步实施定制机器人应用、智能化工厂，将制油装备提高到更高水平。

9. 数字化技术推动油脂工业转型升级

在数字化经济时代下，油脂工业整个产业链的技术发展模式正在发生深刻变革。当前，油脂加工从工厂到消费终端这个过程中，生产、包装、物流、仓储、渠道、营销、市场、产品生命周期管理（Product Lifecycle Management，简称PLM）等所有环节，都已经开始呈互联网化。MES、工业机器人、智能装备、人工智能应用、大数据分析与营销、智

能供应链等也将日益成为行业的发展热点，从而有力地支撑了新商业模式的创新发展。油脂工业必将深度融合这些新技术、新模式，取得供给侧结构性改革的重大突破。

10. 实施走出去战略

支持有条件的企业加强与"一带一路"沿线国家在农业、投资、贸易、科技、装备等领域的合作，通过走出去，造福当地百姓，提高国际竞争能力。

（四）发展策略

1. 加强组织领导和行业集成

油脂加工业关系国计民生，涉及部门多、学科广，需要形成可靠的领导组织，组织跨学科、跨部门的联合攻关，集聚油脂加工所需的政策、技术、资金、人才，协调和推进全国油脂行业的健康发展。

2. 加大科研开发投入，促进高新技术的应用

建立以政府投入为引导、企业投入为主体、银行贷款为支撑、社会资金为补充的油脂产业化资金投入体系，加快高新技术在油脂加工中的应用研究和转化。

3. 强化创新基地、平台等行业基础建设

有计划地重点建设和配套完善多功能的研发中心，使之真正起到孵化器和辐射源的作用。进一步健全以企业为主体的技术创新体系，对重点研究机构给予政策和资金支持，鼓励有条件的加工企业建立技术研发中心，加大科技投入，提高企业自主研发能力和持续创新能力；鼓励和支持企业与科研单位、大专院校合作，加强资源共享，使科研工作更贴近市场。

4. 加强人才队伍建设

加强专业人才培养和创新团队建设。营造一个尊重知识、尊重人才的良好环境，利用行业学会科研队伍水平较高的优势，培养一批高水平的油脂加工学科带头人和学术骨干，尤其要重视高素质、高层次青年人才的培养，为我国油脂工业和油脂科技的不断发展提供充足的后备军。

5. 发挥标准、品牌引领作用

及时制（修）订油脂相关标准，建立健全检测方法，加大国家标准、行业标准、团体标准、地方标准研制力度，建立完善油脂及其制品的分类标准[9]。鼓励企业发展个性定制标准，引导建立标准自我声明制度，试点建立优质粮油产品标准领跑者制度，提高仲裁和认证能力与业务水平。

要进一步加强油脂品牌建设的顶层设计，通过质量提升、自主创新、品牌创建、特色产品认定等，培育出一批具有自主知识产权的、家喻户晓的、有较强市场竞争力的全国性名牌产品。

参考文献

［1］ 王瑞元. 对新时代我国粮油加工产业新发展的思考［J］. 粮食与食品工业，2018（6）：1-3.

［2］ 王瑞元. 中国食用植物油消费现状［J］. 黑龙江粮食，2017（5）：11-13.

［3］ 刘玉兰，刘春梅，温运启，等. 食用植物油料中多环芳烃含量及安全风险研究［J］. 河南工业大学学报：自然科学版，2018（5）：18-26.

［4］ 刘海兰，刘玉兰，陈刚，等. 油脂煎炸过程质量安全风险研究进展［J］. 中国油脂：自然科学版，2017（11）：103-107.

［5］ 王兴国，金青哲. 食用油精准适度加工理论与实践［M］. 北京：中国轻工业出版社，2016.

［6］ 王瑞元. 中国食用植物油加工业的现状与发展趋势［J］. 粮油食品科技，2017（3）：4-9.

［7］ 金俊，郑立友，谢丹，等. 5种亟待开发的类可可脂木本油料脂肪［J］. 中国油脂，2017（4）：1-7.

［8］ 王瑞元. "十三五"期间我国粮油加工业发展的主要任务——对全国《粮油加工业"十三五"发展规划》的学习体会［J］. 粮食加工，2017（4）：1-4.

［9］ 金青哲，王丽蓉，金俊，等. 食用油脂及制品的分类研究［J］. 粮油加工（电子版），2015（10）：19-24.

［10］ Qiang Wang. Peanut Processing Characteristics and Quality Evaluation［M］. Berlin: Springer Publisher，2017.

［11］ 王强. 花生加工品质学［M］. 北京：中国农业出版社，2013.

［12］ Qiang Wang. Peanuts：processing technology and product development［M］. Amsterdam: Elsevier Publisher，2016.

［13］ 王强. 粮油加工适宜性评价与风险监控［M］. 北京：科学出版社，2018.

撰稿人：何东平　王瑞元　王兴国　金青哲　周丽凤　谷克仁

刘玉兰　刘国琴　张四红　汪　勇　王　强

粮油质量安全学科发展研究

一、引言

粮油质量安全学科是粮油科学技术中重要的综合性学科，涉及粮油检验学、粮油品质和营养学以及食品安全学等多个学科，主要研究收购、储存、运输、加工及销售等环节的粮油质量安全评价与控制技术，即运用物理、化学、生物、卫生学等学科相关理论与技术，对粮油及其产品质量安全和粮油收购质价政策进行科学分析评价，为保护种粮农民利益、调动农民种粮积极性、维护粮食经营者和消费者的合法权益、引导粮油生产、保障粮食储备安全、推动粮油资源合理利用、促进产业高质量发展、保障国家粮油质量安全等提供科学依据。

近年来，粮油质量安全越来越受到全社会的广泛关注和重视。在国家重点研发计划项目、自然基金项目、粮食行业公益性科研专项等的支撑下，围绕粮油收购、储藏、运输、加工及销售等环节的粮食质量安全检验检测、监测防控等，开展了粮油质量安全检测监测技术、检测仪器研发、标准制订等关键技术的研究工作。研究建立了粮油收购、储存质量关键检测技术、粮油质量安全关键检测技术等一批新的检测技术，研发了大米食味计、直链淀粉含量测定仪、真菌毒素和重金属胶体金快速检测仪等一批仪器；针对粮油产品过度加工现状，从营养健康角度出发，制（修）订了大米、食用植物油等一批国家标准，以引导粮油适度加工、资源合理利用、节能减损，促进粮油加工业健康发展；服务于国家优质粮食工程项目，制订了一批"中国好粮油"标准，引领粮油加工业产业升级；还重点研究了粮食油料品质资源及加工、质量安全基础数据库，对保证粮食流通的质量安全起到支撑作用；开展了粮食质量安全溯源监测系统研制，积极探索信息化、大数据与粮食质检体系数据的融合。

二、近五年研究进展

（一）粮油质量安全标准化体系与建设的研究进展

1. 粮食行业标准体系不断完善

国家粮食和物资储备局高度重视粮食标准化工作，始终以保护农民利益、引导种植结构、促进粮食生产、维护消费者健康、提高粮油产品质量、规范粮食流通秩序、增强粮油市场宏观调控能力为目标，大力推进粮油标准化事业，建立了覆盖粮食收购、储存、运输、加工、销售和进出口等环节的标准体系。截至 2019 年 6 月，全国粮油标准化技术委员会归口管理的粮食标准共有 660 项（国家标准 359 项，行业标准 301 项），其中：产品标准 180 项、方法标准 198 项、机械标准 133 项、基础管理标准 50 项、粮油信息化标准 40 项、储藏标准 40 项、标准物质（样品）19 项。另外，2015 年国家开始推行粮油团体标准试点工作，鼓励中国粮油学会和有能力的产业技术联盟在现有粮油标准体系基础上，有计划、分步骤、适时组织开展粮油团体标准制定试点工作，发挥市场作用，增加粮油标准的有效供给，于 2019 年 1 月发布首项粮油团体标准。

2. 粮油标准化工作体制机制进一步健全

在国家标准委的大力支持下，2016 年正式批复成立了原粮与制品、油料与油脂、仓储与流通、机械与设备 4 个粮标委分技术委员会，专业领域分工更加合理，聚集了一批各领域专家和单位，加强了标准化队伍和力量。随着标准审定、审查等管理工作的下沉，进一步理顺了管理体系和工作机制，加强标准制（修）订过程管理，提高标准制（修）订效率。同时，团体标准作为标准体系的一个组成部分，得到了行业的高度重视。以中国粮油学会为主导发布的有关产品团体标准，更加贴近市场需求，活跃了产业，充分激发了创新发展内生动力，加速了科技成果的产业化，促进了产品和服务质量提升。

3. 进一步强化标准的引领作用

受老百姓过于追求口感和色泽等消费观念的影响，我国主粮产品加工趋向大米过度抛光、小麦粉过度增白；食用油脂加工也存在过度精炼现象。近些年粮食行业按照营养高、品质好、粮耗低的目标，以标准为引导，逐步完善粮油产品标准体系构成，提倡适度加工，科学合理地修订稻谷、小麦、玉米等大宗粮油产品的定等分级、加工精度等技术标准；改进和制定大米、小麦粉、食用油脂等大宗粮油产品的加工机械标准、加工技术操作规范、设计规范，目前已经修订发布《GB/T 1354—2018 大米》《GB 1353—2018 玉米》《GB/T 1535—2017 大豆油》《GB/T 1534—2017 花生油》《GB/T 10464—2017 葵花籽油》《GB/T 8233—2018 芝麻油》《GB/T 19111—2017 玉米油》《GB/T 11765—2018 油茶籽油》《GB/T 8235—2019 亚麻籽油》等粮油产品国家标准，简化了分级定等指标，强化了纯度指标，弱化了加工精度指标，助力推进粮食行业产业升级，大幅度减少粮食损失浪费，达

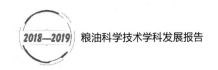

到"节能减损"的最终目的。

4. 配合行业重点工作研究制定了系列行业标准

近年来，国家大力实施"乡村振兴""质量强国"和"大数据"战略，粮食行业也在加快推进"优质粮食工程""中国好粮油"行动计划、现代物流体系建设、行业信息化建设、国家粮食电子交易平台建设、小品种木本油料行动计划等行业重点工作。这些工作的开展都需要粮油标准的支持，需要进行大量标准制（修）订和持续完善标准体系。为配合这些行业重点工作的开展，陆续发布30项粮油信息化系列标准，12项"中国好粮油"系列，22项小品种木本油料、油脂及其制品的系列标准，25项实物标准样品系列标准以及大米粒型分类判定等一系列重要标准，支撑了行业重点工作的推进，填补了标准体系的空白和不足。

5. 国际标准化工作进展显著

国家粮食和物资储备局标准质量中心承担国际标准化组织（ISO）谷物与豆类分技术委员会（ISO/TC34/SC4）秘书处工作，管理着74项国际标准。自2015年至今，由中国主导制定并发布国际标准2项，主导修订发布的国际标准1项，参与制（修）订国际标准10项。同时，为配合中国粮油标准"走出去"，在北京举办了"APEC粮食标准互联互通研讨会"，出席了秘鲁"APEC第四届粮食安全部长级会议"。组织专家对小麦、稻谷、玉米、大豆等大宗粮食标准比对分析，撰写编制APEC 10个经济体粮食质量标准对比研究报告，获得APEC基金支持和APEC第四届粮食安全部长会议的肯定，研究成果写入《亚太经合组织粮食安全皮乌拉宣言》。配合国家标准委开展与英国、法国的标准互认工作。通过以上工作，全面掌握了我国粮食标准与其他国家标准的差异，增强了我国粮油标准的国际影响力。

（二）粮油质量安全评价技术研究进展

1. 粮油物理特性评价技术研究进展

粮油物理特性主要依靠粮油及其加工产品的外观特性、质地、气味、加工精度等分析检验判断粮油质量。在粮油收购、储藏、加工、运输、贸易等各个流通环节，粮油物理特性评价方法是一种简便快捷评价粮油质量品质的技术，发挥着独到的作用，是现今粮油质量评价体系的重要组成部分。

目前，粮油物理特性评价主要采用的依然是感官检验方法，小麦、稻谷、玉米、植物油料感官鉴定辅助图谱系列标准的研发为日常粮食感官判定提供了直观形象的参考依据。研究开发并逐步实现标准化的整精米率测定仪、米粒外观检测仪、稻米新鲜度检测仪，在稻米质量评级当中已经得到推广应用。一方面，基于机器视觉技术的粮食不完善粒、杂质快速测定仪器也在逐步实现标准化[1]。另一方面，为了满足现场操作需求、提高评价效率，新型小麦硬度指数测定仪简化操作流程完全可以达到缩短检验时间、减少电能消耗、提高工作效率的目的。开发和使用新型的水分测定仪，如卤素水分测定仪、微波水分测定仪、省时、准确率高，可实现在线测量和快速检测[2,3]。基于嵌入式的油脂品质监测系统，一方面利用温度传感器实时检测食用油存储温度的变化，另一方面通过光环境传感器对食用油色泽进行监测，能够快速、实时获得油脂的物理特性[4]。基于 TRIZ 理论的吸式粮食扦样器提高了系统的自动化水平，进一步简化操作步骤，降低劳动强度，缩短了扦样操作时间，提高了扦样效率[5]。

2. 粮油化学组成检测研究进展

粮食中的化学成分为人类和动物提供了重要的营养基础，测定粮油中各化学成分组成是评价粮油品质的基础性工作。目前粮食的主要成分检测方法依然是以经典方法为主，但随着现代科学技术的不断发展，检测技术已经逐步从烦琐、耗时扩展到快速、实时、在线和高灵敏度、高效率的新型分析和无损检测，从单一性的指标发展到多元化、综合性的指标检测技术。

近年来，近红外光谱在粮油成分快速检测方面得到广泛应用，已建立了一系列适合我国国情的近红外检测模型[6]。同时，应用红外光谱在进行粮食品种鉴别和油脂真实性检测方面已经取得了一定进展，结合红外光谱技术对油脂分类、油脂品质分析、不同食用油分类检测、含油率检测以及粮油类的总酸、淀粉、氨基酸、酯类含量的技术逐步形成了标准，为企业原料选择、质量控制以及行政监管提供了有效的技术手段。

高光谱成像检测技术、拉曼光谱技术、太赫兹光谱探测与成像技术等新的无损检测技术也是目前的应用研究热点[7,8]。如对油脂掺杂的鉴别，准确系数高达 0.997；依据太赫兹光谱对水分的敏感性吸收作用建立了小麦粉粒中含水量的预测模型；同时还能对小麦样品的储藏年份、芽变初期状况、发芽阶段、麦芽糖含量进行检测；对样品中的谷氨酸、谷氨酰胺和酪氨酸进行了定量分析；利用太赫兹光谱对储粮当中的真菌毒素污染情况判别分析等[9]。

近年来，离子迁移谱技术在粮油真实性判断、油脂挥发性成分分析等方面受到越来越多的关注。其与液相色谱质谱联用（LC-IMS-MS）、气相色谱质谱联用（GC-IMS-MS）、质谱联用（IMS-MS）等仪器可以更好地发挥其优点。如有研究提出了利用离子迁移谱技术对油脂化学组成的鉴别和特异性判别，通过二维差谱方法筛选出有效特征峰，构建的二维指纹图谱可对不同等级的葵花籽油进行正确区分[10]；通过集束毛细管柱 - 离子迁移谱（MCC-IMS）和毛细管柱 - 离子迁移谱（CC-IMS）对橄榄油样品进行测试，最终检测出了橄榄油中 26 种挥发性成分并建立数据库，为橄榄油的快速分类建立基础；采用顶空气相色谱串联离子迁移谱法对包括芝麻油、山茶油和菜籽油等 56 种食用植物油进行检测，识别正确率高达 94.44%。

粮油作物中含有丰富的功能性活性成分，如生物活性肽、酚酸类物质、γ - 谷维素、大豆异黄酮、大豆皂苷、大豆低聚糖、膳食纤维、活性多糖等。常用的分析方法包括分光光度法、高效液相色谱法或者色谱质谱联用法，应用高效液相色谱－质谱联用进行分析是目前的研究热点，如利用超高液相色谱串联质谱（UPLC–MS/MS）同时检测食品中 6 种大豆异黄酮的含量；同时，发展了固相萃取－高效液相色谱分析植物油中 9 种微量酚酸类化合物[11]。

3. 粮油食用品质评价技术研究进展

粮油食用品质评价是粮油收购、销售、调运、储藏、加工等环节实现"优粮优产""优粮优购""优粮优储""优粮优加""优粮优销""合理利用粮食资源"的重要技术支撑。我国粮油食用品质评价与检验技术正由传统的感官分析向仪器检测发展，在借鉴西方小麦品质评价体系的基础上，逐步发展符合我国国情的传统食品评价体系。

在日常的感官评定当中，对大米的食用品质依然是主要借助品尝实验，判断大米品质的优劣[12]。但由于地域习俗的差异性，对同一种大米品评可能会出现较大的差异。近年来，利用基于快速黏度测定仪（RVA）、质构仪及混合试验仪等物性仪器对直链淀粉、峰值黏度、最终黏度、起始糊化温度、米饭的硬度、凝聚性、胶黏性、回弹性与咀嚼性等食用品质众多参数的相关性检测结果综合评价大米食用品质取得了较好的进展[13~17]。如基于 RVA 谱特征值在稻米蒸煮食用品质评价上的研究表明，优质籼稻的 RVA 谱具有高崩解值、低消减值的特点，RVA 谱特征值与米饭品质具有很好的相关性[18]。RVA 也被应用于储藏时间对大米食用品质的影响研究[19, 20]。基于电子鼻、电子舌技术的粮油产品风味品质研究得到了广泛关注。研究开发的大米食味计，确定了适合我国国情的粳米、籼米定量线，为客观、快速检测大米食味品质提供了技术手段[21]。

然而，要完全替代感官品尝仍然需要结合新的探测感应技术，以达到对稻米的蒸煮食味进行更全面客观的评价。

在小麦食用品质方面，近年来的研究表明，小麦支链淀粉含量与鲜湿面软硬度、表面状态、色泽以及口感呈极显著正相关，而直链淀粉含量则与上述鲜湿面品质呈极显著负相关；湿面筋含量还与鲜湿面烹煮损失呈显著负相关；面团中麦醇溶蛋白和麦谷蛋白的比例、含量、结构对面团的性质和最终产品的质量有非常大的影响[22]。小麦中的麦谷蛋白、高分子量麦谷蛋白亚基和麦谷蛋白大聚体的含量可以更好地预测全麦面包的体积[23]。蛋白质的组成和含量与面条的品质具有显著的相关性[24]；面条的硬度、弹性、内聚性和咀嚼性等质构特性指标与麦谷蛋白的含量呈正相关，与麦醇溶蛋白的含量呈负相关[25]；用高蛋白含量和干面筋含量的小麦粉制备的面条具有更好的食用品质[26]。

目前许多粮油品质检测仪在国产化的基础上，通过吸收引进消化再创新，开发了粮食品质快速检测试剂盒、质构仪、粉质仪及基于光谱技术和大数据模型的粮油品质检测仪等较多仪器，为粮油现场收购、品质快速判断客观评价提供了有效的技术手段。

4. 粮油储存品质评价技术研究进展

《GB/T 20571—2006 小麦储存品质判定规则》《GB/T 20569—2006 稻谷储存品质判定

规则》和《GB/T 20570—2015 玉米储存品质判定规则》3 项标准对指导我国粮油的合理储存和适时轮换起到重要作用。近年来，在科研工作的推动下，新发布了《GB/T 20570—2015 玉米储存品质判定规则》国家标准，根据玉米质量的实际情况，调整了宜存指标中的脂肪酸值（KOH/ 干基）指标，由 GB/T 20570—2006 中"≤ 50mg/100g"，调整为"≤ 65mg/100g"；鉴于人工滴定法差异较大，在新技术的支撑下，增加了电位滴定仪法和自动滴定仪法。新发布的《GB/T 31785—2015 大豆储存品质判定规则》国家标准经长达 8 年的调查研究，确定了大豆储存品质表征指标主要为色泽气味、粗脂肪酸值和蛋白质溶解比率；根据用途不同，分别制定了高油大豆和一般大豆的储存品质指标；确定了粗脂肪酸值和蛋白质溶解比率的限量值，对于宜存大豆，蛋白质溶解比率为≥ 75%。

鉴于粮食储备轮换工作的需要，粮食新鲜度快速鉴别技术取得了突破性进展。基于粮食保鲜储存品质评价的需要，开发了稻谷新鲜度测定技术和方法，并发布行业标准《LS/T 6118—2017 粮油检验稻谷新鲜度测定与判别》，该技术借鉴了国外多年大米测鲜仪的研究经验，建立了适用于我国的稻谷新鲜度测定模型，可以快速简便地检测稻谷的新鲜程度[27]。该标准在国内首次提出新鲜度的指标，反映稻谷的新鲜程度，规定了稻谷新鲜度的标准测定方法和判别标准，为稻谷收储、加工过程中稻谷品质的快速检测提供了方法，为稻谷新陈快速筛分提供参考依据。对稻谷的新鲜度与脂肪酸值相关性的研究表明：新鲜度值越高，脂肪酸值越低；新鲜度在 60 分以上，可以初步判定稻谷宜于储存，小于 50 分，初步判定不宜储存，给稻谷储存品质判定提供了一个快速筛查的方式[28]。

国内多个研究团队都尝试从粮食在储存过程的气味变化入手研究储存品质变化规律。鞠兴荣等[29]利用电子鼻和顶空固相微萃取结合气质联用法（HS-SPME-GC-MS）对储藏 180 天后的籼稻谷样品进行检测发现，可以对不同储藏时间的样品起到很好的区分作用，储存过程风味贡献最大的是醇、醛、酮 3 类物质。籼稻谷品质劣变的特征性挥发物为 2-己基 -1- 癸醇、苯甲醇、己醛、癸醛、顺 -2- 癸烯醛、2- 十二烯醛、2- 十一酮、5- 十三酮，当检测出上述物质时，籼稻谷的品质可能已经发生劣变，电子鼻与 GC-MS 结合能较好地检测分析籼稻谷挥发性物质。张蓝月[30]基于电子鼻和 GC-MS 联用技术对小麦储存过程中的挥发性成分以及谷蠹侵蚀后的挥发性成分变化进行研究，发现随着小麦储存时间的延长，烃类、酯类相对含量先增加后减少，醇类、醛类、酮类和酸类逐渐增加，受谷蠹侵蚀的小麦特征性挥发成分为 2- 戊醇、2- 甲基 -1- 丙醇、2- 戊酮，可据此监测储存小麦虫害情况。胡敏[31]对青稞这样高营养价值的粗粮从理化、生化、风味等多方面详尽地分析了在储藏过程中的品质变化，并首次利用相对和绝对定量同位素标记（Isobaric Tags for Relative and Absolute Quantitation，iTRAQ）结合液相色谱 – 串联质谱联用技术对青稞在储藏过程中的蛋白质组学进行分析，探究青稞在保鲜过程中的分子机制，以及蛋白质对陈化的作用和蛋白质与其他营养物质之间的关系，为蛋白质组学在粮食储藏方面的研究奠定了很好的基础。

5. 粮油质量安全评价技术研究进展

多组分、高通量检测技术取得一定进展。采用稳定同位素内标法定量，液相色谱－串联质谱法同时检测粮食中16种真菌毒素，实现了我国主要谷物中隐蔽型真菌毒素如3-乙酰基脱氧雪腐镰刀菌烯醇（3-AcDON）、15-乙酰基脱氧雪腐镰刀菌烯醇（15-AcDON）、脱氧雪腐镰刀菌烯醇-3-葡萄糖苷（DON-3G）与其他真菌毒素同时检测。目前该技术已经转化为行业标准《LS/T 6133—2018 粮油检验 主要谷物中16种真菌毒素的测定 液相色谱－串联质谱法》，并发布实施[32]。采用直接提取稀释快速前处理技术，利用超高效液相色谱－四级杆/静电场轨道阱高分辨质谱，进一步建立了我国玉米中常见的16种真菌毒素和11种农药残留的同时分析方法，16种真菌毒素和11种农药残留都具有良好的线性关系[33]。

粮油样品前处理技术不断更新改进。由于现代仪器分析法灵敏度高，痕量干扰物质会严重影响分析结果，而粮食基质样品由于富含淀粉、蛋白质、脂肪、色素等物质，通常会对大型仪器造成损害，从而对真菌毒素、农药残留等目标物的测定造成干扰，所以样品前处理一般要经过复杂的提取净化措施，以保证测定结果有效。因此粮食样品前处理技术成为近些年的研究热点。

固相萃取技术是食品安全检测中最常用的样品前处理技术，因需要萃取柱、有机试剂使用量较多、易发生萃取柱堵塞等问题，一些新型的固相萃取技术发展起来了，如固相微萃取技术、基质固相分散萃取技术、分子印迹固相萃取技术、免疫亲和固相萃取技术、磁性固相萃取技术等。其中磁性固相萃取技术是一种新型样品前处理技术，该技术以其快速、简单、高效、绿色等优点在食品安全检测方面得到广泛应用[34]。朱建国等采用溶剂热法一步合成制备出具有大比表面积和丰富官能团的石墨烯基铁氧化物磁性材料（G-Fe$_3$O$_4$），并结合气相色谱－串联质谱建立了花生中百菌清等9种农药残留的检测方法，该方法可满足花生等高油脂复杂基质中多种农药残留同步检测的需求[35]。邵燕等建立了分子印迹磁性固相萃取/GC-MS法检测大米中三环唑的新方法，加标回收率在86.3%~97.7%，RSD小于5%[36]。

QuEChERS技术是在基质固相分散萃取技术的基础上，整合了提取、固相萃取等步骤，建立的集快速（Quick）、简单（Easy）、经济（Cheap）、有效（Effective）、可靠（Rugged）、安全（Safe）为一体的样品提取净化技术，分为提取、盐析和净化3个步骤，操作过程简单，处理时间短，溶剂使用量少，可控性强，因此近些年在真菌毒素和农药残留检测领域得到快速发展[37]。陈慧菲等建立了谷物中8种真菌毒素（AFB$_1$、AFB$_2$、AFG$_1$、AFG$_2$、ZEN、DON、3-AcDON和15-AcDON）的测定方法，样品采用改良的QuEChERS前处理技术，UPLC-MS/MS进行测定，8种毒素检出限为0.3~1.0 μg/kg，加标回收率为76.5%~113.4%[38]。吕爱娟等采用优化QuEChERS前处理技术，气相色谱法测定谷物中16种有机氯和多氯联苯，定量限在0.3~4.2 μg/kg，加标回收率87.5%~106.2%，相对标准偏差 1.63%~4.82%[39]。

重金属检测的样品前处理技术目前仍然以消解法为主。粮食行业多个研究团队采用稀酸提取，用石墨炉原子吸收分光光度计测定粮食中的铅和镉，该方法大大减少了强酸用量，降低对检测人员和环境的影响。目前已形成两个行业标准并发布实施。

粮油风险监测预警技术研究取得一定进展。为满足我国粮食质量的可追溯制度需求，为行业质量溯源提供手段，杨军等[40]积极引入信息化技术，根据不同环节监测对象特点，创新监测溯源新机制；在采样源头与监测对象建立"一一对应"的可溯源关系，为监测对象提供了"身份标识"，在国内率先创建了一套适合于粮食行业的粮油质量安全溯源监测系统，实现了监测"对象可溯、过程可控、结果可视"。为构建标准化的粮油质量安全监测标准数据库夯实了基础，为行业源头可视化管理、风险预警、应急监测及质量安全追溯提供技术支撑，较好保障了监测数据客观、公正、准确、可靠。

6. 粮油快速检测技术研究进展

粮油质量安全快速检测技术取得了突破性进展，极大解决了粮食源头控制困难的问题，为粮食质量安全把关关口前移提供了技术支撑，为食品安全做出了贡献。自2015年以来，已发布实施了6项真菌毒素和重金属快速定量检测方法行业标准，为基层粮食收购环节质量安全把关提供了检测依据。其中X射线荧光光谱技术首次解决了快速无损定量测定稻谷中镉含量，该技术国际领先，获得2016年中国粮油学会科学技术奖一等奖；研究开发了真菌毒素、重金属等一系列重要危害因子单克隆抗体，提出基于等离子手性信号的高灵敏检测新技术，不仅将检测灵敏度提高到单分子水平，还明显降低成本并简化操作，获2017年国家科技进步奖二等奖。

研究开发的胶体金层析法快速定量测定粮食中铅和镉、X射线荧光光谱法快速定量测定小麦及小麦粉中镉含量、时间分辨荧光免疫层析法快速定量测定粮食中黄曲霉毒素 B_1 和脱氧雪腐镰刀菌烯醇、酶抑制法快速定性测定粮食中有机磷类和氨基甲酸酯类农药残留、胶体金层析法快速定性测定粮食及其制品中抗虫和抗除草剂转基因蛋白等一批快速检测技术已经成熟，涵盖了粮食中重金属、真菌毒素、农药残留、转基因等主要安全风险因素，并于2018年度通过标准立项，这批标准的制定将极大充实和完善基层粮食质量安全把关的手段，为我国粮食质量安全提供技术基础。

粮食行业快速定量检测仪器和方法的评价技术填补了国内空白。对于快检仪器和方法的评价，国际上已经形成了比较完善的体系，并且很好地应用于相关快检仪器和方法的认证中。我国食品安全领域对快检仪器和方法有着大量的需求，但是相关的评价标准还非常匮乏，使快检仪器和方法的检测可靠性无法得到保障，不利于用户选择使用。2017年，原国家食品药品监督管理总局发布了国内首个食品快速定性检测方法评价技术规范[41]。粮食部门针对行业急需，经过大量的验证评价实践，发布实施了行业标准《LS/T 6402—2017 粮油检验设备和方法标准适用性验证及结果评价一般原则》，提供了科学合理的定量快检产品评价标准，为定量快检产品的评价提供依据，为用户选用参考奠定基础，为行业提供了一批已广泛应用的快速检测设备和技术。

三、国内外研究进展比较

"民以食为天，食以安为先"，当前国内外都高度重视粮油质量安全，不断加强相关研究，保障粮油产品的质量和卫生安全。我国作为世界人口最多的国家，对粮油需求巨大，粮油安全是国家安全的重要组成部分。改革开放 40 多年，我国从温饱型转向小康型社会，对粮油食品的要求从数量需求快速转向数量和质量双重需求的新阶段，同时对粮油质量安全研究提出了更高要求。近年来，我国粮油食品科技研究紧紧围绕着国家需求，在粮油质量安全领域不断完善健全标准化体系机制，持续引进学习国外新技术，加强自主安全评价能力创新，快速缩短与国外发达国家地区的差距，但总体上基础仍然较弱。

1）粮油标准体系不断完善，自主创新能力有所提高，但系统性研究仍然不足。在数量上，我国粮油标准数量进一步增加。新一批国家和行业标准的制定进一步扩大覆盖了粮食生产、收购、储存、运输、加工全过程，同时增强了信息化标准的制定。这些标准在指导粮油收购、储藏、流通以及制品的生产，规范粮油市场秩序，提高粮油产品质量等方面发挥了重要作用[42, 43]。然而与国际标准及部分发达国家和地区相比，我国标准仍存在数量不足、比例不平衡的缺点，在标准更新与时效性上与国际组织和部分发达国家与地区存在较大的差异。同时我国制订的粮油食品标准，仍以传统的、静态的、依生产现状制订的标准居多，缺少动态的、超前的、以市场为主导制订的满足市场需求、具有竞争力的标准机制，系统性研究仍然不足。

2）粮油质量安全限量标准不断完善，但基于国情的污染限量制订和评估能力仍需要进一步提高。安全限量标准制订需要污染物风险评估调查与毒理学资料相结合，而与国外相比，我国真菌毒素和农药等污染物的相关区域污染风险评估调查研究起步晚、投入少、没有统一的部门指导，仍处于比较初级的阶段[44, 45]。不少限量标准主要来自国际转化，基于国情的污染限量制订和评估能力仍需要进一步提高。WHO/FAO 食品添加剂与污染物联合专家委员会、CAC 食品污染物和添加剂法典委员会、欧委会食品科学委员会、美国食品药品监督管理局（FDA）、日本食品安全委员会（FSCJ）等早在 19 世纪 50 年代就已经开始相关研究并制订相应限量标准。而我国直到 2007 年农业部才组建了国家农产品质量安全风险评估专家委员会，从事相关研究。同时国外在制订限量标准时，通常将防控规范、采样要求和分析方法同时考虑，重视从全链条预防和降低粮油食品污染；而国内相对比较分散，系统性研究有待进一步提高。

3）粮油质量安全技术研究取得了一定进展，但创新性不足，总体上应用基础和深度技术开发的投入仍然较少，并跑和领跑的领域不多。粮油物理特性评价技术、化学组成检测技术、品质评价技术、储存品质评价技术、粮油质量安全评价和快速检测技术研究、仪器装备研发等方面在标准和技术上与国外发达国家相比仍然存在一定的差距。在技术开发研究上，粮食收储安全指标快速检测技术和国产化方面取得重要进展，进一步开发完善了X射线荧光光谱法、试纸条等适合现场污染物快速检测的产品和设备，满足了在粮食生产、流通、加工等各环节的监管需求，推进了快检产品的实际应用层次。但是原创性技术比较少，关键部件仍然掌握在国外发达国家。新兴的新一代生物芯片技术及无损检测技术均由国际上发达国家与地区组织率先开发，并且在技术方法、大数据库、指纹图谱库等领域均提前做了大量积累，而我国在新技术方面仍处于追赶地位。

4）国外进一步重视真实性粮油食品鉴别技术的研究开发，国内逐渐加强了这方面的研究，但解决方案不足。国际上借助振动光谱学（NIR，IR 和 Raman）手段，结合大数据分析和建模，开展了食品成分分析、掺假鉴伪以及产地溯源等方面的应用。例如，使用近红外（NIR）反射光谱法对便宜的面包小麦与古老的小麦品种进行区别。而中红外光谱和化学计量学相结合不仅可以鉴定不同区域的大麦光谱差异性，还可以解释这一差异存在与降水、温度和阳光之间的相关性，对于建立区域预警与预测模型具有很好的指导作用。我国目前的应用研究方向与此比较，在建立这些方法的同时，不仅可以进行粮油产品溯源、鉴定等方面的应用，也为快速无损测定提供了一种可能性极高的方法，为进行食品监测提供了快速、经济、有效的工具。然而国内开展的相关研究，尚没有形成系统的解决方案，优质粮油的溯源和真实性依然是尚未得到很好解决的问题。

5）粮食质量安全监测工作持续发挥重要作用，在规范化、网络化、信息化等方面有所加强，但是监测数据库构建及其作用仍然没有得到良好的发挥。连续多年开展的粮食质量和安全指标的监测工作取得很好效果，促进了我国粮食质量安全管理水平的提高。但是，粮食质量安全数据库数据种类少、规模小，风险识别和风险预测预警作用弱的局面没有得到根本改观。我国粮食资源种类丰富，地域气候差异较大，各地区粮食的品质、安全指标差异大；一些研究中报道的粮食中有害无机和有机污染物尚未监测；对现有数据缺乏深度挖掘，利用少，未充分发挥数据库的巨大作用。根据监测和加工的需要，应进一步建立多样化的、营养与美味并存的工业化主食产品的原料品质特性数据库，建立除限量指标以外的包括呕吐毒素衍生物、伏马毒素等在内的真菌毒素数据库，建立持久性污染物数据库等，增加粮食质量安全数据库的种类和规模，更好地为保障粮食质量安全服务。通过多年的积累，我国建立的数据库在粮油真菌毒素监测预警方面取得了进展，但是全行业在粮油监测预警预测的基础研究工作仍然较少，企业、基层单位重视程度不够，对风险预警发挥的作用认识不足，仍以事后应急处理方式为主，预防为主的方针贯彻不够，同时也存在积极性不高、推广应用缓慢等问题。

我国粮食部门组织各省（市、区）粮油质监机构每年实施原粮品质卫生质量监测调查、储备粮质量状况实时动态监测以来，建立了完善的粮食质量安全信息采集、报送、汇总分析体系，风险监测、追溯等取得了一定进展。随着粮食质量安全溯源监测技术的落地应用，粮食质量安全监测终端质量安全信息的采集逐步规范，有"身份标识"的质量安全数据库建设意识正逐步形成，但尚未很好地建立全链条的质量追溯控制体系。缺乏基于整个链条防控的相关规范，层层降低污染危害风险的机制和技术保障措施还未成体系。

四、发展趋势及展望

我国粮食连续多年实现增产增收，对粮食质量安全监测提出了更高要求。新形势下，从数量安全到数量和质量安全并重的战略转变已经形成。当前粮油质量安全已经成为国家食品安全战略的重要组成部分，保障国家粮油质量安全已经成为当前重要的战略需求。

1）不断完善粮油标准体系，统一多级、多重标准制度，加快标准更新与补充，加强国际合作，实现国际先进标准的吸收转化以及国家、行业标准的转化推出。建立基于加工品质和最终用途的粮食分级定等标准，以合理利用粮食资源，减少浪费。进行中式传统食品的质量评价标准研究。

2）不断完善粮油质量安全评价指标体系，重视粮油加工过程中微量营养素、抗营养因子、过敏原以及新污染物的快速检测技术研究。探究加工过程中微量营养素、抗营养因子、过敏原的转化、传递规律及快速检测新技术和方法，以此建立适用于监控现代粮油工业化生产过程的质量安全评价技术体系。

3）不断完善粮油储藏评价指标体系，开展成品粮油储存过程中质量安全监控技术研究，制定适合我国国情的成品粮油储藏过程质量安全控制体系及技术规范，为日益增加的大米、糙米、小麦粉、成品食用植物油等成品粮油储藏要求提供技术支撑。

4）注重基础和应用基础研究，突破制约粮油质量安全学科发展的瓶颈。对粮油产品的组分特征、品质变化规律、真菌毒素产生规律进行深层次的研究，揭示蛋白质组分和含量、淀粉组分和含量、蛋白质的不同聚合形态，以及蛋白质、淀粉和脂类的相互作用对粮食加工和食用品质的影响，研究典型霉菌产生毒素的条件和环境要求。

5）重视绿色高效检测技术研究，发展在线监测、无损检测技术，提高检测精度和可靠性。着力开发一些试剂用量低、环保型的检测技术，如真菌毒素非靶向检测技术、近红外光谱无损实用检测技术等，促进检测装置逐步向集成化、数字化、智能化、自动化、小型化发展。在政策上鼓励企业、部门对新技术、新方法研发加强投入，以需求带动技术的进步。

6）加强粮油品质鉴定、产地溯源与掺伪检测技术研究，完善粮食质量安全追溯体系。建立优质粮食品种品质鉴定、产地溯源技术，构建粮油内源特征指纹图谱库，建立快速掺伪识别检验方法。应用现代信息采集、数据挖掘分析、数据库管理技术，构建贯穿粮食种植、收割、仓储、加工、运输、销售和食用等整个供应链流程的、完善的粮食质量安全追溯体系。

7）进一步完善粮油质量安全数据库建设，积极推广溯源监测模式，构建区域性粮食质量安全特征数据库，并加强区域监测预警模型的建立，细化需求，满足不同层级对数据分析的需要。将国家粮油生产、收购、入库、储藏、出库、加工等环节的检测、监测向数字化、信息化、智能化进行转变，为我国粮油质量安全数据库的建立夯实基础。因此，扩大检测监测指标，充分利用现代信息化技术构建质量安全数据库，建立风险预警模型，指导粮油生产、贸易、加工，确保粮油质量安全，降低粮食损失、损耗，防止粮食污染，也将成为未来粮食科技发展的重点方向之一。

总之，通过粮油科技创新工作，充分借鉴发达国家经验，结合我国实际，建立和完善粮食质量安全保障体系，大幅提高粮食质量安全保障能力与保障水平，形成问题清晰、风险可控、标准严谨、过程规范、监管高效、沟通顺畅的粮食质量安全工作局面。

参考文献

［1］潘霞，谭会君. 计算机视觉技术在玉米种子自动检测中的应用［J］. 农机化研究，2019，41（3）：228-231.

［2］王家龙，周佑军，寻继勇. 微波水分快速测定仪开创水分测试新纪元［J］. 中国仪器仪表，2016（3）：68-69.

［3］靳晓燕，孙士明，赵丽平，等. 国内外粮食水分检测技术发展概况［J］. 农机使用与维修，2018（10）：4-6.

［4］吴伯彪，张玉华. 基于嵌入式的油脂品质监测技术研究［J］. 粮食加工，2017，42（4）：58-60.

［5］刘攀. 基于 TRIZ 理论的吸式粮食扦样器创新设计［D］. 广州：广东工业大学，2018.

［6］王明，刘新. 近红外技术在液态食品成分检测中的应用研究进展［J］. 激光杂志，2018，39（10）：9-13.

［7］于宏威，王强，刘丽，等. 粮油品质安全高光谱成像检测技术的研究进展［J］. 光谱学与光谱分析，2016，36（11）：3643-3650.

［8］刘燕德，谢庆华. 拉曼光谱技术在粮油品质检测中的应用［J］. 中国农机化学报，2016，37（8）：76-79，100.

［9］杨东，苑江浩，常青，等. 太赫兹光谱技术在储粮品质检测中的应用［J］. 食品安全质量检测学报，2019，10（4）：823-829.

［10］陈通，谷航，陈明杰，等. 基于气相离子迁移谱对葵花籽油精炼程度的检测［J］. 食品科学，2019（18）：312-316.

［11］王强，谢跃杰，胡宝丹，等. SPE-UHPLC-DAD 法测定植物油微量酚酸类化合物的方法研究［J］. 中国粮油学报，2019（4）：118-125.

［12］何臻，张柏林，黄家春. 大米食味品质分析的研究进展［J］. 南方农业，2017，11（11）：125-126，128.

［13］夏凡，董月，朱蕾，等. 大米理化性质与其食用品质相关性研究［J］. 粮食科技与经济，2018，43（5）：100-107.

［14］何秀英，程永盛，刘志霞，等. 国标优质籼稻的稻米品质与淀粉 RVA 谱特征研究［J］. 华南农业大学学报，2015，36（3）：37-44.

［15］卢毅，路兴花，张青峰，等. 稻米直链淀粉与米饭物性及食味品质的关联特征研究［J］. 食品科技，

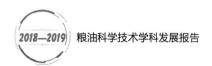

2018，43（10）：219-223.

［16］Qiu C，P Li，Z J Li，et al. Combined speed and duration of milling affect the physicochemical properties of rice flour［J］. Food Hydrocolloids，2019，89：188-195.

［17］李苏红，宋媛媛，董墨思，等. 大米理化特性与食味品质的相关性分析［J］. 食品研究与开发，2017，38（23）：26-31.

［18］周小理，王惠，周一鸣，等. 不同烹煮方式对米饭食味品质的影响［J］. 食品科学，2017，38（11）：75-80.

［19］周显青，刘敬婉. 加速陈化对粳稻米饭蒸煮、食味品质及质构特性的影响［J］. 河南工业大学学报（自然科学版），2017，38（6）：8-15.

［20］金达丽，朱琳，刘先娥，等. 大米储藏过程中理化性质及食味品质的变化［J］. 食品科技，2017，42（2）：165-169.

［21］赵旭. 粳稻米食味仪测定值与蒸煮品质的相关性研究［J］. 粮食加工，2016，41（3）：24-25.

［22］Koga S，U Bocker，A Moldestad，et al. Influence of temperature during grain filling on gluten viscoelastic properties and gluten protein composition［J］. Journal of the Science of Food and Agriculture，2016，96（1）：122-130.

［23］Geisslitz S，H Wieser，K A Scherf，et al. Gluten protein composition and aggregation properties as predictors for bread volume of common wheat，spelt，durum wheat，emmer and einkorn［J］. Journal of Cereal Science，2018，83：204-212.

［24］郭兴凤，张莹莹，任聪，等. 小麦蛋白质的组成与面筋网络结构、面制品品质关系的研究进展［J］. 河南工业大学学报（自然科学版），2018，39（6）：119-124.

［25］Chaudhary N，P Dangi，B S Khatkar. Evaluation of molecular weight distribution of unreduced wheat gluten proteins associated with noodle quality［J］. Journal of Food Science and Technology-Mysore，2016，53（6）：2695-2704.

［26］Lee N Y，C S Kang. Effects of different fertilization treatments on the physicochemical and noodle-making properties of Korean winter wheat cultivars［J］. Food Science and Biotechnology，2016，25（8）：69-76.

［27］于素平，石翠霞，高岩，等. 稻谷新鲜程度快速检测仪器研究［J］. 粮食储藏，2017，46（5）：38-42.

［28］黄冬，黄晓赞，滕显发. 新鲜度脂肪酸值与稻谷储存品质的相关性［J］. 粮食科技与经济，2018，43（2）：79-82.

［29］鞠兴荣，张檬达，石嘉怿. 基于电子鼻和 HS-SPME-GC-MS 检测并分析籼稻谷储藏期间挥发性物质的研究［J］. 中国粮油学报，2016，31（12）：139-146.

［30］张蓝月. 小麦储藏期间指标、气味成分及谷蠹培养气味成分变化的研究［D］. 南京：南京财经大学，2016.

［31］胡敏. 不同储藏条件下西藏青稞品质劣化机制的研究［D］. 长沙：中南林业科技大学，2017.

［32］LS/T 6133—2018 粮油检验主要谷物中 16 种真菌毒素的测定液相色谱 - 串联质谱法［S］.

［33］谢刚，叶金，吴宇，等. UPLC-Quadrupole/Orbitrap HRMS 同时测定玉米中多种真菌毒素和农药残留［J］. 中国粮油学报，2018，33（3）：126-133.

［34］王青，徐美蓉，黄铮，等. 磁性固相萃取技术在食品安全检测中的应用进展［J］. 甘肃农业科技，2018（8）：17-20.

［35］朱建国，李培武，张文，等. 磁固相萃取 / 气相色谱 - 串联质谱法测定花生中多种农药残留［J］. 分析测试学报，2016，35（9）：1087-1093.

［36］邵燕，王良贵，韦祥庆，等. 分子印迹磁性固相萃取 /GC-MS 法检测大米中三环唑［J］. 广州化工，2017，45（17）：129-131.

［37］马帅，王蒙，韩平，等. QuEChERS- 超高效液相色谱 - 串联质谱法在食品真菌毒素检测中应用的研究进

展［J］. 食品安全质量检测学报，2016，7（8）：3020-3024.

［38］陈慧菲，朱天仪，陈凤香，等. QuEChERS-超高效液相色谱串联质谱法测定谷物中的 8 种真菌毒素［J］. 粮食与油脂，2016，29（5）：67-70.

［39］吕爱娟，沈小明，蔡小虎，等. 优化 QuEChERS-气相色谱法测定谷物中有机氯和多氯联苯残留［J］. 江苏农业科学，2017，45（21）：219-222.

［40］杨军. 借力"互联网+"，提升粮油质量监测能力［J］. 粮食储藏，2016，45（2）：52-56.

［41］国家食品药品监督管理总局. 关于印发食品快速检测方法评价技术规范的通知，食药监办科（2017）43 号文件［EB/OL］.（2017-3-28）. http：//samr.cfda.gov.cn/WS01/CL1605/171311.html.

［42］马艳华. 粮油检测方法标准体系的发展现状与对策［J］. 农家参谋，2017（22）：17.

［43］吴晓寅，李明奇，谷艳萍，等. 浅析粮食食品安全与现代粮油标准的发展关系［J］. 现代食品，2015（14）：12-16.

［44］白艺珍，李培武，丁小霞，等. 我国粮油作物产品真菌毒素风险评估现状与对策探讨［J］. 农产品质量与安全，2015（5）：54-58.

［45］贾文珅，王晶，钱原铬，等. 农产品污染物限量标准建设［J］. 中国农学通报，2011，27（17）：168-173.

撰稿人：王正友　徐广超　杨卫民　尚艳娥

王松雪　袁　建　杨　军

粮食物流学科发展研究

一、引言

粮食物流学科研究的内容是将工业工程、信息技术、管理理论、经济学理论等综合应用到粮食物流活动过程中，重点研究粮食物流经济、物流运作与管理、物流技术与装备、粮食物流工程应用等，为粮食物流技术与装备的创新、物流系统的优化、物流设施建设以及国家粮食安全政策的制定等提供理论支撑和研究方法。新时期，我国经济已由高速增长阶段转向高质量发展阶段，粮食行业将以加快新旧动能转换为突破口，驱动粮食产业经济新发展；物流业的快速发展促进铁路运能提升、水运系统升级、推进大宗货物运输"公转铁、公转水"，为粮食物流的跨越发展提供机遇；随着国际形势的变化，我国粮食进口格局将由相对稳定的渠道向多元化渠道发展，内外部变化促进形成粮食物流新格局。本报告系统总结了 2015—2019 年我国粮食物流学科的理论研究、技术创新、政策创新、产业发展的成就和问题，并对我国粮食物流学科的发展方向提出了建议。

二、近五年研究进展

（一）近五年主要研究内容和成果

1. 近五年学科主要研究内容

近五年学科研究聚焦于粮食物流的一体化、多元化、智能化、高效化和低碳环保。①组织运营一体化。包括：基于粮食仓储、物流、贸易、加工和营销等服务的全供应链研究，大型粮商主导的粮食供应链整合研究[1]，在粮食现货撮合交易与物流服务下的粮食供应链金融服务研究，基于轴辐式粮食物流网络的粮食企业横向供应链整合建模与优化研究，大型节点的布局规模功能研究，物流网络节点间的协同研究，一体化的粮食产业经济发展模式研究，港口整合对粮食物流布局和发展的影响研究，"一带一路"粮食物流合作研究以及"一带一路"粮食物流园区建设和运作研究。②运输方式多元化。开展围绕散粮运输模式、包粮运输模式和粮食集装箱运输模式多元共存互补的研究[2, 3]以及多式联运新模式的实践研究。③物流系统智能化。开展智慧物流的研究与实践、GIS技术在解决成品粮存储、车辆运输跟踪、物流配送策略优化等方面的应用研究[4]，物联网技术在智能仓储、运输、装卸搬运环节的应用研究[5]以及基于（移动）互联网、云计算、大数据等新技术提供低成本、高效率的物流服务为支撑的"互联网＋物流"示范研究。④设施装备高效化。包括：基于大宗干散货的卸船设备朝着大型、高效、低能耗、低污染方向发展的新型连续卸船机械研发，集装箱水平自动卸粮机械设计创新，基于提高工作效率、减低能源损耗、改善作业环境的全封闭单托辊皮带输送机研发，基于高效节约的履带式螺旋清仓机的研发，智能化散粮运输车系统的设计与应用研究，以及基于大农户的粮食物流综合技术模式和标准研究。⑤物流作业环境低碳环保。基于我国粮食物流存储进出仓作业粉尘污染严重、效率低、作业现场环境差等现状，开展高效环保进出仓设备及粉尘防控检测设备研发，实现散粮进出仓环节的"高效化、智能化、洁净化、安全化"。

2. 主要研究成果

1）粮食物流经济方面：①粮食物流设施建设管理。2017年由国家发改委和原国家粮食局出台了《粮食安全保障调控和应急设施中央预算内投资专项管理办法》，将投资的重点转向了粮食物流项目。②粮食物流规划和标准化建设。《粮食物流业"十三五"发展规划》于2017年年初正式颁布，《散粮集装箱装卸粮作业操作规程》《粮食物流中心设计规范》《粮食物流企业服务规范与运营管理指南》等7项标准启动编制。③粮食物流发展模式。结合实践逐步推出了以山东滨州、广东东莞、陕西西安、江苏泰州等地为代表的循环经济发展模式、商贸物流发展模式、主食产业化发展模式以及"互联网＋粮食"发展模式等。

2）粮食物流运作与管理方面：①开辟多式联运新线路。2017年12月，北部湾港口开行玉米集装箱北粮南运云南新线路；2018年3月，从松原市经盘锦港江海联运至武汉，铁水联运至云南、贵州、四川等地区，开辟铁水、公铁联运新线路，较纯陆运输节约物流成本15%。②打通"一带一路"新通道。哈萨克斯坦、俄罗斯、东盟、国际运输通道陆续打通。③构建"互联网＋物流"新平台。各地积极整合公路、水路、铁路运输等部门的基础物流信息，推出基于地理信息系统、传感技术、互联网、云计算等技术的区域粮食公共信息平台，如中粮集团与招商局集团共同打造的大宗农粮一站式综合服务平台"粮达网"，服务对象涵盖东北三省一区的"东北粮网"平台，湖南粮食集团打造的"现货商品＋电子商务＋金融＋仓储物流"的南方大宗农产品交易中心，深粮控股的跨区域物流管控一体化平台。④推广物流信息新技术。应用大数据、可视化、移动App等信息技术，加强生产、仓储、贸易、物流、加工、消费的实时数据交换与跟踪；各省和中央企业共安排智能化粮库建设项目7821个。⑤呈现网络运营新格局。以区域大型粮商为主导的粮食供应链初步形成，组织协调机制、利益分配机制和信息共享机制日趋完善。一批生产型、枢纽型、集散型粮食物流园区、粮食物流中心逐步建成，全国粮食物流线路 + 节点的布局不断完善[6-8]。

3）物流技术与装备方面：①高效、环保型装备得到推广。一体化的移动式除杂整理中心助力提升粮食收储效率，大产量、轻便型密闭式移动散粮接卸、输送、清理、除尘装置及清仓机器人，结合横向通风成套技术的推广应用，大幅提升平房仓物流效率和作业环保水平。②港口高效设备取得突破。2017 年我国自主研发的埋刮板机械式连续卸船机打破了长期依靠进口的局面，港口集改散、散改集技术装备进一步完善，集装箱自动卸粮机械不断创新，港口散粮装卸配套设施技术水平不断提高，火车移动散粮装车系统得到应用。③智能化装备取得一定突破。研发出粮食运输装备智能调度系统、智能装火车系统、智能散粮运输车系统等。

（二）科技水平的提高和研发进展

经过近几年的发展，我国粮食物流学科体系更加丰富，理论与实践结合，推进了我国粮食物流行业现代化发展。从国家层面的粮食物流发展规划与实施，到区域层面粮食物流各环节的技术提升和节点线路的不断优化，到企业层面的粮食供应链实践、物流园区的建设等对粮食物流学科的贡献都功不可没。

主要研究单位有国家粮食与物资储备局科学研究院、国贸工程设计院、中粮工程科技股份有限公司等粮食科研设计院所，河南工业大学、南京财经大学、武汉轻工大学、黑龙江八一农垦大学、北京邮电大学等高等院校，中粮集团有限公司、中国储备粮管理集团有限公司等大型国有企业。

中粮集团有限公司近年开行了 5 条东北产区至关内销区的散粮直达专列线路，北良港除开展散粮铁海联运外，重点发展集装箱运输和散粮车直达业务，打通了西部走廊，开行疆粮中粮铁运专线，同时开通首列小麦散粮入关专列，以及日照港大豆关内点对点配送线路。

中国储备粮管理集团有限公司智能化粮库建设覆盖全部库点，建成全球粮食仓储行业最大的物联网，实现对所有库点、全部库存粮食远程在线实时监控，科技储粮覆盖率提升至 98%，成为引领粮食仓储行业的标杆。中储粮建设规模最大，集储备、加工、物流等功能于一体的东北综合产业基地，一期项目于 2018 年 12 月全面投产运营，为我国"北粮南运"大通道又增加一个重要支点，充分发挥国有企业在粮食物流体系建设中的骨干作用。

国贸工程设计院承担编制了国家《粮食物流业"十三五"发展规划》，规划突出大节点，强化主线路，补短板、降成本，深化产销衔接，促进产业转型升级，提出完善现有八大通道建设、打造"两横、六纵"重点线路、布局粮食物流进出口通道、提升区域粮食物流水平、推广应用新技术新装备、完善粮食物流标准体系、大力促进物流与信息化融合 7 个方面的任务。

河南工业大学、国家粮食与物资储备局科学研究院、南京财经大学等承担"十二五"

国家科技支撑计划项目"数字化粮食物流关键技术研究与集成"通过任务验收。由郑州中粮科研设计院有限公司联合北京航天信息股份有限公司、北京中竞同创能源环境技术有限公司、南京财经大学以及中国农业机械化科学研究院、安徽博威长安电子技术公司分别承担的"北粮南运"关键物流技术装备研发、"北粮南运"散粮高效运输系统化技术装备研发两个粮食公益性行业科研专项项目已经通过项目预验收,其中新型浅圆仓数控布粮器、平房仓"净粮"入仓系统、粮食物流管控信息化平台等多项研究成果正在逐步推广应用。

(三)学科研究水平不断提高

1. 粮食物流学科研究的新观点、新理论

1)粮食供应链模式优化研究。冷志杰等利用鲁宾斯坦(Rubinstein)讨价还价博弈模型,分析粮农与粮食处理中心就激励契约谈判的过程及均衡契约的影响因素,提出粮食处理中心原粮供应链治理的优化模式[9]。寇光涛的研究以三江平原水稻产业发展为例,设计出了稻米产业链不同环节、不同经济主体主导的上游基地建设、中游加工流通和下游渠道拓展的稻米全产业链增值模式,并通过新旧模式对比,验证了以成本节约和收益增加等形式实现价值再分配的合理性和可行性[10]。于晓秋等研究由一个粮食加工商和一个开通O2O模式的粮食零售商构成的粮食供应链,优化出斯塔克尔伯格(Stackelberg)博弈下两种渠道的最优定价,设计价格补偿机制和收益共享机制,消除粮食加工商和零售商双方博弈的双重边际效应,实现粮食供应链利益相关主体的Pareto改进以及粮食供应链横向和纵向的全协调[11]。

2)新零售发展背景下的物流系统研究。研究着眼点从物流过程中的某些关键节点到供应链全盘,在探讨全流程畅通化的基础上,进而优化某些节点或投入相关设备。大数据分析、移动互联网、自动化等技术的不断创新发展,使得人、货、场这三者之间,或者生产商、经销商、零售商这三者之间的高效链接成为可能,也由此促进了真正构建从仓储到配送的一体化快速物流体系。物流系统在构建过程中出现了几个显而易见的变化:从大批量少品种到小批量多品种,从计划性到无计划性,从IT技术到DT大数据分析技术,从机械化、自动化到智能化。新零售正在推进产业升级,推动传统供应链物流演化为数字供应链、网状供应链。

2. 粮食物流运作与管理的新方法、新技术

兼并重组、联盟合作案例增多;跨界融合、平台整合,经营模式不断创新;"互联网+智慧物流"助推行业企业加速发展;"互联网+高效运输"开启公路货运提质增效新模式,车型标准化有序推进;"互联网+智能仓储""互联网+便捷配送"开始试水[1, 12]。

戴建平、骆温平在物流企业以及其所服务的供应链上下游企业关系研究中,提出资本累积有助于实现流程协同,促进组织间学习,而实现流程协同可增强供应链的可控性和快速反应能力,组织间学习是对存续于供应链中的知识进行吸收、整合、利用[13]。在利益协调

机制研究中，李丰基于主销区之间的利益调控和协调机制的研究，提出有效的粮食主产区、主销区和平衡区粮食安全的保障措施[14]。白世贞、毕玮、牟维哲提出粮食物流网络供求信息的共享机制是指进行粮食交易的上下游之间对粮食供求信息的共享机制，建立这种信息共享机制能够帮助上下游企业之间获取需求以及生产加工等信息，减少牛鞭效应[15]。

3. 粮食物流应用新技术、新装备

港口大宗货物"公转铁"工程、集装箱铁水联运拓展工程、多式联运信息互联互通工程正在推进，完善联运通道功能，加快技术装备升级，推动信息开放共享，提高多式联运作业效率，促进多式联运发展。同时推进运载工具、装载单元等关键标准的有效衔接，2018 年发布《关于推广标准托盘发展单元化物流的意见》，推广应用标准托盘，推进物流载具循环共用，推进物流单元化、一体化运作，推广先进成熟模式。

先进信息技术在物流领域广泛应用，仓储、运输、配送等环节智能化水平显著提升，物流组织方式不断优化创新。组织开展道路货运无车承运人试点工作，利用移动互联网等先进信息技术，整合了大量的货源车源，并通过信息网络实现了零散运力、货源、站场等资源的集中调度和优化配置。根据典型企业的调查分析，试点企业的车辆里程利用率较传统运输企业提高 50%，平均等货时间由 2~3 天缩短至 8~10 小时，交易成本下降 6%~8%。同时，企业积极探索"无车承运 +"甩挂运输、多式联运、共同配送等模式，通过模式创新，发挥叠加效应，进一步增强和放大了试点效果。

在国家快速推动物流链信息化、智能化水平发展的大背景下，托盘条码与商品条码、箱码、物流单元代码关联衔接技术不断提高，推动物流链上下游企业数据传输交换顺畅。利用物联网、云计算、大数据、区块链、人工智能等先进技术，加强数据分析应用，优化生产、流通、销售及追溯管理，以智能物流载具为节点打造智慧供应链。自动化仓储、自动分拣系统、包含条码自动识别、可穿戴设备和 RFID 射频自动识别的自动识别系统等前沿技术大大提升仓库工作效率。

高效化粮食物流技术装备正在逐步推广应用。高大平房仓高效环保进出仓技术及装备、粮食进出仓物流作业粉尘防控及检测技术和装备、多工位散粮集装箱高效装卸粮技术及装备、散粮集装袋储运配套技术及装备、自装自卸机械化小型粮食收购车等粮食物流装备都得到不同程度的发展应用。这些粮食物流技术装备的发展应用在提高粮食物流搬倒装卸效率、改善物流作业环境、促进粮食物流技术装备的现代化发展方面体现了较好的技术先进性。

（四）粮食物流学科发展取得的成就

1. 学科研究成果

（1）科研成果

获奖项目、发表论文、开发新产品等成绩凸显。

1）获奖项目。"十三五"期间，应急成品粮储备关键技术研究与示范等粮食物流技术

研究获得国家粮食和物资储备局、中国粮油学会和有关省级奖约 29 项。

2）发表论文。2015—2019 年发表的粮食物流相关论文 353 篇，其中以粮食物流为关键词的期刊论文共计 104 篇。

3）开发新产品。涵盖了粮食物流进出仓（包括除尘、冷却通风、称重计量、吸粮、提升、输送、清仓、装卸、灌包等）、智能化布粮、散粮运输、品质控制与追溯（包括加湿调质、烘干等）、信息服务等环节的新技术、新设备。

（2）重大科技专项

努力完成了"数字化粮食物流关键技术研究与集成"等粮食公益性行业科研专项、"十三五"国家科技支撑计划和其他国家科技计划项目管理等专项任务。

（3）科研基地与平台

努力推进科研基地建设，着力打造物流研究平台。

1）粮食储运国家工程实验室。承担了"十二五"科技支撑计划项目"数字化粮食物流关键技术研究与集成""北粮南运关键物流装备研究开发"等项目，并以平台为支撑，为粮食行业科技创新及技术工程化提供技术、人员、条件支撑。

2）江苏省现代物流重点实验室（南京财经大学）。主要从事溯源物流关键技术及其系统研发与应用、在线随机优化及其在智能物流中的应用、物流园区等方面的研究。坚持"竞争、联合、流动、开放"的运行机制，面向省内外的学者和科研人员开放，围绕现代物流信息系统、物流集成优化技术、物流园区设立重点实验室开放课题基金。

2. 学科建设

（1）学科教育

目前国内开办物流相关专业的高校有 557 所，其中设立物流管理专业的高校有 443 所，设立物流工程专业的高校有 114 所。具有粮食物流专业学科特色的大学院校主要有 9 所，包括：河南工业大学、南京财经大学、武汉轻工大学、江南大学、黑龙江八一农垦大学、沈阳师范大学、江苏科技大学、东北农业大学、中南林业科技大学。

（2）学术出版

近年共出版《互联网 + 智慧粮食：粮食流通信息化建设白皮书》等专著 75 部、教材 21 部、手册 3 部、主要学术期刊 25 种。

（3）学会建设

中国粮油学会粮食物流分会在粮食物流行业咨询方面做了大量工作，参与多项国家发改委、国家粮食和物资储备局的重大规划和课题，完成了十几个省、市的粮食物流规划以及港口等大型园区、大型企业的规划，在行业中有一定的影响力。

2015 年，粮食物流分会所推荐单位及个人共获得第三届全国粮油优秀科技工作者奖项 5 项、第三届中国粮油学会优秀单位会员奖项 5 项、第二届全国粮油优秀科技创新型企业奖项 3 项。2016 年粮食物流分会所推荐项目获得中国粮油学会科学技术奖二等奖 1 项、第 19 届中国专利奖 1 项。2018 年 9 月，在学会的统一部署下，粮食物流分会完成换届选举工作，选举产生了分会第二届理事会、常务理事会、会长及副会长；10 月，协助学会召开"中国粮油学会第八次全国会员代表大会暨第九届学术年会"，会议颁发了第四届全国粮油优秀科技工作者等奖项，粮食物流分会所推荐单位及个人共获得第四届全国粮油优秀科技工作者奖项 5 项、第四届中国粮油学会优秀单位会员奖项 3 项、第三届全国粮油优秀科技创新型企业奖项 4 项。

3. 学科在产业发展中的重大成果、重大应用

（1）重大成果和应用综述

① 2017 年年初由国家发改委和原国家粮食局正式颁布《粮食物流业"十三五"发展规划》。②结合实践逐步推出了以山东滨州、广东东莞、陕西爱菊等地为代表的循环经济发展模式、物流集聚发展模式、主食产业化发展模式等。③开辟北部湾港口玉米集装箱北粮南运多式联运云南线路。打通哈萨克斯坦—西安国际港务区、哈萨克斯坦—阿拉山口、哈萨克斯坦—中哈（连云港）物流中转基地、俄罗斯—满洲里的"一带一路"国际运输通道。④推出基于地理信息系统、传感技术、互联网、云计算等技术的区域粮食公共信息平台。国家政策性粮食交易平台发挥了促进粮食网上交易的重要作用，2017 年组织交易会 395 场，累计成交 7699.1 万吨，成交金额 1335.7 亿元。全社会"互联网＋粮食"或者电商平台促进了粮食企业、种粮农民与物流企业之间有效对接，实现粮食货源与物流资源供需匹配，充分发挥信息化资源整合能力。⑤应用大数据、可视化、移动 App 等信息技术，加强生产、仓储、贸易、物流、加工、消费的实时数据交换与跟踪；各省和中央企业共安排智能化粮库建设项目 7821 个。⑥铁路散粮入关取得突破，东北产区至关内销区的散粮直达专列线路已开通近 10 条。⑦一体化的移动式除杂整理中心助力提升粮食收储效率，大产量、轻便型密闭式移动散粮接卸、输送、清理、除尘装置及清仓机器人，结合横向通风成套技术的推广应用，大幅提升平房仓物流效率和作业环保水平。⑧ 2017 年我国自主研发的埋刮板机械式连续卸船机打破了长期依靠进口的局面，集装箱自动卸粮机械不断创新，港口散粮装卸配套设施技术水平不断提高，火车移动散粮装车系统得到应用。

（2）重大成果与应用的示例

《粮食物流业"十三五"发展规划》于 2017 年年初正式颁布，规划提出完善现有八大通道建设，优化物流节点布局，促进粮食物流规模化运营，实现公铁水多式联运和多种装卸方式的无缝衔接，打造"两横、六纵"重点线路，着力推进"点对点散粮物流行动"，推广应用新技术新装备，促进装备大型化、标准化、系列化、精细化发展，推广公铁水多式联运物流衔接技术、集装单元化技术，大力促进物流与信息化融合。大型粮食企业探索建设粮食信息化服务平台，如中粮集团与招商局集团共同打造的大宗农粮一站式综合服务平台"粮达网"，为用户提供物流、金融、保障、咨询等服务，线上贸易与线下仓储物流服务相结合，物流服务综合粮库、铁路、船舶、海运、集装箱、港口等资源，实现网上填写物流委托，线下提供门到门、门到港、港到门、港到港的运输服务。"互联网＋粮食"应用水平不断提升，国家粮食电子交易平台、粮食现货批发市场信息化升级和"互联网＋粮食"电商平台等推进顺利。物联网技术、政策性粮食收购"一卡通"、巡仓机器人等新技术新成果不断投入运用，基于二维码识别技术的成品粮质量追溯，打通原粮和成品粮的质量链。截至 2018 年 6 月底，各省和中央企业共安排智能化粮库建设项目 7821 个。应用大数据、可视化、移动 App 等信息技术，促进粮库和加工企业实时数据交换，加强对国内外粮食生产、贸易、物流、消费、期货和现货价格的监测跟踪。

三、国内外研究进展比较

（一）国外粮食物流学科最新研究热点、前沿和趋势

1. 注重基础设施规划，做好粮食物流系统顶层设计

目前研究倾向于将粮食物流体系建设看作是一项系统工程，更加关注从顶层设计粮食物流系统。世界银行研究报告《提升改善乌克兰粮食物流的建议》[16] 提出，随着近年来乌克兰粮食生产和出口的增长，乌克兰粮食部门物流效率低下、运输和仓储设施容量有限成为阻碍其发展的重要障碍，需要一个全面的改革方案和投资规划，以改善公共基础设施，消除粮食流通障碍。他们分别从更多利用水路运输、消除铁路运输中的监管低效并提高其容量、改善公路运输条件并投资建设通往港口的道路、提高仓储容量和运营性能、改善总体监管环境和行政绩效等方面提出建议，通过顶层设计促进各种运输方式之间的联系，可带来 21%~24% 的可靠经济回报率。

2. 注重供应链网络设计，促进粮食物流降本增效

目前研究更加关注粮食供应链网络，以整体的、系统的观点来看待，运用供应链运作参考模型（SCOR），优化粮食供应链中的物流、信息流、资金流、商流等组成部分，提高粮食物流的专业化、标准化、信息化、智能化水平。美国伊利诺伊大学提出一个减少粮食产后损失的数学模型，通过设计粮食供应链网络中的新预处理设施的最佳位置、优化与扩展公路／铁路运输能力，来确定粮食物流系统发挥最佳效果，实现系统总成本最小化与系统效率最大化的目标[17]。

3. 注重运用仿真、GIS 等研究方法，模拟粮食物流系统运作

目前研究更加强调运用可视化的手段如仿真、GIS 等，模拟粮食物流系统的运作场景，进行物流决策。不同于传统粮食物流研究方法，加拿大萨斯喀彻温大学的学者运用 GIS 和仿真分析方法模拟加拿大粮食物流系统，重新审视这个庞大供应链中的物流解决方案，以提高整体流通效率[18]。巴西的研究者开发了一个仿真模型对大豆和玉米的多式联运和仓储进行研究，评估和发现未来一些预期场景下粮食物流决策的更好选择，从整个供应链的角度模拟物流系统性能，指导未来投资[19~22]。

（二）国内外粮食物流学科的发展态势比较与差距分析

1. 现代粮食物流以供应链管理为手段，更加强调系统化、网络化研究

以 ABCD 为代表的国际大粮商将成熟的供应链管理理论与方法运用于粮食物流系统的建设中，以流程再造为核心，通过对粮食供应链系统中从收购、运输、储存、装卸、搬运、包装、配送、流通加工、分销、信息活动等一系列环节进行变革与优化，提高粮食物流运作的系统化、一体化水平，对市场变化做出快速反应，进而提升粮食物流的效率、降低粮食物流的成本。网络化是当今现代物流发展的必然走向，粮食物流的网络化研究可以有效对粮食物流资源进行共享和协调整合，有利于物流资源的充分配置应用，避免不必要的重复建设和资源的闲置浪费；粮食物流网络节点间的协同研究能够实现对粮食物流系统的整合，网络节点间实现信息共享、资源配置优化、规模经济。

2. 现代粮食物流以信息技术为基础，更加强调专业化、标准化和智能化

发达国家普遍推进全国性粮食物流公共信息平台建设，充分利用大数据、云计算、物联网等最新技术，形成物流信息化服务体系，结合互联网建立全新的信息沟通与交换模式，消除信息孤岛，提升粮食物流供需之间的交易便利，提高供需之间匹配的成功率；同时，将最新的智能物流技术引入粮食物流领域，在技术上实现识别、跟踪、追溯、监控、实时响应，在提高粮食物流效率的同时，降低粮食在物流过程中被污染的可能性。美国政府部门（如美国农业部、运输部等）通过建立系统而全面的粮食统计信息网络，随时采集数据，定期无偿发布；第三方粮食物流企业在美国粮食物流中占有相当重要的地位，它们拥有健全的物流信息管理系统，通过收集全面的粮食物流信息，在整个粮食物流全过程中制订合理有效的物流计划，大大提高了粮食运输效率，同时降低了运输成本，降低了企业的运营风险，增加了企业的盈利能力[23]。

3. 我国粮食物流顶层设计方面研究不足

我国粮食物流业发展总体水平不高，基础设施网络尚不完善，信息化、标准化程度较低，物流成本高、效率低的问题仍比较突出，与我国粮食生产流通总量不相适应。主要原因在于粮食物流系统化运作的机制尚未形成，粮食物流运作条块分割，支持粮食物流持续健康发展的政策体系尚不完善，上下游产业之间、地区之间的物流衔接不畅，成熟的供应链管理理论与方法尚未得到广泛应用，物流运营管理模式落后，粮食物流系统化、一体化水平亟待提升。国内研究对粮食物流各个环节、不同角度分散研究较多，如对粮食物流成本与效益、粮食物流需求预测、粮食物流配送最优路径、粮食物流运输技术等方面的研究，大多是孤立地研究某一方面的问题，少见对粮食物流体系的系统化研究，特别是粮食物流顶层设计方面的研究明显不足。

4. 我国粮食物流运营管理模式方面研究不充分

粮食物流是粮食从产地收购经储存、中转、配送到消费、环环相扣的物流链，是系统

性很强的体系，具有集合性、关联性、目的性、动态性、约束性、环境适用性等特征；目前粮食物流设施建设，多以节点建设为主，新建的节点与原有节点之间很难自然形成关联和谐的系统；参与粮食物流运行的企业，多从本企业角度考虑完成其中的几个环节业务，很少有企业或企业联合体，从全链条考虑系统性优化的物流方案问题[24]。因此，我国亟须开展有关粮食物流运营管理模式方面的理论研究，结合大数据、互联网、智能化等技术，优化粮食物流业务流程。

（三）我国粮食物流学科发展存在的问题

1. 粮食现代物流标准制（修）订的研究比较滞后

自 1998 年以来，在多次粮库建设和粮食物流设施建设高潮中，我国编制了不少粮食物流标准，这些标准的专业覆盖面较小，基本上集中在粮库的设计与建设方面。需要完善粮食物流标准体系，重点制（修）订粮食物流信息采集及交换标准、散粮接收发放设施配备标准、粮食集装箱装卸设施配备标准、粮食多式联运设备配备标准、粮食物流信息平台建设标准、粮食散装化运输服务标准及粮食集装化运输服务标准等亟须编制的标准，并构建政府、行业组织、企业、专家委员会四个层面的全国粮食物流标准化工作机制。

2. 缺乏粮食物流统计方法的研究

粮食物流活动涉及的领域和部门十分广泛，各自的统计指标包含的内涵及外延也各不相同，加之粮食物流本身面广量大的特点，目前国内对粮食物流量的探讨主要还是从产销区视角对跨区域粮食物流量进行实证分析和研究，很少有从理论上进行统计体系或统计预测模型的研究。需要高度重视粮食物流统计调查研究，甚至成立专门机构比如粮食物流统计研究所，采用抽样调查等科学方法从市场端获取数据，保证粮食物流统计数据及时、正确，与统计部门直接获取的数据相互对比、印证，提高粮食物流统计数据的可靠性。

3. 缺乏"一带一路"沿线粮食物流规划的研究

"一带一路"建设对我国粮食供给方式的创新、国际市场话语权的掌控、粮食安全资源的扩大与维护以及供应链成本与安全风险降低等都具有重要的影响作用。需要尽快开展"一带一路"沿线我国粮食物流规划的研究，如"一带一路"国际粮食合作交流和贸易规则、物流标准的制定，在政策、资金、税收、保险及信息等方面推动具有国际竞争力的大粮商培育以及有实力的粮食企业"走出去"，开展粮食生产、加工、仓储、物流、装备制造等跨国合作[25]。

4. 缺乏粮食物流学科领军人才

目前无论是从高校还是科研院所来看，粮食物流学科研究都很分散和重复，缺乏学科领军人才与青年拔尖人才，前沿性、前瞻性、创新性的研究不多。需要进一步加强粮食物流研究体系建设，整合高校、科研院所、大型粮食物流企业等多方力量，组建粮食物流研究院（所），围绕粮食供应链的各个环节、粮食物流的各重要节点与关键问题分别进行研

究，使之成为常态化的智囊机构。

四、发展趋势及展望

（一）战略需求

1. 适应大储备背景下设施优化和管理融合的研究

在粮食和物资储备系统"深化改革、转型发展"的新任务、新要求下，粮食与食糖、棉花等重要物资储备体系的融合发展相关研究的需求将不断增加，如大储备背景下的设施布局优化研究、大储备系统资源互通的创新模式研究、大储备体系管理流程优化研究等，对加快实现粮食和物资储备融合发展，构建统一的国家物资储备体系，提高国家储备整体效能，提升国家储备应对突发事件的能力，保障国家粮食安全和国家储备安全具有重要的作用。

2. 适应高质量发展和质量兴农战略的整合协同创新研究

在落实供给侧结构性改革"巩固、增强、提升、畅通"八字方针要求，适应高质量发展和质量兴农战略的背景下，聚焦"五优联动"，将"质量兴粮"理念贯穿全过程的系统资源整合、协同创新研究成为未来研究的需求重点，如产业融合发展模式研究、产销区融合创新研究、跨区域一体化整合研究、物流全链路的信息互联互通研究等，对于我国坚持市场导向、科技支撑、生态优先，加快转型升级，巩固提升粮食产能，推进种植业结构调整，优化品种结构和区域布局，全面提升粮食质量效益和竞争力，全力保障粮食有效供给有重要意义。

3. 适应大物流发展机遇的现代化升级研究

2018 年 12 月 24 日，国家发展和改革委员会、交通运输部会同相关部门研究制定并印发了《国家物流枢纽布局和建设规划》，标志着在 2019 年中国现代物流基础设施网络建设将全面启动，加之国内消费增长和消费升级的持续推动，我国物流规模及市场潜力巨大。面对大物流发展机遇，我国粮食物流的现代化升级需求日益突出，智能物流网络、高效运输、多元运输、智能装备、标准化等相关研究逐步成为重点，坚持国家物流枢纽以存量设施整合提升为主、以增量设施补短板为辅，重点提高现有物流枢纽资源集约利用水平的原则，为对接现代物流枢纽建设、构建现代化粮食流通体系提供支撑。

（二）研究方向及研发重点

1. 适应新时期新要求的粮食物流设施布局优化研究

研究以用户服务为共同目标，以生态经济为约束条件的粮食物流跨区域结构布局优化；适应粮食收储政策改革和农业产业化发展的粮食物流设施布局研究；粮食物流与绿色物流、电子商务物流等物流新兴形态相结合下的跨业态创新布局研究；粮食物流管理创新和制度创新融合布局研究；仓储物流基础设施、产业需求、物流服务功能三者平衡发展下的物流基地、分拨中心、公共配送中心、末端配送网点的统筹布局研究；"一带一路"粮食物流布局规划研究；从国外粮食资源利用对现有粮食物流布局影响角度研究安全高效开放的粮食仓储物流布局；各类布局下节点合理规模、差异功能设置、运输物流模式、高效作业设备配备研究。

2. 基于供应链管理的粮食物流系统化研究

以大型粮商为主体的供应链整合研究；研究基于物联网、云计算技术的粮食物流监管及信息服务；粮食物流园区智慧化综合物流管控平台研究开发；铁路、公路、港口粮食物流枢纽向上下游延伸服务链条的全程物流组织优化研究；全局观点下企业融入供应链运作研究；新零售商业模式的变革下物流企业打造自动化、智能化共享供应链体系研究；优化生产、流通、销售及追溯管理，以智能物流为节点打造大数据支撑、网络化共享、智能化协作的智慧供应链体系研究。

3. 基于"质量兴粮"理念的粮食物流系统资源整合研究

贯穿粮食物流全过程协同创新研究；产业融合发展模式研究；产销区融合创新研究；跨区域一体化整合研究；物流全链路的信息互联互通研究；将需求预测模型与运输工具以及加工厂、仓库匹配研究；现代化应急物流系统研究；适宜于保质分等的绿色智能精细储运设施设备研究。

4. 粮食物流高效衔接技术集成研究

大型粮食物流园区多式联运作业站场技术标准研究；枢纽节点的多方式集疏运新技术研究；铁路、港口最先和最后一公里配送网络优化研究；中转仓储设施配套技术、船船直取等衔接配套技术，大型粮食装卸车点配套技术，铁路站场高效粮食装卸技术研究等。智能化高效便捷物流新模式研究；无车承运人等将传统运输环节和互联网融合，构建全程可监控、全程可追溯多式联运平台研究；基于大数据的粮食物流一体化研究。粮食物流绩效评价方法研究，深入研究粮食物流成本构成，结合绩效评价项目、成本组成内容，科学准确发现高本低效环节，提出降本增效的技术措施。

5. 粮食物流标准、规范研究

粮食物流标准体系完善；粮食物流组织模式标准、粮食物流信息采集及交换标准、大宗粮食收储信息管理技术通则、粮食作业信息化标准体系、散粮接收发放设施配备标准、散粮集装箱装卸粮作业操作规程、粮食物流中心设计规范、粮食物流企业服务规范与运营管理指南、粮食集装箱装卸设施配备标准、粮食多式联运设备配备标准、粮食散装化运输服务标准及粮食集装化运输服务标准、粮食大数据资源池设计规范、粮食远程视频监控技术规程、粮食物流组织模式标准等标准内容研究和标准编制。粮食物流统计扩展指标研究，包括符合我国粮食物流特征的物流反应速度、周转率等指标的研究。

6. 粮食物流新装备研究

适应自动化、智能化粮食物流系统建设的智能物流装备创新研究，如标准托盘、周转箱等从集装单元提升为数据单元的研究等；仓储自动化粮食分类储运技术与装备研究；标准化船型、装卸设施和设备优化等内河散粮运输技术研究；成品粮物流技术、装备与标准研究；自动化立体库等先进的仓配技术与成品粮物流的结合研究；成品粮储运保鲜技术与装备研发等。粮食物流装备的集成创新研究。

（三）发展策略

1. 重视经济与管理层面的研究

粮食物流研究的应用性导向很强，使得多数研究停留在技术与物质层面，粮食物流经济和管理层面的研究目前仅在几所高校有所涉及，应重视经济与管理层面对行业发展的引导作用，加强粮食物流科学中经济、管理等"软科学"与工程技术等"硬科学"的融合协同。

2. 加快集团物流业务一体化示范

开展针对大型粮食企业内物流业务整合的理论与实践专题研究、实例研讨、系统设计和模拟运行，加快集团物流业务一体化示范，以带动和提升区域一体化运作水平。

3. 加快粮食物流人才培养

着力完善粮食物流专业人才培养体系，支持有关院校增设粮食物流相关课程。以提高实践能力为重点，探索形成院校与有关部门、科研院所、行业协会和企业联合培养粮食物流人才的新模式。完善粮食物流业在职人员培训机制，加强粮食物流业高层次经营管理人才培养，积极开展职业培训。建立健全粮食物流业人才激励和评价机制，加强粮食物流业人才引进，吸引国内外优秀人才参与粮食物流经营和管理。

4. 推进粮食物流管理技术的应用

大力发展第三方物流，培育大型企业集团，提高粮食物流业的效益，加速粮食物流产业信息化发展，建立粮食物流公共信息平台，整合物流资源，加强统筹规划与协调。积极发展第四方物流，补齐物联网大数据环境下供应链系统决策的技术应用短板，提高粮食物流的科技含量，提升粮食物流管理水平。

5. 制定和完善粮食物流标准体系

积极开展装卸次数对粮食破损、粮食质量的影响等基础研究工作，围绕各种运输方式、装备、器具等，建立一批粮食物流设备行业标准；制订现代粮食绿色物流运输、装卸、管理过程相应的绿色标准；对国家标准没有涵盖的领域，要积极引进、采用或推荐国际通用标准，将国际先进标准转化为适合行业实际的标准。

6. 突出学科建设的公共性

一是增加科研经费投入。对于粮食物流学科而言，其研究成果均具有公共物品的属性，因此，应加大政府科研经费投入。二是发挥社团平台作用。中国粮油学会粮食物流分会作为一个社会团体，应发挥更大的公共平台的作用，组织开展粮食物流学科建设研讨会、粮食物流学科建设评估、粮食物流学科的论文专利等相关数据信息征集统计，粮食物流学科人才培训（包括境外培训）、重大项目的合作研究，组织出版粮食物流丛书。

参考文献

［1］ 陈倬，景琦，王锐. 大型粮商主导的粮食供应链整合研究——基于SIR模型的实证分析［J］.江苏农业科学，2016，44（11）：555-559.

［2］ 王丹. 北粮南运运输策略研究［J］. 物流工程与管理，2017（6）：40-42，36.

［3］ 陈来柏，曹宝明，高兰. 中国粮食物流发展现状及存在问题分析［J］. 粮食科技与经济，2016，41（2）：11-14.

［4］ 唐继荣. GIS在面向成品粮的物流信息系统的应用研究［D］. 北京：北京邮电大学，2015.

［5］ 徐惠平. 物联网技术在粮食物流系统中的应用研究［J］. 山东工业技术，2015（8）：252.

［6］ 陈倬，叶金珠. 基于供需匹配的粮食供应链变革研究［J］. 价格月刊，2018（3）：20-26.

［7］ 丁声俊. 以"供给侧"为重点推进粮食"两侧"结构改革的思考［J］. 中州学刊，2016（3）：42-48.

［8］ 姜长云. 推进农业供给侧结构性改革的重点［J］. 经济纵横，2018（2）：91-98.

［9］ 冷志杰，谢如鹤. 基于粮食处理中心讨价还价博弈模型的原粮供应链治理模式［J］. 中国流通经济，2016，30（5）：36-43.

［10］ 寇光涛，卢凤君，刘晴. 东北稻米全产业链的增值模式研究——以三江平原地区为例［J］. 农业现代化研究，2016，37（2）：214-220.

［11］ 于晓秋，任晓雪. O2O模式下考虑服务共享的粮食供应链定价协调机制研究［J］. 数学的实践与认识，2018，48（12）：89-97.

［12］ 刘永悦，郭翔宇，冷志杰. 大宗商品粮三级供应链利益补偿实施的政府支持政策与供应链运营对策［J］. 农业经济，2016（6）：78-80.

［13］ 戴建平，骆温平. 供应链多边合作价值创造实证研究——基于物流企业与供应链成员多边合作的视角［J］. 当代经济管理，2018，40（5）：15-25.

［14］ 李丰. 基于产销平衡视角的区域粮食安全保障体系研究［J］.江苏社会科学，2015（6）：50-56.

［15］ 白世贞，毕玮，牟维哲.基于供求信息共享机制的粮食物流网络［J］.江苏农业科学，2016，44（11）：498-501.

［16］ World Bank Group. Shifting into Higher Gear, Recommendations for Improved Grain Logistics in Ukraine［R］. Report No：ACS15163，2015.

［17］ Seyed Mohammad Nourbakhsh，Yun Bai，Guilherme D N Maia，et al. Grain Supply Chain Network Design and Logistics Planning for Reducing Post-Harvest Loss［J］. Biosystems engineering，2016，151：105-115.

［18］ Savannah Gleim and James Nolan. Canada's Grain Handling and Transportation System：A GIS-based Evaluation of Potential Policy Changes［J］. Journal of the Transportation Research Forum，2015，54（3）：99-111.

［19］ Marcelo Moretti Fioroni，et al. From Farm to Port：Simulation of the Grain Logistics in Brazil［C］// Proceedings of the 2015 Winter Simulation Conference，2015：1936-1947.

［20］ Kemball-Cook D. and Stephenson R. Lessons in Logistics from Somalia［J］. Disasters，1984，8（1）：57-66.

［21］ Wright B，Cafiero C. Grain Reserves and Food Security in the Middle East and North Africa［J］. Food Security，2011，3（1）：61-76.

［22］ 白世贞，于丽. 粮食物流网络资源配置研究现状与展望［J］. 江苏农业科学，2015，43（3）：402-405.

［23］董玉娥，徐明，宋雨星，等. 美国粮食物流体系现状研究［J］. 世界农业，2016（4）：4–10.

［24］潘琤，袁鹏，袁育芬. 近期我国粮食物流体系发展思路［J］. 粮食与饲料工业，2017（9）：5–7.

［25］吴志华，刘佳. 2017 年粮食物流回顾与 2018 年展望［J］. 粮食科技与经济，2018，43（1）：21–25.

撰稿人：李福君　邱　平　郑沫利　冀浏果　冷志杰　高　兰　秦　璐

祁华清　任新平　赵艳轲　刘雍容　袁育芬　秦　波

饲料加工学科发展研究

一、引言

饲料加工学科是指研究饲料原料、饲料添加剂的营养价值、饲用特性、加工特性、安全特性，研究饲料资源和饲料添加剂的开发利用新技术，研究不同动物的不同饲料产品的科学配制、加工新技术、饲料质量检测和控制新技术、饲料加工设备和加工工艺及饲料工程管理等的科学技术领域和相关人才的培养体系[1]。

饲料工业前承种植业、粮食加工业，后接养殖业。饲料加工科学技术的发展可以为全球畜牧、水产养殖业持续提供安全、可支付的饲料产品，进而保证养殖业为人类提供安全、可支付的优质动物性食品。当前和未来，饲料加工科技将朝着"绿色、安全、高效、生态"方向不断创新发展。而饲料加工学科的人才培养体系也需要创新发展，为我国饲料工业的可持续发展提供智力支撑。

2018年，我国有配合饲料、浓缩饲料、精料补充料、添加剂预混合工业生产企业10000家，饲料添加剂生产企业1000家，配合饲料总产量达20529万t，浓缩饲料1606万t，添加剂预混合饲料653万t，工业饲料总产量22785万t，饲料工业总产值达8000多亿元，饲料加工机械产值59亿元[2]。

2016—2019年，我国在饲料加工科技创新方面取得了许多成果，这些成果的应用有力地助推我国的饲料工业科技迈向更高水平。

二、近五年研究进展

（一）饲料加工科技基础研究新进展

1. 饲料工业标准化科研新进展

2016—2019年，我国制（修）订饲料原料、饲料添加剂、饲料检测方法、饲料产品国家标准 74 项。其中《GB 13078—2017 饲料卫生标准》对饲料工业的产品安全卫生质量控制尤为重要，饲料原料国家标准 4 项，饲料添加剂国家标准 37 项，饲料产品国家标准 4 项，饲料检验方法标准 27 项，饲料生产标准 1 项。

2016—2019 年，我国制（修）订饲料原料、饲料添加剂、饲料产品、检测方法的农业和其他行业标准 66 项，其中检测方法 42 项、原料标准 18 项、饲料添加剂标准 1 项、饲料产品标准 2 项、其他标准 3 项。

2016—2019 年，我国制（修）订的饲料加工设备国家、行业标准 31 项。其中，粉碎设备行业标准 4 项，配料设备行业标准 2 项，混合设备行业标准 3 项，制粒设备行业标准 1 项，膨化设备行业标准 6 项，冷却设备行业标准 1 项，输送、清理设备行业标准 8 项，成套设备标准 4 项，饲料加工设备通用标准 2 项。

2018 年我国发布了两项重要团体标准：《T/CFIAS 001—2018 仔猪、生长育肥猪配合饲料》《T/CFIAS 002—2018 蛋鸡、肉鸡配合饲料》。这两个标准降低了产品的粗蛋白水平，调整了必需氨基酸需求量。这两个标准的实施将显著降低蛋白饲料原料的用量，减少氮排放，缓解对豆粕等优质蛋白原料的需求[3, 4]。

2. 饲料理化特性研究

1）研究了多种饲料原料和产品的热物理特性与影响规律。如含水率、温度和粉碎粒度 3 种因素对仔猪配合粉料比热的影响规律，并构建了比热关于研究变量的预测模型[5]；热敏性饲料原料乳清粉及不同乳清粉含量的仔猪配合饲料的比热随温度的变化规律，提出了高含量乳清粉的仔猪配合饲料在加工过程中的调质温度控制范围[6]；温度和粉碎粒度对 8 种能量饲料原料（包括玉米、小麦、大麦、高粱、小麦麸、木薯渣、甜菜渣和米糠）的比热、导热率和导温系数的影响，分析了不同原料之间的热特性差异，并建立了原料热特性参数关于温度的回归预测模型[7]。

2）研究了不同饲料原料的物理特性与加工特性。例如，分析了不同地区、不同品种、不同粉碎粒度的数十种玉米[8]、小麦[9]、大麦[10]、豆粕[11]、玉米 DDGS[12] 和乳清粉[13] 的营养组分、物理特性（容重、粉碎粒度、休止角和摩擦系数）、热特性（比热和导热率）和黏度特性等饲料加工特性的差异；研究了不同玉米、豆粕含量对粉状配合饲料内摩擦角、滑动摩擦角和休止角的影响[14]。

3）研究了部分饲料原料的功能特性。例如，研究了超微粉碎粒度、热处理温度与时间对脱皮菜籽粕[13]、低温带皮菜籽粕[15] 的功能特性（包括吸水性、吸油性、乳化性及乳化稳定性、蛋白质溶解度及体外消化率）的影响，并提出了相应的最佳处理条件；研究了干热处理、蒸汽调质及膨化加工对不同超微粉碎粒度的棉籽粕的吸水性、吸油性、乳化性、乳化稳定性、蛋白质溶解度及体外消化率的影响，并对上述热处理加工参数做出优化[16]；采用 D- 最优混料设计方法，研究了大猪料配方中的三种主要成分玉米、豆粕、麦麸的不同配比对颗粒成型密度、成型率和硬度等成型质量指标影响规律[17, 18]；基于流变学建模理论，构建了表征颗粒饲料挤压成型流变特性的非线性黏弹塑性本构模型，分析了颗粒成型质量指标与本构模型系数间的相关关系[19]。

4）研究引入了饲料加工参数多目标优化设计的新方法。提出了一种以误差反向传播算法神经网络为核心，平均影响值法为数据预处理方法，粒子群算法为关键参数优化算法的颗粒饲料质量预测模型[20]，并在此模型的基础上，建立了基于改进非支配排序遗传算法的颗粒饲料加工参数多目标优化设计方法，为颗粒饲料产品质量控制提供了一种新思路[21]。

3. 饲料机械工作基础理论研究

对具有反向捏合块元件的啮合同向双螺杆挤出机[22]以及具有三角屏障混炼元件和反向螺纹元件的新型单螺杆挤出机[23]的流道进行流场分析，研究分析豆粕在其流道中的运动情况，研究结果可为挤出机设计提供参考。

（二）饲料加工装备科技研究进展

2016—2019 年，我国在饲料加工装备的技术创新方面取得很大成果，制造质量得到很大提升。饲料成套设备出口到世界几十个国家。

1. 锤片粉碎机的主要技术发明

锤筛间隙的连续调整技术[24]；锤片打击端面开刃的专利技术[24]；双面开槽呈孔的粉碎机筛片和凹面型式的筛片技术[25]；锤片的易更换限位装置以及新型耐磨喷焊锤片；能够连续喂料的秸秆、牧草锤片粉碎机；辊式粉碎与锤片粉碎一体机；筛片破损在线检测设备。这些技术创新的应用使我国饲料锤片粉碎机能耗大大降低，生产效率显著提高[26]。

2. 立轴超微粉碎机的主要技术发明

新型多头粉碎锤头；带风道和扰流板的新型粉碎盘；新型结构的分级轮；带主电机消音结构和冷却系统、立式喂料器的新型超微粉碎机；直径 170~180cm 的大型立式超微粉碎机；超微粉碎加工过程中自动调节产品粒度的装置及其方法。这些技术创新的应用使我国饲料立式超微粉碎机的综合生产性能处于国际领先水平，节能降耗显著[26]。

3. 配料混合设备主要技术发明

微量组分配料混合一体机；带自动清理刷的桨叶式混合机；锥形双轴桨叶混合机[26]。

4. 调质设备主要技术发明

高剪切型桨叶调质器；零机头废料调质器；带抛料板的改进型长程双轴桨叶调质器；带清理刷和烘干箱的调质器[26]。

5. 制粒设备的主要技术发明

模辊间隙新型自动调整装置；切刀位置的自动调整装置等。调质－制粒水分自控系统等[26]。

6. 挤压膨化设备的主要技术发明

旋转式不停机换模膨化机；兼顾沉浮料的挤压膨化机；新型膨化机衬套；改进型高剪

切螺杆、均质分流罩等；切刀系统的自动控制技术；膨化机系统的自动控制。电脑控制的国产大型双螺杆、单螺杆挤压膨化机技术[26]。

7. 其他饲料加工设备的主要发明

新型分区控温节能型带式干燥机；可实现料位均匀的立式逆流冷却器；可自动控制的液体真空喷涂机系统[26]；大型多层回转振动分级筛等；固定式、移动式全混合日粮制备机；大型节能高效畜禽、水产饲料成套装备。

2018年1月，由江苏牧羊控股有限公司、江南大学等单位申报的科技成果项目"大型智能化饲料加工装备的创制及产业化"获2017年国家科技进步奖二等奖。

8. 主要发酵饲料工程装备技术发明

先好氧后厌氧生物饲料添加剂的生产系统；先好氧后兼氧的生物饲料添加剂的生产系统；带蒸煮发酵的生物饲料添加剂生产系统；平床式发酵机；矩形槽式发酵床；圆形发酵机；圆形发酵塔等[26]。这些生产装备可实现自动调节温度湿度和通风量，自动进料、自动出料的连续化生产，可以满足不同固态发酵形式的生产要求，处理量可达100~300t/d。这些装备的发明为发酵饲料原料和产品的工业化生产提供了硬件保证。

（三）饲料加工工艺技术新进展

1. 饲料原料加工技术

升级的原料清理技术：谷物原料采用两级筛选＋风选＋磁选工艺；乳猪料原料清理中增加去石工序；采用色选机清除发霉粒状原料（玉米、大豆等）；采用膨胀机、膨化机生产膨化亚麻籽、膨化菜籽、膨化大米等的工艺技术。这些技术可精细去除饲料中的杂质，可消除抗营养因子，提高饲料利用率。

2. 精细高效加工技术

教槽料、乳猪料的超微粉碎加工技术；预混料的在线生产技术；不同饲料产品的高效调质技术；二次制粒技术；升级改进的乳猪料大料挤压膨胀＋低温制粒技术[27]；软颗粒乳猪教槽料加工技术。

3. 安全饲料加工技术

调质器采用电热甲或蒸汽等辅助加热方式，制粒前杀菌消毒，调质作业完成后加热干燥使残留物料从机壳上剥离，防霉变；普遍采用冲洗和生产排序的方法防止饲料的交叉污染；饲料产品质量可追溯系统技术的推广应用。

4. 饲料加工技术与饲料质量、动物饲喂效果的关系研究

揭示了维生素、酶制剂等热敏性添加剂热加工损失规律，发明了粉料调质熟化低温制粒畜禽饲料生产新工艺，为热敏性添加剂精准添加、实现配方保真提供了基础数据和工艺技术支撑，降低用量15%以上[28]；明确了饲料加工工艺及参数对肉鸡、断奶仔猪、生长育肥猪等动物的生长性能和饲料质量的影响规律，提出了上述动物饲料精准加工工艺参数

体系，有助于实现饲料营养成分的高效利用和饲料加工的节能降耗[29]。

5. 饲料厂自动控制新技术

散装原料接收、清理、储存、出仓、记录自动化；添加剂原料、小料入厂、存储、发料、记录自动化；添加剂投料、存储、配料、预混合、添加到主线的记录自动化；调质、制粒/挤压膨化、干燥、冷却、包装工序、码垛工序、装车发放自动化。这些自动化技术的应用推广，显著提高了饲料厂的生产效率，降低生产成本，解决劳动力短缺问题，同时保证了饲料产品质量。

6. 饲料企业环保技术

国家对防火防爆要求在饲料厂工程设计中的强制执行，包括总平面设计、各建筑物/构筑物的防火分区与防火措施落实；选择能够满足防火防爆要求的饲料加工设备，设备的布置、安装、连接也要满足法规标准要求。

饲料厂噪声防治按国家最新相关法规标准的规定执行。

饲料厂的臭气排放浓度要达到国家强制标准要求。水产饲料厂、宠物饲料厂、发酵饲料厂通常需要安装臭气处理设备，实现达标排放。近四年，臭气处理设备和系统（如水喷淋系统+微生物处理+沉淀+净水回用技术、湿法离心除尘+微波光氧除臭技术、高能紫外光解法技术、微生物除臭技术和设备等）逐渐被研发改进和应用。

（四）饲料资源开发与高效利用技术新进展

1. 发酵饲料原料生产技术

2016—2019年，饲料原料发酵技术在更多的非常规饲料资源上取得新进展，如发酵马铃薯淀粉渣、发酵白酒糟、发酵啤酒糟、发酵玉米秸秆、发酵紫苏秸秆、发酵苹果渣、发酵木薯酒糟、发酵菠萝皮渣、发酵棕榈粕渣、发酵平菇菌渣、发酵构树、发酵麸皮、发酵稻壳粉的生产技术，取得许多发明专利。而在发酵豆粕、发酵菜籽粕、发酵棉籽粕等大宗原料生产技术上又取得了新的进展，主要是针对饲喂目标动物的生理与营养需求特点，采用不同单菌种、多菌种开发适用的发酵产品，如适用于肉食性鱼类、虾、乳猪、断奶仔猪、鸡等的不同发酵豆粕产品等。这些技术研究包括发酵微生物菌种的筛选和菌种组合优化以及发酵过程工艺技术参数的优化、发酵产品的质量评价[29-33]。

在发酵饲料原料产品的应用技术研究方面，根据发酵产品的基本特性，对应地进行了猪、蛋鸡、肉鸡、肉羊、肉牛、奶牛、淡水鱼、虾的应用效果试验，取得了优化的应用参数。这些发酵产品的优点主要是：可降低原饲料原料中粗纤维含量和抗营养因子含量，增加了真蛋白含量，改善了必需氨基酸组成，增加了B族维生素、小肽、某些有益微生物及代谢产物等功能性物质含量，可改善动物肠道健康与免疫水平以及饲料风味；提高这些原料在配合饲料中使用的比例，大幅减少了鱼粉、豆粕等优质紧缺原料的用量，变废为宝，显著降低了动物养殖的饲料成本。

2. 饲料原料中霉菌毒素脱除技术新进展

由于我国粮油类饲料原料及副产品中霉菌毒素污染严重，因此脱除或降解这些饲料原料中的毒素就成为高效利用这些资源的技术关键。2016—2019年，霉菌毒素脱除或降解技术进展主要集中在筛选开发新的发酵脱毒用微生物菌种及配套脱毒工艺以及新的霉菌吸附剂。前者的技术发明专利如：一种以陈香茶及枯草芽孢杆菌复合发酵豆粕的方法与应用；一种两步发酵高效生产发酵豆粕的方法；一种鱼浆发酵豆粕及其生产方法和应用；一种富含精氨酸和赖氨酸的发酵豆粕的生产方法；单端孢霉烯族毒素生物降解剂及其制备方法。后者的技术发明如：纳米凹凸棒石吸附剂的制备方法；一种复合型霉菌毒素吸附剂及其制备方法[26]。

3. 新型蛋白饲料生产技术新进展

2016—2019年，水产动物、畜禽加工副产物的酶解蛋白如鱼水解蛋白、昆虫蛋白粉如脱脂亮斑扁角水虻虫粉、单细胞蛋白等新型蛋白饲料原料的生产技术取得了新的创新技术成果。这些产品已在不同程度上应用于水产、宠物和畜禽饲料中，显著降低了对鱼粉等优质动物蛋白的使用，降低了对进口鱼粉的依赖，同时也促进了我国水产饲料、宠物饲料等产品的快速发展[34]。

（五）饲料添加剂制备应用技术新进展

2016—2019年，饲料添加剂研发的技术进展主要集中在安全、高效、稳定、环保、替抗等方向。研究热点是植物（中草药）功能性成分效果研究与提取物制备技术，新型饲用益生菌的研发与高效生产制备技术，高效耐热耐压的稳定性酶制剂产品制备技术，不同抗菌肽的功能研究与产品制备技术，有机酸添加剂、有机微量元素添加剂新的制备技术等。

植物提取物饲料添加剂的应用研究非常广泛，木薯多糖、低聚壳聚糖、茶树油、肉桂醛、植物甾醇、杜仲叶提取物、姜黄素、茶皂素、牛至油、迷迭香提取物等的研究报道较多。中草药提取物添加剂按特定功效以复配制剂制备应用较多，而不稳定类型的植物提取物多以包膜或微囊技术制备[35]。

益生菌添加剂制备应用技术新进展：微囊化发酵生产高密度、高活菌含量的包囊乳酸菌产品的方法是一项创新技术，用该技术生产的产品具有较高的耐热稳定性；天然耐高温型益生菌添加剂制备技术，如天然耐高温屎肠球菌制剂。

抗菌肽添加剂产品制备应用技术新进展：自2016年以来，国内申请饲用抗菌肽制备和应用专利61项，授权专利10多项。这些发明专利涉及的抗菌肽有肠杆菌肽和天蚕素抗菌肽、对虾抗菌肽、Surfactin、蝇蛆抗菌肽、杂合抗菌肽Mel-MytB、日本鳗鲡抗菌肽DEI、蛴螬抗菌肽、衣鱼抗菌肽、Metalnikowin抗菌肽、小菜蛾抗菌肽等。抗菌肽添加剂是最具替代抗生素潜力的一类产品。但因其作业机理复杂，安全性评估尚不充分，目前尚未列入农业部饲料添加剂目录中[26]。

植酸酶的低成本生产技术成果促进了植酸酶的广泛应用。

2017年1月，由浙江大学、宁波工程学院等单位申报的科技成果项目"重要脂溶性营养素超微化制造关键技术创新及产业化"获2016年国家发明奖二等奖。

（六）饲料的产品开发技术新进展

2016—2019年，我国饲料产品研发的主要方向依然是高效、低耗、安全、替抗、经济。

1. 研制并发布了新的猪鸡配合饲料标准

2018年，中国饲料工业协会发布了《T/CFIAS 001—2018 仔猪、生长育肥猪配合饲料》《T/CFIAS 002—2018 蛋鸡、肉鸡配合饲料》两个团体标准。与原有的国家标准相比，新标准依据大量的科学研究成果，细分了动物的饲养阶段，适度降低了饲料的粗蛋白、总磷、总钙水平，增加了某些必需氨基酸水平，使标准更科学，营养指标更精准。新标准的发布实施将会有力地促进我国猪鸡配合饲料产品质量提升，对降低蛋白饲料等资源消耗，减少氮、磷排放，降低养殖成本有重要作用[36]。

2. 水产饲料鱼粉、鱼油替代技术取得新进展

自2016年以来，国内在低鱼粉肉食性鱼、虾配合饲料的研发上取得很多新的成果。研究获得了在低鱼粉饲料中分别添加枯草芽孢杆菌、有机酸（盐）、精油、低分子水解鱼蛋白、微囊氨基酸和蛋白酶、色氨酸等改善凡纳滨对虾生长性能、非特异性免疫力及抗病力的技术[37]；研究获得了在低鱼粉饲料中分别添加蛋氨酸、胆汁酸、牛磺酸改善中华绒螯蟹幼蟹生长、饲料利用及抗氧化能力的技术；研究了军曹鱼、健鲤、鲟鱼、罗非鱼的低鱼粉饲料技术；研究了中华绒螯蟹、中华条颈龟、杂交鲟、黄颡鱼饲料中用植物油如棕榈油、豆油、亚麻油替代鱼油的技术等[38]。

3. 水产膨化饲料的研发与应用取得新进展

由于膨化饲料具有对植物性成分调质改性充分，且耐水性好，水中溶失少，对水环境的污染小等优点，因此在更多的鱼种中进行了研究和应用，如斑点叉尾鮰、草鱼、美洲鳗鲡等。另外，在过去主要使用硬颗粒饲料的草鱼、罗非鱼等淡水鱼种，目前也越来越多地使用膨化颗粒饲料。

4. 新型乳猪教槽料、保育料研发应用取得新进展

在这方面取得的主要技术成果有：①软颗粒乳猪饲料生产技术；②大料调质膨胀＋低温制粒技术；③大料长时间调质＋均质＋低温制粒技术。这三种技术都能够最大限度地满足保留热敏性组分，保证制粒效率，改善乳仔猪生产性能[39]。

5. 发酵配合饲料生产技术新进展

1）畜禽发酵配合饲料研究成果对27篇同质研究文章的Meta分析结果表明，发酵饲

料能极显著提高猪的日增重（ADG）、日采食量（ADFI）并降低料肉比（FCR）（$P < 0.01$）；在生长育肥猪上，发酵混合原料和发酵中草药均极显著提高猪的 ADG、ADFI 并降低 FCR（$P < 0.01$）；此外，发酵饲料极显著降低断奶仔猪的腹泻率（$P < 0.01$）[40]。对乳酸菌、酵母菌、枯草芽孢杆菌两菌组合或三菌组合发酵仔猪配合饲料的最佳菌种配比研究结果表明，三菌组合发酵的蛋白质增加率优于两菌组合[41]。用益生菌发酵香草配合饲料与不发酵配合饲料对比，可以极显著提高育肥羊的生产性能和羊肉品质[42]。用添加有 10% 或 15% 混合菌株发酵配合饲料的日粮饲喂肉鸡比饲喂不添加发酵饲料的日粮组相比，显著提高了肉鸡的平均日总重、养分消化率和盲肠中乳酸杆菌和双歧杆菌的数量，降低了料肉比和盲肠中大肠埃希菌、沙门氏菌数量。

2）水产动物发酵饲料研究成果用产朊假丝酵母、植物乳杆菌和地衣芽孢杆菌发酵的饲料与不发酵饲料对比，可以提高南美白对虾肠道菌群的多样性指数，提高植物乳杆菌的相对丰度，从而改善南美白对虾的肠道菌群组成[43]。

3）2017 年 1 月，由东北农业大学、山东新希望六和集团有限公司等单位申报的科技成果项目"功能性饲料关键技术研究与开发"获 2016 年国家科技进步奖二等奖。

（七）饲料质量检测技术新进展

1. 饲料样品预处理技术进展

饲料样品预处理的免疫亲和柱净化技术，尤其是多重免疫亲和柱净化技术的发展，可以达到一次性净化多种被检物质的目的；分子印迹聚合物可选择性识别富集复杂样品中的目标物，广泛用于各种萃取柱的制备；以磁性材料或可磁化材料形成的纳米微萃取技术可以使萃取和洗脱均在 30s 内完成，微波消解的快速溶样技术有效缩短了重金属的检测时间。

2. 饲料中兽药含量检测技术进展

液相色谱或超高效液相色谱 – 串联高分辨率质谱法被研究应用于饲料中恩诺沙星、喹乙醇、异噻唑啉酮、硫酸黏杆菌素、硝基咪唑类药物及其代谢物残留、喹噁啉等药物的检测[44]；气相色谱 – 质谱法用于同时测定饲料中 6 种雌激素类药物；刘宇婷等首次采用电位分析法测定猪饲料中的恩诺沙星含量，该方法电极线性响应范围 $0.1 \times 10^{-5} \sim 1.0 \times 10^{-5}$ mol/L，级差电位 26mV/pC，检测下限 8.9×10^{-6} mol/L；酶联免疫吸附法快速测定饲料中恩诺沙星等。

3. 饲料中微生物毒素检测技术进展

研究建立了用于检测黄曲霉毒素 G_2、G_1、B_2、B_1 的超高效液相色谱串联三重四极杆质谱法（UPLC–MS/MS），检测的线性关系良好，定量下限范围在 0.1778~0.6333 μg/kg，检测下限范围在 0.0551~0.1900 μg/kg；研制了高灵敏度玉米赤霉烯酮（ZEN）免疫层析检测卡，可以对样品中 ZEN 含量做出 < 5 μg/kg、5~60 μg/kg 和 > 60 μg/kg 的 3 个区间判定。

检测样品时，能够筛查 ZEN 污染程度低的样品；研究建立的新型不同侧向层析试纸检测法可用于检测赭曲霉酶毒素 A（ochratoxin，AOTA），灵敏度达到 1.9ng/mL，伏马菌素，检测限为 6.25ng/mL。目标物引发 DNA 循环体系用于检测 AFM，检测灵敏度达到 0.01ng/mL；基于滚环扩增的生物条形码技术平台对燕麦中的 T–2 毒素检测方法的检测限可达 0.26pg/mL[45]。

4. 饲料中致病菌检测技术进展

基于适配体的致病菌检测技术成为研究热点。利用 $NaYF_4$：Ce/Tb 时间分辨荧光纳米材料与 FAM 染料之间共振能量转移检测沙门氏菌，该方法线性范围为 $100\sim10^6CFU/mL$，检出限为 25CFU/mL；采用合成 Mn^{2+} 掺杂 $NaYF_4$：Yb，Tm 上转换发光纳米材料连接沙门氏菌适配体 + 金纳米棒（Au NRs）检测沙门氏菌，方法检出限为 11CFU/mL，线性范围为 $12\sim5\times10^5CFU/mL$；基于双功能寡核苷酸和适配体与金纳米颗粒结合的沙门氏菌适配体检测沙门氏菌，线性范围为 $10\sim10^6CFU/mL$，检出限为 10CFU/mL[46]；

李轲等研究建立了一种同时检测沙门氏菌、大肠埃希菌 O157：H7 和布氏杆菌的快速、灵敏、高通量的多重 IMS– 荧光 RPA 检测体系。该法利用特异性免疫磁珠，在 37℃条件下从 200mL 样液体系中循环捕获目标致病菌。磁珠液提取 DNA 后，对 3 种病原菌进行多重 IMS– 荧光 RPA 检测。结果表明：针对沙门氏菌、大肠埃希菌 O157：H7 和布氏杆菌的检测限分别达到 3.0CFU/mL、4.5CFU/mL 和 8.7CFU/mL[47]。刘骆强等建立食品中的沙门氏菌、副溶血性弧菌、大肠埃希菌 O157：H7、金黄色葡萄球菌和单核细胞增生李斯特氏菌的 PCR 快速检测方法[48]。

（八）饲料科技人才培养与科技创新团队建设新进展

我国已经建立较完善的动物营养与饲料科学的人才培养体系，国内有 10 多所院校具有动物营养与饲料科学博士学位点，30 多家高校具有动物营养与饲料科学硕士学位点。相关专业科研院所通过大量的科研课题和生产应用为饲料工业培养专业技术人才。在饲料加工学科专业人才培养方面，2016—2019 年河南工业大学和武汉轻工大学为我国饲料行业培养了约 500 名饲料加工工程方向专业人才。河南工业大学、武汉轻工大学、中国农业科学院饲料研究所、中国农业大学工学院培养饲料工程方面的研究生 90 名。为饲料成套设备公司、饲料加工企业的发展提供了紧缺人才[48]。

三、国内外研究进展比较

（一）饲料加工科技基础研究

我国在饲料加工科技的基础研究方面水平近年来虽有明显提高，但与发达国家还有明显差距，主要表现在：对饲料原料、饲料添加剂的理化特性研究不深入、不全面、不系统。特别是这些理化特性在不同加工过程与条件下的变化规律及这些变化对饲料产品的饲

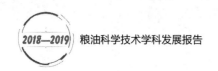

用效果、价值的影响和关系缺乏深入系统的研究，进而导致了饲料的不当加工或过度加工，饲料不能充分发挥其应有的效价；对饲料加工关键设备的作用原理和理论分析研究及创新能力不足，导致某些设备在初始设计上就存在缺陷，达不到预期设计目标。

在饲料加工装备和工艺的国家、行业标准研究上，研究经费不足和研究基础较弱，导致标准的水平与行业需求有一定差距。

（二）饲料主要加工装备技术

我国的饲料加工装备技术水平总体上已经达到国际先进水平，其中普通锤片粉碎机、锤片式微粉碎机、立式超微粉碎机的技术处于国际领先水平。但在某些设备技术水平上与发达国家仍有一定差距。这些差距主要表现在设备材料质量及热处理技术、设备加工制造质量与检测控制、设备的研发试验水平、设备的自动控制技术等方面。国内饲料加工设备在功能性、生产效率、可靠性和环保性能等方面尚存在差距。国内饲料机械的重要发明专利申请数量和授权数量还比较少。多数设备还处于跟跑阶段。造成这些差距的原因还是企业研发人员不足，高层次人才少，企业研发投入不足。

（三）饲料加工工艺

国内在饲料加工工艺技术方面原创性成果少。目前主要的清洁输送、粉料杀菌、高温调质、均质、膨胀、挤压膨化、真空喷涂、压片、压块、排序生产、可追溯体系等工艺都是国外先发明的。目前，我国发酵饲料的工艺技术发展较快。

（四）饲料资源开发与利用技术

我国在低质饼粕类、粮油加工副产品及其他农产品加工副产品等资源的深度开发、充分利用的创新研究不够，高附加值产品种类少。优质牧草资源有限，青储技术推广应用水平与发达国家仍存在较大差距。

（五）饲料添加剂技术

我国在植酸酶的菌种、生产技术与生产成本上处于国际领先水平，其他主要酶制剂技术也处于国际先进水平。但由于基础研究不足，我国在新型益生菌添加剂的菌种研发，植物提取物的纯化制备与生物活性研究、保护技术方面与世界先进水平相比还有明显差距。在有机微量元素、新型抗菌肽制剂、减少饲养动物粪便臭味等添加剂的研发技术方面与国际先进水平也存在一定差距。

（六）饲料产品

发达国家的饲料产品按动物生长的不同阶段、不同生产目标划分更精细，营养配置更符合动物需求，减少了饲料的浪费；发达国家的饲料产品类型更齐全，特别是宠物饲料、观赏动物饲料品种丰富、针对性强，而我国与发达国家水平相比还有较大差距。欧洲国家的无抗饲料产品居世界领先水平。

（七）饲料质量检测技术

发达国家在饲料质量检测新技术的研发，尤其是在真菌毒素检测标准制订方面领先于我国。欧盟在霉菌毒素检测高新技术上处于世界前列。国际分析化学师协会（AOAC）在真菌毒素标准的制定中具有领先地位，AOAC 标准中涵盖了多种先进的新技术检测方法。

与国际上比，我国霉菌毒素检测标准检测的毒素种类最多，包括了 T-2 检测标准（包括饲料、粮谷和食品中 T-2 毒素的测定）。在黄曲霉毒素、玉米赤霉烯酮、伏马毒素和棒曲霉素的检测标准中，我国率先引进了 LC-MS 技术，同时还在 T-2 和棒曲霉素检测标准中使用了 LC-MS/MS 技术，而在其他三个国际标准体系中尚无这些技术的应用。

（八）人才培养

美国等国在大学设有饲料工程类本科专业，有这一学科的本科生、硕士生和博士生招生计划。而我国目前没有设立这一本科专业，只有动物科学的农学专业，不能满足我国饲料行业对饲料加工专业人才的培养需求，也影响了该学科方向的科技创新水平。

四、发展趋势及展望

（一）战略需求

1. 饲用蛋白资源的创新开发技术

我国饲用蛋白资源短缺是制约饲料工业发展和肉蛋奶供给的瓶颈问题，目前 70% 以上的蛋白饲料依赖进口解决，因此饲用蛋白资源的创新开发技术将是国内最急需的战略技术之一，需要通过新的蛋白质饲料原料生产技术，采用生物技术手段，研究开发能改造提升现有低质蛋白原料资源饲用价值的生产技术以及使现有蛋白原料发挥最佳饲用效益的科学加工技术等。

2. 安全生态型饲料产品生产关键技术

确保饲料产品的质量安全进而确保肉蛋奶的质量安全依然是我国饲料工业需要进一步研究解决的重大战略性课题，同时减少动物排泄物对环境的污染将成为未来十年饲料工业需要解决的重大技术问题。解决这一重大技术问题需要研究不同加工状态饲料原料和产品的营养价值实时准确评价技术、饲料中抗营养因子与毒素的快速检测与消除技术、可提高饲料养分利用效率和减少动物排泄的功能性饲料添加剂的开发与利用技术等。

3. 安全高效低耗智能化饲料加工装备技术

未来 10 年，安全高效智能化饲料加工装备包括常规配合饲料、发酵饲料的智能化生产装备，将是适应新时代饲料工业发展的物质基础，也是未来我国饲料加工装备技术占领国际市场的重要战略技术支撑，因此需要从国家层面组织安全高效智能化饲料加工装备的重大项目攻关。

（二）研究方向与研究重点

1. 饲料加工科技基础研究

饲料加工基础研究特别是应用基础研究是决定未来应用研究水平的关键。根据国家行业未来发展需求，饲料加工学科应对以下影响饲料加工科技水平的瓶颈问题组织攻关：①饲料原料组分的构效关系与理化特性及在不同饲料加工中的变化规律；②环境敏感型饲料添加剂的稳定化与高效吸收利用机制；③饲料原料与混合料在加工中的流变学特性；④饲料不同加工性状对动物生理生化的调节机制；⑤饲料加工关键设备原理创新；⑥新型绿色替抗饲料添加剂对动物机能调节机制。

2. 饲料资源开发

①脱除霉菌毒素的新型饲料发酵用安全高效菌株的研发与产业应用；②脱除抗营养因子的新型饲料发酵用安全高效菌株的研发与产业应用；③新型昆虫蛋白研发与应用；④新型单细胞蛋白的研究与应用；⑤饲用膳食纤维的功能性研究与产业化应用；⑥非常规饲料资源的增值加工技术研究；⑦生物发酵饲料的安全性评价研究与标准化。

3. 饲料加工装备与工艺

①适应于 AI 时代智能化控制的饲料厂加工专家系统研制；②智能化控制的节能高效关键加工设备的研发；③新型调质湿热处理工艺与设备的研发；④特种形态饲料加工工艺与设备的研发；⑤自清洁饲料加工设备的研发；⑥满足安全卫生、粉尘防爆、臭气排放、生物安全防控的饲料厂设计技术研发；⑦自动化在线监测设备研发，包括粉碎机破筛自动检测、饲料在线水分检测、混合均匀度在线监测、饲料调质效果在线监测、饲料产品质量在线监测等检测设备与技术；⑧饲料厂全厂自动化控制技术；⑨智能化饲料工厂。

4. 饲料添加剂

①安全高效的新型饲用益生菌的菌种的研发与产业化工艺技术研究；②新型植物提取物的研制与产业化工艺技术研究；③新型有机微量元素的研制与产业化工艺技术研究；④新型抗菌肽制剂的研制与产业化工艺技术研究；⑤新型动物粪便臭味减除用饲料添加剂的研制与产业化工艺技术研究。

5. 饲料产品

①适合饲养动物不同生长期、生产期营养需求的精细划分的配合饲料产品的研发；②低蛋白均衡营养的新型畜禽饲料产品的研发；③安全高效发酵饲料产品的研发与标准

化；④特种形态的宠物饲料、观赏动物饲料产品研发；⑤绿色、有机、无抗饲料产品研发；⑥幼龄动物特种功能性饲料产品开发；⑦饲料产品可追溯技术系统的研发与普遍应用。

6. 人才培养

①建议设立饲料工程本科专业和相应的硕士、博士专业，以满足国内饲料行业对该类人才的迫切需求；②适应新时代饲料工业需求的饲料工程类专业人才培养模式与课程体系的研究与推广。

参考文献

［1］王卫国，高建峰，白文良，等. 饲料加工学科的现状与发展［M］// 中国科学技术协会. 粮油科学技术学科发展报告（2014—2015）. 北京：中国科学技术出版社，2016.

［2］杨振海. 我国饲料工业发展现状和发展趋势［J/OL］.（2019.03.26.）. http://www.xumurc.com/main/ShowNews.63921.html.

［3］国家标准信息全文公开网站. http://www.gb688.cn/bzgk/gb/index.

［4］全国农业食品标准服务平台. http://www.sdtdata.com/fx/fmoa/tsLibIndex.

［5］孔丹丹，陈啸，杨洁，等. 仔猪配合料比热预测模型的构建［J］. 农业工程学报，2016，32（18）：307-314.

［6］孔丹丹，方鹏，王红英，等. 高含量乳清粉的仔猪配合饲料热特性及调质温度控制［J］. 农业工程学报，2017，33（16）：299-307.

［7］孔丹丹，方鹏，金楠，等. 温度和粉碎粒度对不同能量饲料原料热物理特性的影响［J］. 农业工程学报，2019，35（6）：296-306.

［8］张国栋，杨洁，孔丹丹，等. 不同品种玉米饲料加工特性分析［J］. 饲料工业，2016，37（7）：5-10.

［9］方鹏，杨洁，陈啸. 不同品种小麦的饲料加工特性分析［J］. 饲料工业，2016，37（15）：7-13.

［10］吕芳，杨洁，孔丹丹，等. 不同品种大麦饲料加工特性分析［J］. 饲料工业，2016，37（9）：6-14.

［11］孔丹丹，陈啸，杨洁，等. 不同品种豆粕的饲料加工特性分析［J］. 饲料工业，2016，37（21）：9-17.

［12］陈啸，杨洁，孔丹丹，等. 不同品种玉米DDGS的饲料加工特性差异分析［J］. 饲料工业，2016，37（13）：6-11.

［13］岳岩，杨洁，陈啸，等. 不同品种乳清粉的饲料加工特性差异分析［J］. 饲料工业，2016，37（11）：10-15.

［14］吕芳，孔丹丹，陈啸，等. 粉状配合饲料摩擦特性试验研究［J］. 饲料工业，2017，38（1）：11-14.

［15］任志辉，王卫国，冯世坤. 热处理与超微粉碎对脱皮菜籽粕功能特性的影响［J］. 饲料工业，2015，36（23）：11-16.

［16］冯世坤，王卫国，任志辉. 热处理和超微粉碎对低温带皮菜籽粕功能特性的影响［J］. 粮食与饲料工业，2016，12（2）：50-55.

［17］张恩爽. 超微粉碎粒度与热处理对棉籽粕功能特性的影响［D］. 郑州：河南工业大学，2017.

［18］陈啸，王红英，方鹏，等. 基于混料设计的原料成分对颗粒饲料产品成型特性的影响［J］. 饲料工业，2018，39（9）：7-13.

［19］陈啸，孔丹丹，王红英，等. 基于本构模型的颗粒饲料成型特性研究［J］. 农业工程学报，2017，33（23）：267-275.

［20］陈啸，王红英，孔丹丹，等. 基于粒子群参数优化和 BP 神经网络的颗粒饲料质量预测模型［J］. 农业工程学报，2016，32（14）：306-314.

［21］陈啸，孔丹丹，方鹏，等. 基于非支配排序遗传算法的颗粒饲料加工参数优化设计［J］. 饲料工业，2017，38（19）：7-13.

［22］郭树国，韩进，王丽艳. 带有反向捏合块的双螺杆挤出机三维流场分析［J］. 饲料工业，2017，38（9）：16-19.

［23］郭树国，韩进，王丽艳. 基于 CFX 的新型豆粕单螺杆挤出机数值模拟分析［J］. 大豆科学，2017，36（2）：300-304.

［24］王卫国，俞信国，俞正. 锤片式微粉碎机技术创新的最新进展［J］. 饲料工业，2017，38（13）：1-4.

［25］曹丽英，杨左文. 基于 EDEM 对新型锤片式粉碎机筛网改进的验证［J］. 饲料工业，2018，39（3）：16-19.

［26］国家知识产权局专利检索与分析系统. http://www.pss-system.gov.cn/sipopublicsearch/portal/app/home/declare.jsp.

［27］段海涛，李军国，葛春雨，等. 高效调质低温制粒工艺对颗粒饲料加工质量及维生素 E 保留率的影响［J］. 动物营养学报，2017，29（11）：4101-4107.

［28］马世峰，李军国，于纪宾，等. 不同工艺参数组合对肉鸡颗粒饲料加工质量、生长性能和养分表观消化率的影响［J］. 动物营养学报，2017，29（4）：1148-1158.

［29］杨正楠，廖良坤. 菠萝皮渣发酵饲料特性及对营养的改善［J］. 热带农业科学，2018，38（10）：5-9.

［30］李洁，李昆，张孟阳，等. 固态发酵木薯酒精渣生产生物饲料的研究［J］. 饲料工业，2018，39（22）：44-48.

［31］蔡辉益，于继英，许小军. 马铃薯饲用资源固体发酵研究进展［J］. 饲料工业，2018，39（5）：1-7.

［32］曲强. 平菇菌糠饲料发酵研究及绒山羊饲喂试验［J］. 辽宁农业职业技术学院学报，2018，20（1）：16-18.

［33］于长青，李冰，皮尔·穆罕默德·阿卜杜勒，等. 棕榈粕渣发酵饲料养殖肉牛应用效果研究［J］. 项目与饲料科学，2019，40（1）：46-49.

［34］Jiani LIU，Songping XU，Huaqing LIU，et al. Exploitation and Utilization of Insect Protein Feed Resources［J］. Agricultural Science & Technology，2017，18（3）：469-472.

［35］王浩，印遇龙，邓百川，等. 植物提取物的特性及其在母猪生产中的应用［J］. 动物营养学报，2017，29（11）：3852-3862.

［36］袁建敏. 团标"蛋鸡、肉鸡配合饲料"编制依据［J］. 饲料工业，2019，40（6）：1-6.

［37］李军亮，杨奇慧，谭北平，等. 低鱼粉饲料添加枯草芽孢杆菌对凡纳滨对虾幼虾生长性能、非特异性免疫力及抗病力的影响［J］. 动物营养学报，2019，31（5）：2212-2221.

［38］陈晴，马倩倩，沈振华，等. 低鱼粉饲料中补充蛋氨酸、胆汁酸、牛磺酸对中华绒螯蟹幼蟹生长、饲料利用及抗氧化能力的影响［J］. 海洋渔业，2018，40（1）：65-74.

［39］彭君建，周春景，马亮，等. 全膨化低温制粒工艺在乳猪教槽料生产中的实践和应用［J］. 饲料工业，2018，39（17）：13-18.

［40］徐博成，路则庆，邓近平，等. 发酵饲料对断奶仔猪和生长育肥猪生长性能影响的 Meta 分析［J］. 饲料工业，2018，39（24）：40-48.

［41］管军军，张天勇，王志祥. 菌种对固态发酵仔猪配合饲料的影响［J］. 饲料工业，2018，39（9）：56-61.

［42］董改香，张勇刚，张渊，等. 益生菌发酵香草配合饲料对育肥羊生产性能及肉品质的影响［J］. 饲料博览，2018，（7）：1-4.

［43］袁春营，孟阳，毕建才，等. 发酵饲料对南美白对虾消化酶活性与肠道菌群的影响［J］. 饲料工业，

2018，39（24）：24-28.

［44］张大伟，高和杨，周旌，等. 超高效液相色谱－串联质谱法同时检测饲料原料、饲料成品中18种真菌毒素含量［J］. 食品安全质量检测学报，2018，9（22）：5867-5876.

［45］宋清，吴倩，聂文芳，等. 生物毒素的快速检测研究进展［J］. 食品安全质量检测学报，2018，9（23）：6167-6175.

［46］戴邵亮. 基于适配体的沙门氏菌检测方法研究进展［J］. 食品安全质量检测学报，2019，10（14）：4589-4596.

［47］李轲，郭华麟，禹建鹰，等. 3种病原菌多重 IMS －荧光 RPA 检测体系的建立及初步应用［J］. 畜牧与兽医，2019，51（3）：106-112.

［48］刘骆强，姚艳玲，管佳丽，等. 5种食源性致病菌 PCR 检测方法的建立［J］. 食品安全质量检测学报，2019，10（5）：1330-1335.

［49］王卫国. 论我国饲料工程专业人才的需求与培养［J］. 饲料工业，2016，37（3）：1-4.

撰稿人：王卫国　王红英　李军国　王金荣

李爱科　高建峰　刘　珍　杨　刚

粮油信息与自动化学科发展研究

一、引言

粮油信息与自动化学科是以信息与自动化和粮油行业现代化发展深度融合为目的，以粮油信息为研究对象，以信息论、控制论、计算机理论、人工智能理论和系统论为理论基础，进行粮油信息的获取、传递、加工、处理和控制等技术研究与应用的一门交叉性学科，涉及传感器技术、计算机科学与技术、控制科学与工程、电子科学与技术、信息与通信工程、食品科学与工程等学科的综合应用。

学科定位于促进信息与自动化技术在粮油行业宏观管理和生产经营中的应用，提升粮油行业收储、物流、加工、交易、管理等业务环节的信息化、自动化和智能化水平。学科研究内容是将信息和自动化基础学科的相关理论和技术应用与粮油行业需求相结合，通过理论基础研究、应用基础研究、技术装备研究与示范将成果应用到粮油行业各个领域和环节，提升粮食收储、粮油物流、粮食加工、粮食电子交易和粮食管理等领域信息和自动化技术的应用水平。粮油信息与自动化学科的发展有利于更加全面、准确掌握粮情，有利于更加合理、科学的加强国家宏观调控和监管能力，能够对粮油行业科技进步起到巨大的支撑作用，是粮油行业创新发展的驱动力。

本学科主要科研单位包括：国家粮食和物资储备局科学研究院、国贸工程设计院，郑州、无锡、武汉、成都等粮食科研设计院所，河南工业大学、南京财经大学、武汉轻工大学等高等院校，中粮集团、中储粮集团公司等大型国有企业，以及陕西、湖南、江西、山东、黑龙江、辽宁、天津、北京等省市粮科所。随着国家粮食安全的战略地位日益凸显，上述科研单位科研人才得到重视，科研经费得到保障，科研水平正得到逐步提升，是"科技兴粮"和"人才兴粮"工程实施的重要保障。

"十三五"期间，粮油行业信息化顶层设计和支撑能力不断加强，粮食收储信息化基础设施条件明显改善，粮食市场交易信息化和信息服务水平明显提升，监测与行政监管信息化水平明显提高，粮油物流、应急、加工信息化建设探索逐步深化。

二、近五年研究进展

（一）学科研究水平

近五年来，随着"十三五"国家重点研发计划、"十二五"科技支撑计划和粮食公益科研专项等一系列项目的立项与实施，物联网、云计算、大数据等新一代信息技术在粮油收储、物流、加工、电子交易和管理等领域的应用更加广泛和深入，粮油信息与自动化学科基础研究和应用研究逐步开展，达到了较高的理论和技术水平。

1. 粮油收储信息和自动化

在粮食收储领域，开展了质量快速检测、新型粮情测控技术与装备、智能仓储作业一体化控制、仓储机器人、粮食数量在线监测、绿色低温储粮控制和油脂库存远程监管等研究和开发。

（1）原粮卫生指标快速检测技术

针对重金属、真菌毒素、农药残留等原粮卫生指标检测时间长等问题，通过利用 X 射线荧光光谱、免疫层析、色差分析等技术，研究开发了相应的快速检测仪，大幅减少了检测时间，降低了对操作人员的专业素质要求，实现了相关数据的自动直接采集，在江苏、湖南、江西等全国多个地区得到广泛应用。

（2）新型粮情测控技术

新型粮情测控在检测"三温两湿"的基础上，增加了粮堆湿度、害虫、气体浓度、压力等参数的检测，形成了一体化的集成装备和系统，实现了现场级和平台级的数据传输和综合判断预警。创新研发多功能粮情测控系统和粮情专家分析决策系统，根据多功能粮情测控系统检测到的粮仓空间和粮堆不同层点的温度、湿度、O_2 浓度、CO_2 浓度，以及常见的粮虫数量、种类等粮情参数，结合库区环境温度、湿度、风向风力，仓房类型，仓房的隔热、保温、密封性等情况，建立数学模型，对粮情正常与否提供专业的、科学的判断，预测温度变化趋势和粮虫发生趋势，改变以往单靠保管人员人工分析和经验保管粮食的模式，实现无人值守的安全储粮目标。

（3）仓储作业智能一体化控制

智能仓储作业一体化控制系统是针对粮库储粮作业控制系统功能单一、各作业控制系统相互独立又互不兼容、仓房现场布线众多复杂、技术标准与接口不统一、系统集成难度大等行业共性问题，集成研发通风降温、气调储粮、内环流均温、空调控温等不同储粮作业的智能一体化现场控制装备及软件系统，实现对不同储粮作业设备的集中管控和适时精准控制。

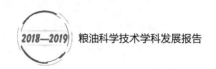

（4）人工智能和机器人技术

整合机器人技术、粮库设备非接触检测技术[6,7]、多传感器融合技术、模式识别技术、导航定位技术以及物联网技术等，研发了粮库专用巡仓机器人、平仓机器人和出入仓机器人，实现粮库全天候、全方位、全自主智能巡检和监控，有效降低劳动强度和粮库运维成本，提高正常仓储作业和管理的自动化和智能化水平，为智能粮库和无人值守粮库提供创新型的技术手段和全方位的安全保障，加快推进粮库无人值守的进程[10]。

（5）粮食数量在线监测

主要包括压力传感式和激光扫描式。压力传感式是通过实时测量粮堆压力，实现对粮仓储量的高精度、低成本、长期在线的稳定测量；激光扫描式是通过在仓内安装的激光扫描仪，实现对粮堆的三维扫描和建模，计算粮堆体积，并结合密度函数计算粮堆数量。

（6）绿色低温储粮控制

应用机械化、自动化技术及物联网传感技术，实现粮食保管的绿色低温控制，通过与粮情检测系统、制冷降温通风控制系统、自然降温通风控制系统、环流熏蒸通风控制系统的无缝集成及深入融合，实现对粮堆温度、制冷机、通风机、仓窗实现远程监管、联动控制，从而达到智能化绿色低温储粮[3]。

（7）油脂库存远程监管系统

引入移动互联网和雷达液位计、油温检测等装备，实时测量油脂液位高度的变化及油罐内部的油脂温度变化等参数数据。数据传输上采用移动互联网技术，降低了施工难度，提升了数据的采集和传输的效率，在管理上使用移动终端实现对油脂库存数量的计算和油情变化的监测，远程监管油脂库存、油情等油脂存储情况，为油脂安全提供技术保障，大大降低储油风险和成本。

（8）粮情云图分析技术

基于粮堆多场耦合理论和储粮生态学，运用数学分析方法、计算机技术、自动控制与检测技术等多种技术与方法，开发的智能粮情云图分析软件系统，初步用于储粮作业，对储粮实践进行"数量监管＋质量分析＋消除隐患"，既可对储粮数量进行监控，也可对储粮品质进行分析与防控。

2. 粮油物流信息和自动化

利用信息和自动化技术，粮食物流领域进一步实现数字化、自动化和智能化。运用物联网技术基本实现了粮食从收购、仓储、运输、加工到成品粮流通的全程监管；运用云计算、大数据等理论和技术，综合考虑粮油物流网点多、规模大、数据多属性、实时更新、转换频繁等实际问题，建立粮食物流数据分析与处理平台。

（1）高大平房仓环保智能出仓系统

通过对扒谷、输送、除尘、控制成套设备无缝连接技术难点方面的研究，引入传感技术、自动识别技术、自动控制技术、远程人机交互技术，实现散粮出仓作业流程的自动化和智能化，实现对现有机械化作业状态的提升和飞跃。

（2）储粮出入仓设备配置系统

采用信息化手段优化粮库出入仓装备合理配置，依据粮食的内摩擦角、散落性等物理特性，进行平房仓粮食装仓工艺仿真，自动提出不同高度平房仓合理的出入仓装备工艺参数，缩短出入仓作业周期，提高工作效率，保障平房仓粮食出入仓作业安全。

（3）车联网关键技术及其在粮食物流中的应用

解决了物流配送中的车辆实时监测和配送车辆路径优化问题和动态调度问题，研究了扰动控制的物流配送算法和模型，开发了"三屏一云"的智能化、可视化粮食物流配送信息平台，实现粮食物流资源信息、配送信息、环境信息、路况信息与地理信息一体化，能够对粮食运输车源有效调度，提高粮食物流效率。

（4）粮食仓储物流系统

在港口库、区域物流中心库等粮食仓储物流基础设施的建设中，借助于诸如建筑信息模型（Building Information Modeling，BIM）等先进方法，有效提高设计阶段的协同设计和效率，在施工过程阶段模拟指导精细化施工，在运营阶段指导运行和提供信息化、智能化服务，为工程项目的全生命周期提供仿真的、可视化、数字化、信息化、可拓展、全方位的服务体系。

（5）粮食物流敏捷配送优化技术

基于实用的知识准则对粮食物流的敏捷配送进行优化，在粮食物流车辆调度、粮食物流配送中心运营及选址、粮食物流配送决策支持系统等方面的研究都取得了较为突出的成绩。

（6）散粮运输过程中的粮食品质监控

研究开发了散粮集装箱监测控制系统，可实时监控散粮集装箱内的粮食温湿度信息、粮食水分信息、粮食质量信息以及集装箱所在位置信息和环境气候信息等，并可将上述信息通过车载终端传送至远程管理平台，有效地提高了粮食流通的安全性与自动化水平。

3. 粮油加工信息和自动化

粮油加工由粗放型向精细化转变，以信息化、智能化带动标准化，以科技创新提升企业效益，通过加工管控一体化系统，实现现场生产加工作业管理数字化，提高现场管理水平和设备的效率，改善工作与过程质量[4]。

（1）稻米加工一体化、智能化生成系统

该生产系统实现了稻谷至大米加工一体化工程及设备，已涵盖稻谷烘干、清理、砻谷、碾米、成品整理等粮食加工的全过程，依托联网云平台及智能化控制系统，实现设备工况在线监测、远程控制、现场集中控制及主动服务，全面提升粮食加工设施的智能化、自动化水平。

（2）粮油加工过程质量安全追溯系统

系统应用移动互联网、物联网、二维码、无线射频识别等信息技术，在加工制造和流通销售各环节，建立涵盖原料采购、生产加工、包装仓储、物流配送全过程的质量安全追溯体系，实现原料与制品可溯互通、生产过程可视化监管、产品质量安全追溯，并在粮食加工企业推广应用[5]。

（3）磨粉机配套智能控制系统

磨粉机作为面粉加工的核心设备之一，在原有自控系统功能基础上进行了功能提升，提供便于操作人员操作和监视的人机界面，采用工业触摸屏方式进行本地和远程操作，自动和手动模式切换、统一并归类参数设置界面、磨粉机运转信息实时动态展示、生产过程数据自动诊断和修正、关键数据曲线显示、设备运行能耗管理、设备维护管理、操作权限管理，提供与车间生产线控制系统数据接口以及移动设备实施监管等功能，整体提高了单体设备的智能化程度，具有可操作性和可视性，为面粉加工工艺的提升提供了核心关键数据。

（4）室外大型环保物联网控制谷物干燥技术

通过对热量、风量、风压、粮层阻力、除尘量等参数的采集和综合计算，从干燥装备结构设计、工艺配备、智能化控制系统、模块化安装等方面进行深入研究，开发符合市场需求的新型干燥装备，实现对温度、水分、料位等传感器进行实时数据采集，通过对不同谷物烘干过程大数据的采集，进行分析和自我学习，可根据设定烘干谷物类型进行自动匹配适合的烘干模式，过程中可以进行智能调节。在烘干热源的选择上，采用目前绿色节能的空气源热泵，将烘干机、热泵机组、除尘器、环流风机的自动控制融为一体，实现烘干系统的智能自动运行。系统提供数据远传接口，与智能化粮库管控平台以及手机远程终端进行互联。

（5）粮油仓储物流加工管控一体化信息管理系统

针对我国粮油仓储物流加工企业向物流产业园的转型，依靠原有的集散型控制系统（DCS控制系统）方式已经满足不了日益复杂的管理要求，提出基于MES的管控一体化架构，建立粮油仓储物流加工管控一体化信息管理系统。该系统采用MES理念、云计算、物联网、大数据分析和挖掘等技术建立数据处理平台，应用信息技术建立对业务流程内货物流转、加工过程和人的行为的实时感知、精确规划、精准控制，实现物流和信息流的同步，以信息流导向物流和加工过程，实现管理智能化，以信息化和供应链管理为依托，达到产业链内资源的最佳配置。

4. 粮油电子交易

近年来，我国已逐步实现将信息技术和电子商务引入粮食电子交易领域，并逐步建立起适合现代社会发展的高效能粮食行业电子交易体系。该体系以物联网、云计算、大数据、移动互联网等新一代信息技术为支撑，建成覆盖粮食行政管理部门，主要涉粮企业、新型农业经营主体和农户的农产品综合服务平台，有效支撑和引领粮食产业转型升级和粮食行业健康发展。

（1）粮食全程电子商务模式

将信息技术和电子商务引入粮食电子交易领域，基于全程电子商务概念，建立粮油全程电子商务交易与服务平台框架，分析粮油全程电子商务交易与服务的特征、价值以及内容体系，应用全程电子商务技术对多种交易模式进行在线交易，并为用户提供一套在线支付、物流、认证、融资等个性化服务。

（2）全产业链一体化协作模型

建立从原粮收购到成品粮油营销的全产业链一体化协作机制，将粮食流通各环节连为一体，形成基于交易的粮食流通全产业链协作平台，实现产后服务交易、原粮收购交易、供应链交易、成品粮油交易等，满足国家优质粮油工程的总体要求[9]。提供交易服务的即插即用的扩展能力，可以向上游粮食生产环节交易服务延伸，比如种子交易、农资交易等。在提供粮食流通全产业链一体化服务的同时，粮食流通各环节的交易数据采集为粮食宏观调控和行业监管提供决策支持。

（3）传统粮食批发市场的转型升级

整合现货批发市场、种粮大户、放心粮油店和应急保供配送中心的电子商务内容，围绕粮食交易主业，拓展大数据分析、物流配送、投融资等衍生服务，打造交易平台生态圈，积极发展 B2B、B2C、C2C、O2O 等交易模式，利用信息技术实现传统批发市场的转型升级。

5. 粮食管理信息化

以粮油行业全局性主要业务和重点工作为主线，推动业务协同和流程再造，建立从信息采集到信息加工、应用的全信息链，提高业务管理和服务水平。目前，国家级、省级粮食数据中心和大型仓储企业数据中心构建已经初步形成规模，初步实现了数据的互联互通，大量标准化的数据已经沉淀并形成大数据规模，国家平台已经通过系统提供数据挖掘、数据分析等辅助决策手段，为行业宏观调控提供了技术支撑。

（1）购销计划管理

实现粮油收购动态管理，动态掌握收购进度，实时掌握收购进度、资金、质量等情况，对收购过程中的疑似违规行为进行预警，动态掌握收购进度。实现粮油储备与计划信息化管理，利用物联网、传感器等技术，准确掌握中央、地方和企业的粮油数量、品种、布局和动态变化等情况，实时掌握中央储备粮轮换计划执行情况，掌握地方储备总体情况。

（2）仓储管理

实现仓储业务信息化管理，通过智能化粮库的智能安防、视频监控、基础数据采集与分析等，实现库区粮食的购销管理、出入库管理、粮食储备作业管理、粮食保管过程中的通风、气调等业务智能化管理，大幅提升粮食保管水平。实现仓储单位和设施在线备案，全国各级粮食主管部门和粮食企业通过智能化管理平台，在线填写粮食企业资料、仓储情况，上传证照信息及从业人员资格证书，编制统一的仓房号码，形成完整的电子档案，实现全国仓储单位在线备案管理。

（3）执法督查

国家粮食和物资储备局执法督查局于2018年年初开通了"12325"全国粮食流通监管热线，利用信息化技术实现案件举报的网上办理和线下办理的有机融合，实现了举报处理从接收到分办、查办、审核、结案、反馈的全程留痕记录，规范了办案程序。"12325"热线发挥了发现涉粮违法违规问题的"前哨"作用，有效维护了人民群众利益，成为粮食和物资储备部门联系服务广大人民群众的纽带和窗口。

（4）粮油质量管理

黑龙江农垦区、厦门市军粮供应站搭建首个"一品一码"可追溯基地，包括从种植基地、原粮收购、定点军粮加工、成品粮储运、检验检测、政府监管到部队食堂餐桌和军供门市部销售的质量安全全过程追溯体系[8]。消费者通过手机扫描二维码，可获知对应产品的产地、经营者、生产日期、检验检测情况等相关信息。

（5）可视化管理

应用GIS等可视化技术，实现粮油与行业"一张图"展示与管理。建设粮油地理信息的GIS服务中心，整合全国或全省基础地理信息数据、粮油行业仓储企业/加工企业地理信息数据及对应关联的基础和业务数据，通过改善相关数据的处理和显示方式，实现粮油信息直观可视化，"一张图"完成相应粮油安全管理工作。

（二）学科发展取得的成就

1. 科学研究成果

（1）创新成果较为丰硕

"十三五"期间，粮油信息与自动化技术研究获省部级以上奖励约35项，其中获中国粮油学会科技奖21项，其他省部级奖14项；申请国家发明和实用新型专利150多项；发表学术论文、出版著作300余篇；制（修）订标准10部。

（2）理论与技术有所突破

"十三五"期间，国家粮食和物资储备局组织了河南工业大学、南京财经大学、国家粮食局科学研究院、国贸工程设计院、中科院遥感所、航天信息股份有限公司、中华粮网等单位，开展了行业公益专项、国家重点研发计划等一系列重大研究课题，研究内容涉及智能保水通风技术、智能化制油技术、粮食数量安全预警监控应急技术、真菌毒素快速检测技术、稻谷品质快速判定技术、粮食库存质量在线监测物联网技术、虫情监测预报技术[2]、基于大数据的"智慧粮食"平台技术和基于物联网的储备粮动态监管技术等。这些项目的顺利实施，推动了粮油信息与自动化交叉领域的应用基础、关键技术和技术开发等方面的突破。

（3）科研基地与平台建设有成效

国家粮食和物资储备局科学研究院拥有粮食储运国家工程实验室，建设有粮食储运共性技术工程平台、储运技术推广示范平台、小麦储运技术工程平台、稻谷储运技术工程平台4个子平台。河南工业大学粮食信息工程中心拥有粮食信息处理与控制教育部重点实验室、河南省粮食信息与检测技术工程技术研究中心、粮食物联网技术河南省工程实验室、河南省高校粮食信息与检测技术工程技术研究中心、粮食信息处理河南省重点实验室培育基地、河南省粮食信息处理技术院士工作站等6个省部级科技平台。南京财经大学拥有国家级电子商务信息处理国际联合研究中心、江苏省粮食物联网工程技术研究中心、江苏省电子商务重点实验室、江苏省商务软件工程技术研究中心等一批国家、省级科研平台。中粮郑州质检中心是国家在粮食流通领域中对粮仓机械产品进行质量监督检验测试的机构，是国家粮食局质量监督检验测试中心之一，在2013年3月6日通过国家计量认证（2013002105A），可以向社会出具粮食输送机械设备、粮食清理设备、粮食干燥设备等五大类产品和九个参数的检测数据和结果。

2. 学科建设蓬勃发展

（1）学科结构交叉分布

粮油信息与自动化学科在《GB/T 13745—92 中华人民共和国国家标准学科分类与代码表》中分布于120信息科学与系统科学，510电子、通信与自动控制技术，520计算机科学技术，550食品科学技术和630管理学中的630.5040决策支持系统和630.5045管理信息系统；在《GB/T 13745—2009 中华人民共和国学科分类与代码简表》中分布于120信息科学与系统科学，413信息与系统科学相关工程与技术，510电子与通信技术，520计算机科学技术和550食品科学技术；而在教育部印发的《普通高等学校本科专业目录（1998年）》中属于0806电气信息类中的080601电气工程及其自动化、080602自动化、080603电子信息工程、080604通信工程和080605计算机科学与技术，在《普通高等学校本科专业目录（2012年）》中则划归0807电子信息类、0808自动化类中080801自动化和0809计算机类。

（2）学科教育得到重视

全国开设信息科学与技术、控制科学与工程的高校很多，然而同时开设粮油科学与技术学科课程的高校较少。其中具有传统代表性的3所粮食高等院校分别是为河南工业大学、南京财经大学和武汉轻工大学。2018年，河南工业大学获批博士学位授权单位，具备了完整的本、硕、博学位授予权。曾经闻名全国的3所粮食院校，河南工业大学（粮油食品学院、信息科学与工程学院、电气工程学院）、南京财经大学（食品科学与工程学院、信息工程学院）、武汉轻工大学（食品科学与工程学院、电气与电子工程学院、数学与计算机学院）在长期的教学科研中始终保持深度广泛的合作，努力为粮油信息与自动化学科研究和人才培养做出贡献。

（3）分会自身建设逐步完善

中国粮油学会信息与自动化分会是由粮食信息技术领域科技工作者和有关企事业单位自愿结成的学术性、非营利性、全国性社会团体，是发展和提高我国粮食行业科技水平的重要社会力量。分会工作主要包括：组织和参加学术交流活动；开展每年一次的中国粮油科学技术奖的评审推荐工作；组织全国优秀科技工作者推荐工作；开展粮油信息与自动化科普活动等。通过四年的发展，进一步完善分会管理机制，加强了会员管理，增强分会凝聚力，截至2019年4月，信息与自动化分会单位会员数量为29个，其中企业数量为15个、事业单位数量14个；个人会员数量325人，其中高级职称会员257人。

（4）人才培养明显进步

目前，河南工业大学、南京财经大学和武汉轻工大学在粮油信息与自动化方向的本科生招生规模在每年3000人左右，硕士研究生招生规模在每年200人左右。河南工业大学粮食培训学院，以高校、企业、政府专家培训团队为依托，以国内粮油行业专业技术人才、党政管理干部、高技能人才、企业经营管理人才和发展中国家人力资源培训工作为重点，逐步成为具有粮食特色的培训机构，在国内外成为具有一定知名度和影响力的粮食产业人才培训基地。粮油信息与自动化科研团队主要集中在科研院所和高校，从业人员数量和学历正逐年增加和提高。粮油信息与自动化学科国内学术刊物约有14种。世界粮食日和粮食科技周是每年本学科进行科普宣传的主要窗口和形式。

（三）学科在产业发展中的重大成果、重大应用

1. 重大成果和应用综述

自2015年以来，全国共投入资金约100亿元，先后实施了"粮安工程"粮库智能化升级改造专项项目、中储粮智能化粮库建设项目和国家粮食储运监管物联网应用示范工程等粮油信息与自动化重大工程和项目，在粮油收储、物流、加工、电子交易和管理等领域取得了一系列重大成果。

2. 重大成果与应用的示例

"十三五"期间，本学科取得了一系列中国粮油学会和省部级科学技术奖。这些成果代表了本学科科技创新的最新成就和在粮油产业中得到推广应用情况。

（1）粮食大数据获取分析与集成应用关键技术研究

该课题融合多传感器集成技术，研发基于混合触发和网络攻击的神经网络滤波器，开发智能管控信息采集系统；建立可信云存储模型、构造通信双方控制及访问权转让的属性基加密的方案，实现了粮食大数据的获取与存储；提出了粮情预警指标体系，建立了粮情预警知识规则库和知识库及粮情风险预警模型，以智能数据挖掘算法与在线可视化技术为支撑，实现对粮情变化发展趋势的预测与预警。该成果已在江苏省47家粮库、江苏省农垦米业集团有限公司等单位得到产业化应用，取得了显著的社会和经济效益，在粮食数据

获取与分析等技术集成创新方面达到国内领先水平。

（2）室外大型环保物联网控制谷物干燥技术及装备产业化

该课题填补了国内外低温循环式烘干机在无厂房建造模式上的空白，解决了烘干项目报规、报建难问题，缩短项目建设周期，减少项目建设总投资。该项目成果已成功应用于国家粮食储备库、大型农场和种子公司等多种场所，自动化程度高，粮食烘干品质好，降水速率较传统机型提高 20%，除尘完全达标排放，具有很好的示范效应。项目历经四年的连续检测和专家评定，通过了国家农机推广鉴定，进入了国家农机补贴目录。此次获奖项目为国内粮食烘干行业的平均投资成本降低了 30%，增强我国民族品牌的综合竞争力。

（3）粮食储藏数量检测技术与设备

该课题研制了基于电磁波检测技术的粮堆密度测量设备，填补了粮堆密度准确测量技术的空白；研制了国内第一台粮堆三维激光快速测量设备和线结构光测量设备，重点突破了粮堆三维扫描数据自动处理和体积计算技术。项目成果解决了粮食行业长期以来缺乏有效的数量检测手段的问题，为粮食库存检查提供了科学、准确的测量设备，推动了国家储备粮库监测技术的进步。在北京、陕西、安徽、江苏等 8 个省市的粮库中进行了推广应用，实现了市场销售并取得了一定的经济效益。

（4）稻谷中重金属元素镉的快速检测技术研发及仪器产业化

为严把稻谷收储重金属超标关，严防其进入流通市场，该课题建立了基于能量色散型 X 射线荧光光谱（EDXRF）的稻谷中重金属镉（Cd）的快速检测技术，突破了传统 EDXRF 的检测灵敏度极限，使 Cd 检出限低至 0.046mg/kg；先后完成了三代食品重金属检测仪和二代自动进样系统的工程化开发；研制出 15 种多元素、多浓度梯度的大米金属元素标准样品；制订两项行业快速检测标准（《LS/T 6115—2016 粮油检验 稻谷中镉含量快速测定 X 射线荧光光谱法》和《CAIA/SH 001—2015 稻米 镉的测定 X 射线荧光光谱法》），已发布实施。

（5）省级粮食智能化管理平台的设计与应用

中华粮网等企业建设完成的粮安工程智能化管理省级大平台，以服务器集群、虚拟化技术、分布式存储、负载均衡等技术为基础，实现了物理资源和资源池的动态共享，以及资源的动态部署和重配置，在省局数据交换中心提供动态数据交换监控、关键数据指标交换分析和性能监测，能够覆盖各省粮食储备库点及粮油企业，实现各省涉粮企业信息的统一管理，并可自动进行统计，大大减少省局人工统计的工作量。

三、国内外研究进展比较

（一）国内外研究进展

在粮食收储方面，国外信息化技术应用得更深入、更广泛。美国在谷物收获环节能够自动在线采集谷物质量信息并储存，收获后，相关质量信息传递给销售商或者运输商，进而被携带到加工、贸易环节，实现了玉米质量的可溯源机制。以色列最大的农业和粮食科研机构 ARO 通过研究储粮生态学、储粮微生物与真菌毒理学、昆虫及昆虫生理学、检验与害虫防治技术，在粮食储藏具体处理方法上尽可能通过改变储粮生态条件，利用信息技术控制储粮环境生态因子，减少化学药剂使用，实现绿色储粮。我国近年粮食收储信息化程度发展迅猛。针对粮食收获后入仓变温保质降耗干燥、智能保水通风工艺、虫霉绿色生物防控、优质稻保质保鲜工艺集成应用等关键技术和装备难题，研发出了横向通风专用设备、通风工艺智能控制终端及配套技术，有效提升了粮食收储环节保质降耗技术水平、装备智能化水平和工艺标准化应用水平。建立储粮害虫预警系统，利用预警系统和专家决策支持系统，结合温、湿度等粮情检测指标对粮情进行综合分析判断（正常、异常、可能虫害或毒霉变），全方位实时跟踪监测储粮害虫的活动及仓内粮情的变化情况，研制储粮害虫与霉菌（气体）一体（集成）检测仪器。

在粮油物流方面，国外粮油物流信息的系统化程度高。日本稻米流通建有信息溯源查询系统，消费者可通过包装信息标签和网络信息进行追踪，查询稻米从稻谷原产地、收获、糙米加工、储藏、大米生产的日期、质量、生产商等信息，流通过程中通过集装袋的垫板号码也能够直接索引到大米的产地、年份、品种、等级等信息，便于实现大米物流和质量信息追溯管理。美国河流运输公司主要使用运输管理软件来收集、发布、管理该公司船队的运输情况，包括船只状态、起点、终点、装载状态、位置、装载货物种类数量等级和人员信息等。数据采集方式包括电话、电子邮件、传真和人工录入以及 GPS 信息采集等，数据集中到中心系统进行整理分析和发布，并进行可视化的展示。在美国铁路运输系统中，将 RFID 标签安装在火车上，主要信息包括车辆信息、货物信息和质量信息，读写器安装在装卸点，当列车通过装卸点时，信息被读取。在散粮运输过程中，通过读取承载的重量，和载荷比较，进而优化装载能力，避免超载或欠载。我国也开展了粮食收购、集并和内河运输专用运输工具研发，研制具备粮食在线管理功能的智能散粮运输车，研发便捷式散粮集装箱接发技术装备，研究粮食运输装备监测、调度与追溯系统及散粮接发设备产能模数和典型物流模式经济性。针对数字化粮食物流关键技术研究与集成，通过数字化的粮食特性模拟、粮食收购品质、储藏数量和质量安全检测、运输装卸、应急处理方法与设备研制及应用示范，解决粮食流通过程中的关键技术难题，提高从收购、储藏到消费环节的粮油流通全程数字化检测与管理水平，提高粮食流通领域的信息化水平。

在粮油加工信息化方面，美国、欧盟和日本等国一直是粮油加工信息化、智能化的领跑者。日本的食品加工机械设备大多是光、机、电一体化自动化设备。尤其是在包装和输送方面，智能机器人应用广泛。比如，面粉袋、大米袋用堆码机、食品包装分拣机器手的精确度、准确度、灵活度、灵敏度都非常高。而且大规模使用 CCD、计算机、伺服驱动系统等先进技术，实现自动检测、自动报警、自动纠错功能，甚至达到无人操作的水平。瑞士布勒公司的近红外在线监测系统可实时监测小麦粉加工生产线上的加工过程。利用近红外监测技术，直接完成物料流量、水分、灰分、蛋白质等所需监测数据的在线测定，达到在线监测、检测的目的，减少了常规生产线人工取样、测试的繁杂工序，避免了操作人员接触产品、污染车间环境的环节，大幅提高了产品的安全性和稳定性，实现了自动化生产控制。近年来，我国研发了基于物联网的小麦加工 MES 体系应用关键技术，开发了国产大型智能化制油关键技术装备，提出了食用植物油适度和稳态化加工工艺和技术规程，开发了在植物油加工过程节能减排、加工业能效管理体系及信息化平台，开发了小麦精准制粉、加工着水关键技术及装备，粮食加工关键主机的数字化设计技术。提出了新型的准连续自动码托盘技术和拆托盘专用工具，研制了新型成品粮高位码垛机器人系统，码垛能力超过 1000 袋 / 小时，提升了粮食行业物流装备的自动化水平。

在粮油电子交易方面，国外网络化程度高，数据资源整合较好。澳大利亚农场主对农产品及生产资料的品种与价格信息、购买与销售等所有活动均可通过网络进行。澳大利亚有关政府部门、粮食企业以及中介组织利用先进的信息技术手段，向农场主提供粮食品种、市场、期货、贸易、价格、天气多方面的信息服务，指导和服务农场的生产和经营。我国粮食电子交易也已发展为集交易、信息、金融、物流为一体的大宗农产品交易生态体系。通过建设粮食交易中心和现货批发市场电子商务信息一体化平台，着力解决交易行为分散、市场资源不共享、交易成本高、市场竞争力弱等问题。充分发挥一体化平台的信息优势和资源配置作用，建立涵盖粮食生产、原粮交易、物流配送、成品粮批发、应急保障的完整供需信息链和数据中心。推动核心业务系统沉淀数据汇聚，构建信息资源库。整合现有信息化资源，实现行业内部各类信息资源共享，促进涉粮数据的互联互通。基于云计算的多模式竞价交易系统关键技术的研究与应用、粮食大数据获取分析与集成应用关键技术研究、粮油产品全产业链监管信息平台等获得粮油学会科学技术奖。

在粮食管理方面，国外粮食管理信息系统互联互通程度高。俄罗斯联邦农业部建立了农业综合体信息通信系统、农业部自动化信息系统、远程监控土地系统和粮食市场信息系统 4 个公共信息服务平台。通过这些平台，国家将确定的数据指标发布给各地，并将政府采集到的信息和各地反馈的信息进行综合分析处理，提供给粮食生产者联合体、粮食经营企业或私人农场主。目前，80 个城市和 95% 的城镇能够共享这些系统提供的信息数据。在国家搭建信息共享平台的基础，粮食生产和经营机构也通过多种方式，联合建立以自主服务为主要用途的信息交流网络。但由于各企业联合体建立的信息网络是以内部自主服务为宗旨，这些信息网络间缺乏关联。我国研发了全球粮食数量安全早期预警系统，集成基于云计算技术的自主创新的全球粮食供应数量早期及全过程监测技术体系，通过农业气象、农情、产量和预警对全球尺度的粮食供应数量早期及全过程监测，定期更新小麦、水稻、玉米和大豆全球与中国尺度粮食生产能力趋势分析信息，构建粮食价格与粮食进出口模型，建设了集农情在线监测、信息在线查询、在线分析、在线发布于一体的粮食数量早期预警系统。同时，在融合数据技术、指标体系开发技术、数学模型开发技术、系统软件开发技术等相关技术的基础上，结合我国粮食供求特征，从微观、宏观、产业和政策等维度，融合粮食物流效率、粮食工业安全、粮食市场波动等因素，构建了粮食安全预警指标体系。

（二）国内研究存在的差距

与国外粮油信息与自动化发展水平相比较，我国在技术深度和广度上都存在较大差距，具体体现在以下几方面。

1）粮油行业信息和自动化基础薄弱，数据资源瓶颈问题突出，没有打通质检、物流、加工、应急等环节数据。

2）适用于粮食收储、检验、加工、物流等环节的快速检测技术与装备的信息化与智能化水平低。

3）粮油信息技术标准化水平低，缺乏信息化建设标准和数据共享交换标准。

（三）产生差距的原因

由于我国粮油行业信息化、智能化起步较晚，相比于发达国家，我国粮油信息与自动化学科还有许多不足之处亟待发展，具体原因如下。

1. 顶层设计不够深入，建设与使用统筹力度不够

粮食行业信息化规划顶层设计不够深入，国家和地方信息化规划联系不够紧密，部分省份规划和地方实际联系不紧密，仅简单照抄国家局规划，重硬件轻软件、重技术轻服务等现象较为普遍，互联互通不够充分。同时，长期以来注重工程建设而忽视服务应用的项目管理方式极大地制约了项目投资实效，部分省份采取的分散建设、撒胡椒面式的资金分配模式造成资金投入难以产生规模化应用成效，重复建设依然存在，浪费情况极为严重，难以实现行业信息化应用能力的转型升级。

2. 学科建设和人才培养的多学科融合交叉不足

高校开设的粮食、信息专业基本上是各自为主，基于原来的学科基础，缺乏交叉学科、多元素的培养策略。因此需要利用现有的粮食、信息技术学科优势培养既懂得知识，又能够熟练应用现代化信息工具的综合型人才。粮食行业信息化培训机制的不完善，也使得人才培养问题成为粮食信息化发展的瓶颈问题，对粮食信息资源的利用和应用都产生了不同程度的影响[1]。

3. 信息技术应用与发展不充分

在南方和沿海地区，如江苏、安徽、山东、浙江等省份，信息化技术应用程度较高，智能通风、多参数粮情感知、巡仓机器人等新产品、新技术已经在部分粮库得到了使用，有效提升了粮库作业能力和储粮保管水平。在内陆和西部地区，信息化技术的应用程度较低，有些粮库甚至没有部署最基本的粮情监测设备，粮食保管能力较低。

4. 科学研究投入较低

与发达国家相比，我国对于粮食信息化基础科学研究投入还有较大差距，专业科研机构较少。虽然国家近年来对粮食行业信息化建设越来越重视，但每年的科研经费拨付还是不足。由于粮食信息化行业具有多学科交叉的特殊性，目前尚缺少稳定专业的科研队伍，缺乏全面性学术带头人和技术研究者。

四、发展趋势及展望

（一）战略需求

1. 供需平衡和安全保障需求

以粮食收储制度和储备管理制度改革为动力，加快实现更高层次的供需平衡和安全保障；完善稻谷和小麦最低收购价政策；引导优化粮食供给结构；着力抓好粮食收购和不合理库存消化；促进扩大粮食产销合作；创新完善市场调控方式。

2. 粮食产业高质量发展需求

以"优质粮食工程"为载体，大力推动粮食产业高质量发展；加快粮食产业创新发展、转型升级、提质增效，实现优质化、特色化、品牌化发展；支持主产区依托县域培育粮食产业集群；加快实施"五优联动"，着力构建现代化粮食产业体系，创新完善举措，强化示范引领。

3. 强化粮食流通监管需求

以政策性粮食库存大清查为抓手，全面强化粮食流通监管；坚持从严清查，对纳入清查范围的粮食库存，做到有仓必到、有粮必查、有账必核、查必彻底；健全完善监管制度机制，大力推动信息化监管和信用监管，充分发挥社会监督作用，坚持不懈加强常态化监管。

4. 国家物资储备信息化体系需求

以科学规划为引领，着力加强储备基础设施和信息化建设；围绕构建统一的国家物资储备体系，认真编制发展规划，加快实施重点项目，深入推进信息化建设，加快建设适应储备管理和应急保障要求的基础设施网络。

（二）研究方向及研发重点

1. 高通量安全可靠的粮食大数据采集系统

加大物联网、5G、信息安全技术在粮食行业中的应用，全面提升粮食收购、储藏、物流、加工、电子交易和管理的信息化智能化程度。研究高通量粮食大数据采集系统，将各种检测、监测设备（集成化的智能感知元器件、仪表）与物联网、互联网智能互联，实现对收、运、储、销、控各个环节中机械装备及运营监控体系的实际运行状态的全面感知，

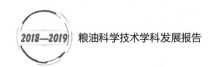

实时记录工作人员的作业文档及各种指令；实时可靠安全地将数据传输至数据中心，按照运营标准对数据进行加工和存储，为各类专业人员协同工作提供可靠的信息服务。

2. 构建粮食大数据运行管理体系

建立数据资源共享的体制与机制，保障数据安全，创新大数据服务化的运行模式。加强检测与监测元器件、大数据平台、数据和软件标准化，加强粮食大数据科学和技术研发，协同攻关，在创新、应用中促发展。促进粮食行业数据汇聚与整合，强化大数据的分析和应用，整合利用现有系统资源和信息采集渠道。促进大数据技术在粮食行业的创新应用，加大数据采集、存储、清洗、分析挖掘、可视化等领域的研发力度，加强市场趋势分析、热点追踪、调控评估等方面的应用，提高宏观调控、市场监测、行业监管、公共服务的精准性和有效性。

3. 构建面向行业多用户的信息服务体系

按照数据管理规范，实时地搜集、整理、集成形成公众数据库，供用户查询。打造高度智能化的综合信息服务平台，为政府部门实施调控提供参考，为粮食生产者、经营者和消费者提供服务。建立涵盖粮食收储、加工、贸易等的粮食行业信用体系，引入粮食仓储、物流配送和互联网金融等服务业态，整合现货批发市场、种粮大户、放心粮油店和应急保供配送中心的电子商务内容，积极发展多种交易模式，增强平台服务功能，为买卖双方提供一站式、多方位服务。

（三）发展策略

1. 技术研究

重视实用型技术研究并加强推广示范，加快粮食信息化技术应用。根据实际需求应用信息和自动化技术，注重研究成果的实用性。激发自主研发创新动力，扩大新理论、新技术的应用程度。充分发挥企业粮食科技创新主导作用，加快粮食科技创新突破和推广应用。

2. 平台建设

完善法律法规信息化体系，建立健全信息化管理和协调机构，利用信息通信技术来采集、公布各种信息数据，提供国内外粮食行情信息等，扩大粮食部门向公民提供信息的数量和信息服务的种类，实施各部门的信息化建设计划，建立跨部门和地方性的信息系统和数据库，来提高这些机构的工作效率，保障公众能够切实得到便捷的政府信息服务。

3. 人才队伍培养

在行业内建立复合型人才队伍，加强对粮食业务、信息技术、项目管理等方面能力的培养和锻炼，依托行业高校、科研机构、企业的智力资源和研究平台，面向行业开展信息化人才专门培训，增强粮食行业信息化创新引领、持续发展的动能[1]。

4. 学术交流

充分利用社会科技资源，吸引更多高等院校、研究机构参与粮食科技创新，建立产学研用深度融合的粮食科技创新平台，优化整合粮食科技创新资源，形成人才培养、科技研发、生产制造、推广应用、研发改进相结合的产学研用循环体系。加强国际合作与交流，积极引进先进技术、管理经验，提高粮食产业发展水平。加强与国际大宗粮食产品交易市场的交流。

5. 体制建设

完善法律法规信息化体系，加快粮食流通信息化标准体系建设。完善粮食应急供应体系建设，加强粮食市场体系建设，拓展市场功能，培育市场主体，完善粮食交易平台，推进粮食行业信用体系、物流体系建设。

6. 资金保障

继续多渠道争取粮食行业信息化建设资金。抓住中央大力推进网络安全和信息化工作的有利时机，积极争取资金，带动企业自筹资金投入，补齐粮食行业重点区域和关键环节信息化基础设施建设短板，实现从粮食收购到物流环节的全链条流通和应急的信息化管理，推进粮食收购到出库的信息可追溯，打通成品粮和原粮信息通道。

参考文献

［1］甄彤. 粮食信息化发展趋势［J］. 中国粮食经济，2017（1）：49-53.

［2］马彬，金志明，蒋旭初，等. 储粮害虫在线监测技术的研究进展［J］. 粮食储藏，2018（2）：27-31.

［3］魏金久，陈赛赛，张勇，等. 粮库智能综合显控平台设计与应用［J］. 粮食储藏，2018（1）：43-47.

［4］王瑞元. 我国粮油加工业的发展趋势［J］. 粮食与食品工业，2015，22（1）：1-4.

［5］王晓华，李小明，邢勇. 粮食质量安全追溯体系中的关键信息问题研究［J］. 粮食与饲料工业，2017（9）：13-15.

［6］杨卫东，王旭宇，等. Multi-class wheat moisture detection with 5GHz Wi-Fi：A deep LSTM approach［C］// Proc. ICCCN 2018，2018.

［7］杨卫东，王旭宇，等. Wi-Wheat：Contact-free wheat moisture detection with commodity WiFi［C］// Proc. IEEE ICC 2018，Kansas City，2018.

［8］赖丽琼. 我国粮油检验工作中存在的问题与对策［J］. 食品安全导刊，2017（12）：67.

［9］王晓华，邢勇. 粮食产后服务中心信息化体系构建［J］. 粮食储藏，2017，46（3）：10-12.

［10］刘伟. 粮库智能化系统的现状与前景展望研究［J］. 食品安全导刊，2017（36）：41-42.

撰稿人：张　元　惠延波　甄　彤　杨卫东　胡　东　李　堑　曹　杰　赵会义
　　　　陈　鹏　廖明潮　许德刚　李　智　肖　乐　赵小军　王　珂

ABSTRACTS

Comprehensive Report

Review on Cereals and Oils Science and Technology in China : Current Situation and Future Prospects

1. Introduction

The past five years have witnessed remarkable achievements in Cereals and Oils science and technology in China. Many applicable technologies for grain storage have reached the international leading level. Most of the processing technologies and equipments for grain, oil, feed and grain and oil food have reached the world's advanced level. Moreover, scientific and technological research and development associated with grain and oil quality and safety, grain logistics and information and automation have made new and gratifying progress. All these advances have made important contributions to the development of China's grain and oil industry, and provided strong support for safeguarding China's food security.

In the next five years, the development of Cereals and Oils science and technology in China will follow General Secretary Xi Jinping's important thought on scientific and technological innovation, and continue to serve the overall demand for supply-side structural reform of the grain industry with all the efforts. The directions and priorities of research and development should be accurately identified in order to catch up with the international frontier. Cereals and Oils science should play its role to further push forward the implementation of the industrial development strategies such as the High Quality Grain and Oil Project. Cereals and Oils science

and technology workers will work hard together for the realization of the Chinese Dream of the Two Centenary Goals, drawing a new blueprint for the development of China's Cereals and Oils science and technology.

2. Recent developments of Cereals and Oils science and technology over the past five years in China

2.1 Research level has been steadily improving

2.1.1 *The theories and practices of grain storage have been further developed*

With the introduction of the concept of "field", the distribution of insects and mites fauna has been further found out, and in-depth studies have been carried out for the basic theories of grain storage ecology, pest control, microorganism, mycotoxin, ventilation and drying technologies, occurrence regularity of harmful organisms and economic operation mode of nitrogen controlled atmosphere. Innovative technologies such as horizontal ventilation, drying technology and equipment, cloud image analysis of grain conditions, informationization and intellectualization construction, dust control, internal circulation temperature controlled grain storage, low temperature green grain storage, nitrogen green grain storage and new types of silos have been promoted and applied.

2.1.2 *Grain processing technologies and equipment have been greatly upgraded*

For paddy processing, the equipment has become smarter, and the color sorter re-hulling purification technology and the co-production processing method of embryo-retaining rice and multi-grade rice have been used for the first time in the world. For wheat processing, breakthroughs have been made in the heat treatment of wheat and flour to kill insects and the influence mechanism of water regulation on flour quality. For corn deep processing, fully independent large-scale automatic processing equipment has been manufactured and reached the internationally advanced level, and has been exported abroad. For minor grains processing, key technological problems have been solved for the industrialized production of new types of green processed foods with high starch sweet potato and purple sweet potato as raw materials. For rice products processing, significant progress has been made in the basic theories, engineering technology and industrialization, whole industrial chain quality and safety assurance. For noodle products, the second generation of instant noodles and noodles with high addition of minor grains have been developed. For flour fermented foods, various Chinese food chain enterprises manufacturing flour fermented staple foods have emerged across the country and have been actively exploring the international market. For grain and oil nutrition, advances have been realized in the study of the impact of processing control on nutrients in grain and oil food, in order to fulfill people's needs for nutrition and health.

2.1.3 *The research on oil processing technologies and equipment has paid equal attention to the quality and quantity and has achieved remarkable results*

Oil pretreatment and extraction technologies have reached the internationally advanced level, and small and medium-sized complete sets of equipment have reached the internationally leading level. Complete set of oil leaching equipment has become larger, more automated and intelligent. The technology level of oil refining process and equipment has been greatly improved. Breakthrough progress has been made in oil production from rice bran and corn germ. Isolated, concentrated and tissue protein products of soybeans have been exported to many countries. High and new technologies such as microbial oil production have been put into practical use. The nutrition and safety of edible oils have drawn high attention.

2.1.4 *The standards system and evaluation technologies for grain and oil quality and safety have been improving*

As of 2018, 640 grain standards (350 national standards and 290 industrial standards) have been formulated under the management of the National Technical Committee on Grain and Oil of Standardization Administration of China (TC270) . Instrument progress has contributed to the development of physical and chemical properties evaluation technology for grain and oil products. Evaluation technology for grain and oil edible quality has made improvement. The criteria for determining grain and oil storage quality are gradually becoming systematic. New analytical tools have improved the grain and oil safety evaluation technology. The traceability monitoring system has provided guarantee for grain and oil risk monitoring and early warning.

2.1.5 *Interconnection technologies and equipment of grain logistics have become more efficient*

New methods and models have accelerated the development of grain logistics operation and management, and "Internet + Smart Logistics" have boosted industrial upgrading. High-tech and equipment have significantly promoted the efficiency of grain logistics, and the projects such as the project of bulk cargo transportation transitioning from highways to railways at the ports have shown good effects. Advanced information technology has been widely used in grain logistics, constantly optimizing and innovating the logistics organization models. The technology of connecting the pallet bar code and the commodity bar code, case code and logistics unit code

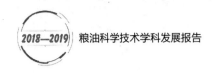

has been upgraded continuously. Efficient grain logistics technologies and equipment have been gradually taking effect.

2.1.6 *Feed processing technologies and equipment have realized balanced development*

The feed industry standardization has received fruitful results. New methods have promoted the theoretical studies of feed quality. The design of specialized feed machinery has been further optimized. Feed processing equipment has achieved gratifying innovations, and the structural innovation of the crushing equipment such as hammer mill and vertical shaft ultra-fine grinder has notably increased the production efficiency and reduced energy consumption. The feed processing technologies have placed focus on the nutrition and quality of the products, and the cross-application of technologies has promoted feed raw material processing and the feed utilization rate. The development and utilization of feed resources have been expanded. More and more environmental-friendly technologies have been used by feed enterprises.

2.1.7 *Grain and oil industry has applied information and automation technologies in a more extensive and in-depth way*

The application of information and automation technologies has helped reduce grain and oil storage risks, and unattended safe grain storage has been achieved with the adoption of the new grain conditions monitoring and control technology. The information and automation level of grain and oil logistics has been further lifted, and automated and intelligent discharge of bulk grain has been realized in large warehouses. Information and automation technologies have not only enhanced the grain and oil processing management and control, but also introduced energy efficiency management into production control system to save energy and increase efficiency. Efficient electronic trading system of the grain industry has been gradually established. Information technology has made grain management more comprehensive, convenient and intuitive.

2.2 Fruitful outcomes have been accomplished

2.2.1 *Scientific research has made excellent achievements*

（1）The industrial development has gained new momentum from scientific and technological innovation

a. Cereals and Oils scientific and technological achievements have been awarded a number of prizes, including five second prizes for the State Science and Technology Progress Award, two prizes for the State Technology Invention Award, 15 first prizes at provincial and ministerial level, four first prizes for soft science research projects of the National Food and Strategic Reserves Administration (NAFRA) , and one special prize and 22 first prizes for the Science and Technology Award of China Cereals and Oils Association.

b. A total of 12,235 patents have been applied for and 691 patents have been authorized.

c. The total number of papers published in academic journals has reached over 8,600, an increase of about 20% over the same period, and more than 30 monographs have been published.

d. While administrating the domestic grain and oil quality standards, China has led the development and release of one, revision of two international grain quality standards, and participated in the development and revision of 10 international grain quality standards.

e. Many new kinds of grain and oil products have been produced, especially for minor grains products.

(2) Government science and technology projects have enhanced the innovation capability of Cereals and Oils science and technology

a. 29 national key R&D special projects for grain storage and grain and oil processing have been implemented.

b. During the 12th Five-Year Plan period, three minor grains projects and two grain logistics projects of the National Science and Technology Support Program have been finished. During the 13th Five-Year Plan period, the National Demonstration Project of Grain Storage, Transportation and Supervision with Application of Internet of Things (IoT) Technology has been completed and successfully accepted as the first IoT demonstration project in the grain sector of China.

c. Six special public welfare scientific research projects of grain storage have been effectively carried out.

(3) The construction of scientific research bases and platforms has been deepening

With government support, 10 national level research bases and platforms, 12 provincial and ministerial level key laboratories, engineering centers and technology development centers have been built successively. The overall gap between China's R&D capability in the high-tech field and the world's advanced level has been significantly narrowed, and China's R&D capability in certain areas have reached the world's leading level.

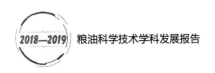

2.2.2 *The disciplinary construction has been further strengthened through consolidating the foundation, following a steady development path and establishing ambitious goals*

（1）The disciplinary structure has become more stable

a. For grain storage discipline, Henan University of Technology, Nanjing University of Finance and Economics, Jiangnan University and Wuhan Polytechnic University are capable of cultivating graduates of relevant majors. The first two universities could grant doctoral degree. Henan University of Technology has a postdoctoral mobile research station.

b. For grain processing discipline, the number of universities and colleges who have set up the major of food science and technology and engineering has been stable. Bachelor's degree, master's degree and doctoral degree could be offered by 146, 38 and 15 universities and colleges respectively. The disciplines of grain processing and food nutrition are taken as the advantageous and characteristic disciplines by Jiangnan University, Henan University of Technology, Wuhan Polytechnic University, Nanjing University of Finance and Economics, Nanchang University, Tianjin University of Science and Technology, and Huazhong Agricultural University. Moreover, Jiangnan University is one of China's national key "211 Project" universities and one of the "985 Project" platform universities, and takes grain processing as its advantageous and characteristic discipline.

c. For oil processing discipline, several branches have been developed including oil chemistry, oil nutrition and safety, oil processing technology, oil chemical engineering, oil equipment and engineering, and oil comprehensive development and utilization. As of 2017, there have been 57 universities and colleges for postgraduate students majoring in oil processing in China.

d. For grain logistics discipline, there are nine universities and colleges offering related courses.

e. For animal nutrition and feed discipline, more than 10 and more than 30 universities and colleges are capable of granting doctoral degree and master's degree.

f. For grain and oil information and automation discipline, five related subjects are listed in the *Subject Classification and Code List of the People's Republic of China* (National Standard GB/T 13745—2009) .

（2）The Chinese Cereals and Oils Association (CCOA) has been experiencing prosperous development

CCOA has been actively carrying out social organization standards projects evaluation. CCOA chief expert Yue Guojun was successfully elected as a member of the Chinese Academy of Engineering in 2015. Professor Wang Xingguo from the Food Science and Technology School of Jiangnan University received the 12th Guanghua Engineering Science and Technology Award in 2018. CCOA has conducted the selection for the first Youth Science and Technology Award, Lifetime Achievement Award and Youth Talent Promotion Project. CCOA sub-associations have organized a large number of specialized activities. CCOA has been known for its active and lively work, which has significantly raised its social popularity and comprehensive service capability.

（3）Multidimensional approaches have been adopted to cultivate talents for grain and oil industry

a. School education. There are more and more talents serving in the universities and colleges. The curriculum system and teaching materials have inherited from the classics. The teaching conditions have been improving continuously. Currently, a mature talents nurturing system has been formed, educating undergraduate, postgraduate and doctoral students.

b. Professional title evaluation. CCOA assists NAFRA in the evaluation of the qualifications of senior professional and technical titles in natural science research and engineering for the industry every two years. From 2015 to 2017, 37 people received senior professional and technical titles, and 55 people received associate senior professional and technical titles. Moreover, COFCO Group could carry out the evaluation of the company's associate senior professional and technical titles, and relevant departments of the provinces could conduct the evaluation of senior professional and technical titles in universities, enterprises and institutions. Professional title evaluation has effectively promoted the team construction of high-level talents for the industry.

c. Vocational skills training. Relevant departments of the central government have formulated four national vocational skills standards for（grain and oil）warehouse keepers, wheat flour mill workers, rice mill workers and oil production workers, which were promulgated and implemented on April 12, 2019. Skills training has also been actively organized by CCOA sub-associations and relevant institutions. Henan University of Technology has served as the National Grain, Oil and Food Industry Training Zhengzhou Base for NAFRA, and has been selected as one of the national-level continuing education bases for professional and technical personnel by the Ministry of Human Resources and Social Security in 2018. From 2015 to 2019, Henan University of Technology has undertaken more than 20 domestic training programs on grain, oil and food technologies and 8 technology training programs sponsored by the Ministry of Commerce of China for foreign students from other developing countries.

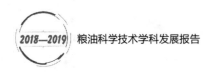

d. Scientific research and innovation teams construction. Currently, there are more than 30 important scientific research teams of Cereals and Oils science and technology, developing a great number of key technologies to support the development of the industry, such as upgraded "four in one" grain storage technology, efficient, energy-saving, clean and safe wheat processing technology, key technologies for accurate and moderate processing of soybean oil, nutrition and health and food safety technologies.

（4）Academic exchanges and cooperation have enhanced research results sharing and broadened the international vision

37 domestic and 12 international conferences have been held and hosted in China, with more than 8,500 and 2,200 participants respectively. For domestic academic exchanges, it has become a norm for CCOA and its sub-associations to organize more than 20 academic annual meetings and seminars every year. For international academic exchanges, the 1st ICC Asia-Pacific Grain Conference and the 9th International Symposium on Deep-Fat Frying have been held in China. Foreign experts have been invited to China for academic exchanges by giving lectures or jointly coaching students. Domestic scholars and scientific researchers have been sent abroad for academic visits and to participate in international conferences.

（5）A number of academic journals are being published

There are 11 basic journals including the *Journal of the Chinese Cereals and Oils Association*, and 39 academic journals.

（6）Popular science promotion has increased the Cereals and Oils science knowledge of the public

Every year, the World Food Day celebration campaign and the Grain Science and Technology Week activities serve as the main channels for the popularization of Cereals and Oils science knowledge. These two major activities together with the implementation of the National Action Plan of Scientific Literacy for All Chinese of the China Association for Science and Technology and other related activities have brought grain and oil popular science to communities, families and schools, and have been highly praised by the society.

2.3 Important achievements and their application have been pushing forward the industrial development

A number of important achievements of Cereals and Oils scientific and technological innovation have been promoted and applied, generating enormous economic and social benefits.

Representative achievements are listed as follows:

a. Key technologies of nutritious meal replacement food development and their industrial application. The overall technology has reached the world's advanced level and has been adopted by many leading enterprises across the country, achieving satisfying economic and social benefits.

b. Key technologies for the efficient preparation of functional lipids from oilseeds and products innovation. The results have been successfully applied by more than 30 enterprises in over 10 provinces in China. The products have been shipped to more than 50 countries and regions such as the United States, Germany and Denmark.

c. Development and industrialization of large-scale intelligent feed processing equipment. The largest feed processing host equipment has been developed with the world's leading technologies. The design and construction cycles have been shortened to 1/3 and 2/3 of the original.

d. Technologies for the preparation of monoclonal antibodies of two hundred important hazard factors and the rapid detection of food safety and their application. The plasma chiral optical sensing detection method has been adopted. The sensitivity of this method is 50 times higher than that of the most sensitive detection method available at present.

e. Key technologies for the biological preparation of docosahexaenoic acid (DHA) oil and their application. This overall technology has reached the internationally leading level, and has been successfully promoted to and applied by many enterprises, and the products are sold at home and abroad.

f. Low temperature green grain storage technology. Currently, there have built 96 low temperature green grain depots with storage capacity of 2.8 million tons, forming a low temperature green grain storage system in Sichuan Province.

g. Key technologies and innovation of large-scale energy-saving green paddy processing equipment. The equipment has been manufactured by three grain machinery plants, creating a cumulative economic benefit of 160.51 million yuan. Several dozens of paddy processing lines have been constructed successively.

h. Development and application of moderate processing technologies of edible oil and large-scale intelligent equipment. 31 patents and 13 operating procedures have been formed, and two major products have been developed. The achievements have been applied by more than 20 large

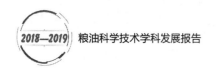

enterprises which have built 59 production lines.

i. Intelligent grain depot construction project. IoT technology, "all-in-one-card" technology for policy-based grain purchase, warehouse patrol robots and other new technologies have been continuously put into use. A total of 7, 821 intelligent grain depot construction projects have been arranged.

j. Key technologies of grain big data acquisition, analysis and integrated application. The technologies have reached the leading level in China, and have been put into industrialized application in 48 grain depots in Jiangsu Province.

k. Industrialization of outdoor large-scale environmental-friendly IoT controlled grain drying technology and equipment. The results have been successfully applied in various places such as the central grain reserves depots. The quality of the grain after drying is good, and the drying efficiency is 20% higher than the traditional one.

3. Comparison of research progress in Cereals and Oils science and technology between China and abroad

3.1 Research developments and situation abroad

3.1.1 *The basic research and applied basic research on grain storage have made remarkable progress*

In Australia, the United States, Canada, Britain, France and Germany, scientific research input has been attached with importance, and positive progress has been made in the studies of stored grain pests and microflora and occurrence regularity. Automatic control of the equipment and intelligent management have been basically realized for grain storage.

3.1.2 *Grain processing technologies and equipment have taken the leading position，and the nutrition research is deepening*

Japan and Switzerland are working hard to develop the technology for wash-free γ-aminobutyric acid rice. The United States, Canada and Australia have been developing the safe processing technology to reduce microbial content in wheat flour. The United States has made significant innovations to reduce energy, water and material consumption in corn deep processing. The United States and Canada have carried out systematic studies on the distribution of the active components of oat and other minor grains and the active components' effects on "three high" diseases (hypertension, hyperglycemia and hyperlipidemia) and cancers. The processing technologies and equipment for minor cereals, western wheat flour products and cereals products held by Switzerland-based Buhler Group represent the internationally leading level. Japan and South Korea are recognized as the world's leaders in establishing wheat flour quality index system. The United States, Germany, Italy and Japan have formed an integrated industrial system for flour fermented food including products innovation and modern cold chain logistics. Developed countries have conducted more in-depth studies on the mechanism of action and dose-effect relationship of nutritional components in grain and oil.

3.1.3 *Material science and biotechnology have injected new momentum into oil processing*

The membrane for separating fatty acids invented by the United States can quickly separate low-purity mixed cis fatty acids or cis fatty acid esters. This method will replace other separation methods such as distillation, freezing and urea inclusion.

3.1.4 *The research on grain and oil quality and safety attaches importance to the prevention and control of grain, oil and food contamination in the whole chain*

The Joint WHO/FAO Expert Committee on Food Additives and Contaminants has developed corresponding limit standards, and has integrated prevention and control specifications, sampling requirements and analytical methods to strengthen the entire chain control from filed to fork and the standards system construction.

3.1.5 *The research on grain logistics focuses on top-level design of the system*

The World Bank has made proposals on increasing the use of waterways, railways and highways for grain transportation, and the expected economic return could reach 21% to 24%. The World Food Programme (WFP) has shown a growing tendency to strengthen the emergency operation capability of grain logistics.

3.1.6 *The basic research on feed processing has been deepening with emphasis on equipment and resource innovations*

In Germany, the United States and the Netherlands, in-depth research has been carried out on feed raw materials. The original new equipment such as the butterfly-shaped toothed roller mill has been developed and reached the internationally leading level. Comprehensive innovations have been conducted for precision animal nutrition and specific processing techniques.

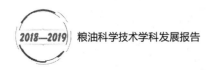

3.1.7 *New information and automation technologies are constantly integrating with the grain and oil industry*

In the United States, corn quality information can be collected online automatically during harvesting operation. In Japan, most of the food processing has been using optical, mechanical and electronic integrated machinery and equipment and intelligent robots. In Australia, farmers can buy and sell agricultural products online.

3.2 The gaps between domestic and foreign researches and the causes of the gaps

The main gaps between domestic and foreign researches are listed below：

a. There lacks extensive and in-depth basic research.

b. The number of original R&D projects is small.

c. Difficulties and blocking points in the transformation of scientific and technological achievements have not been well resolved.

d. The deep processing degree of grain and oil is relatively low.

e. The comprehensive utilization rate of by-products is not high.

f. The varieties of nutritional and healthy grain and oil food are not rich.

g. Intelligent manufacturing is just getting started.

h. Biological cross technology application is only in its infancy.

The reasons causing the gaps are analyzed as follows：insufficient scientific and technological input；poor industry-university-research cooperation；low industrial coordination；prominent contradiction in talent structure；lack of market-oriented standard-setting mechanism；inadequate top-level design and system construction.

4. Development trends and future prospects of Cereals and Oils science and technology in China

4.1 Strategic demands

In accordance with the spirit of the 19th National Congress of the Communist Party of China,

Cereals and Oils science and technology workers should actively serve the overall demand for supply-side structural reform of the grain industry, and push forward innovative research and development with focus on major national strategic deployment and major industrial projects. By playing the leading and supporting role, Cereals and Oils science and technology should actively enhance the implementation of the High Quality Grain and Oil Project, which aims to increase the provision of medium and high-end grain and oil products, improve the safety, quality and nutritional characteristics of the products, and break the bottleneck of products homogenization, thus promoting the transformation and development of the grain industry.

4.2 Research directions and R&D priorities

4.2.1 *Grain storage*

a. Strengthening the basic research on early warning of the risks of safe grain storage.

b. Enhancing the research on intelligent monitoring and control technology of grain conditions.

c. Pushing forward the research on grain storage and equipment technologies.

d. Increasing the research on phosphine substitution technology and substitute fumigants, and developing new integrated green (biological and physical) prevention and control technologies for stored grain pests.

4.2.2 *Grain processing*

a. Establishing quality evaluation system for specialized wheat flour including wheat flour for high quality noodles, steamed buns, steamed stuffed buns, bread, starch and gluten flour.

b. Strengthening the research on quality evaluation system and products development of the high quality wheat flour specialized for food.

c. Carrying out the research on structural mechanical properties and milling technologies of rice.

d. Studying the basic theories of rice products processing.

e. Developing green manufacturing technologies of corn starch based on enzymatic soaking, full-component utilization, energy-saving and emission-reduction technologies.

f. Establishing a public database of grain and oil nutrition, and conducting the research on health and functional characteristics and processing quality improvement technologies of multi-cereal food.

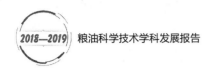

4.2.3 *Oil processing*

a. Promoting the development strategy and supply of diversified edible oils and fats.

b. Developing accurate and moderate processing technologies for oils and fats, and upgrading traditional processes in an all-round way.

c. Enhancing the comprehensive utilization of oils resources, and fostering new growth points.

d. Strengthening the basic research and independent innovation on key technologies and equipment.

4.2.4 *Grain and oil quality and safety*

a. Improving grain and oil standards system, and strengthening the research on the grading standards of grain based on processing quality and end use, and the quality identification, origin tracing and adulteration detection technologies for high quality grain and oil.

b. Pushing forward the construction of monitoring and early warning system for grain and oil quality and safety.

4.2.5. *Grain logistics*

a. Studying the optimization of grain logistics facilities layout with focus on the cross-regional grain circulation demands brought by the Belt and Road Initiative and domestic balanced grain production and supply.

b. Carrying out the research and development of grain logistics management system.

c. Conducting the integrated research on efficient linking technologies of grain logistics.

d. Expanding the research on the standards system and equipment development of grain logistics.

4.2.6 *Feed processing*

a. Strengthening the feed applied basic research.

b. Enhancing the development of feed resources.

c. Improving feed processing equipment and technologies.

d. Developing new feed additives.

e. Developing new feed products, and carrying out the research and development and universal application of traceability technology system for feed products.

4.2.7 *Information and automation technologies for grain and oil*

a. Promoting the application of new information technologies, and strengthening the application of IoT technology in grain conditions monitoring and control, intelligent ventilation and atmosphere control, warehouse input and output management, intelligent security, etc.

b. Pushing forward the convergence and integration of the industry data, and enhancing the transformation and upgrading of the traditional wholesale markets.

4.3 Development strategies

a. Actively serve the High Quality Grain and Oil Project, and play the driving role of scientific and technological innovation.

b. Improve the management mechanism of government scientific research projects, and increase the efficiency of the use of financial funds.

c. Make efforts to build an industry scientific research information platform, and enhance the development vitality of Cereals and Oils science and technology.

d. Thoroughly implement the "Healthy China 2030" planning outline, and give full play to the supporting role of the Cereals and Oils industry.

e. Actively play the role of CCOA as the platform, and vigorously promote the cultivation of talents for the industry.

Written by Hu Chengmiao, Zhang Jianhua, Bian Ke,
Du Zheng, Wang Dianxuan, Liu Zelong, Liu Yong

Reports on Special Topics

Research on the Development of Grain Storage Discipline

Grain Storage is an important branch of Cereals and Oils science, which covers a wide range of fields. In recent years, this subject has developed rapidly. The basic theoretical research has been further refined and expanded, and the applied technology has been innovatively developed. In the past five years, the discipline has made significant progress and breakthroughs in all aspects, making important contribution to the maintainance of national food security.

This report not only summarized the fundamental state of the grain storage discipline in our country, the main research contents and the development of new storage technology, but also concluded and reviewed the research progress of this discipline in the past five years. Outlines for these studies are indicated as follows: the theory of physics has been introduced to the grain storage ecosystem theory, the grain storage pests prevention and control theory has changed the direction to biology and ecological behavior. The growth rules, production mechanism and control techniques of microbial and fungal toxins in grain storage were systematically studied, the research of basic theory such as grain storage ventilation theory and drying technology have been get further refinement; Inert powder insecticide technology and lateral ventilation technology have been widely applied and innovatively developed. Cloud chart of grain situation analysis technology has been applied in practice with prominent effects of information and intelligent construction; Low temperature grain storage technology forms demonstration effect, grain storage with controlled nitrogen technology has been applied efficiently, green and pollution-free technology has been further improved; Internal circulation and temperature control grain storage technology has been widely promoted. Moreover, pilot projects for new grain storage warehouses has been set up and fully implemented with dust control technology; The technical service system for grain storage by peasant households has been gradually improved, strengthened the foundation of food safety; One stipulation and two rules management system has been innovatively applied, which improved qualities and efficiency, made significant achievements of scientific research and technology development and so on. At the same time, this report provided a clear picture about the progress in the science development, framework and education of this filed. Other outcomes were also listed when it came to the academic communication, capacity building of the Grain Storage Sub-association of Chinese Cereals and Oils Association (CCOA), talent pool building, academic publications, and scientific popularization. Comparative study on the development in the science of grain storage both at home and aboard was investigated with the analysis on the current situation and future trends of the science and technology globally, analyzed the development trends of the domestic and international grain storage science, pointed out the problems existing in grain storage research and technology in China. After analyzing strategic needs and trends, research emphases and prospects of grain storage science in China, raised that the discipline should strengthen the basic researches in the next 10 to 15 years, established the innovation platform of grain storage science, promoted the independent innovation capability, upgraded grain storage technology and industrialize of Sci-Tech achievements and highlighted the development of big data technology, green storage technology, intelligent grain depot construction.

Written by Guo Daolin, Zhou Hao, Wang Dianxuan, Tang Pei'an, Zhang Zhongjie, Xiang Changqiong, Cao Yang, Fu Pengcheng, Yan Xiaoping, Lu Yujie, Xiong Heming, Song Wei, Yang Jian, Xu Yong'an, Shen Fei, Li Yanyu, Li Haojie, Wei Lei, Ding Chao, Zhang Huachang, Shi Tianyu, Zeng Ling, Wang Zhongming, Li Yue.

Research on the Development of Grain Processing Discipline

Grain processing is an important branch of Cereals and Oils science, which covers a large filed, including the processing of three staple grain (rice, wheat and corn) , minor grain, tuber crops, rice products and wheat flour products, as well as the science of grain nutrition. This subject is a basis for the development of grain processing industry. On the other hand, agriculture industrialization depends on the development of grain processing industry, since it is labor-intensive industry and can absorb a lot of surplus labor force. Therefore, the development of grain processing not only improves living standards but also can expand employment to increase peasants' income and drive the regional economic development.

According to the requirements of 2018—2019 Discipline Development Research Project proposed by academic department of China Association for Science and Technology, this research summarized major research projects and achievements in the last five years. During 2015—2019, our government launched and implemented national and provincial 13th Five-Year Plan for Science and Technology Support Project, and at the same time many researchers actively applied these projects against this background. As a result, some breakthroughs were obtained in 13th Five-Year Plan for Science and Technology Support Project, such as the key technology and equipment of moderate-processed staple rice and flour products and its industrialization demonstration, the key technology and new product creation of special safeguarded food, the key technology and equipment of coarse cereal-based staple food using extrusion recombination technique. In the last five years, hundreds of research achievements have been obtained in the fields of processing technology of rice, wheat, corn, minor grain, tuber crops, rice products, hundreds of processing equipment were invented, as well as its nutrition properties were revealed. These achievements have reached or been nearly at world advanced level and promoted the rapid development of Chinese grain processing. Moreover, 1 second prize of National Award for Technological Invention and 21 first prize of science and technology awards of provincial level have been won. In the field of grain processing, a lot of invention patents have been applied and approved, a large number of academic research papers have been published; Several national and industrial Standards for grain processing have been set and revised. Plenty of grain food products have been designed and produced. In addition, under the concern and support of National Development and Reform Commission, Ministry of Science and Technology, and the relevant provincial governments, several national scientific research platforms and bases of deep processing and utilization of grain have been approved to establish. The conditions and levels of talent training of grain processing have been greatly developed and improved. All these achievements have accelerated the development of China's grain processing disciplines, and given strong supports for the rapid development of China's grain processing industry.

This report also summarized research actualities of big or medium sized grain processing companies, engineering centers, institutions of higher education and research institutes, the grain processing development and achievements, the subject construction and application of research findings during the development of industry. Furthermore, the report reviewed the domestic and abroad research progresses, and analyzed the cause of differences between China and the world. Finally, the development tendency and future strategies of the subject were discussed, as well as suggestions about the research direction during the 14th Five-year Plan period.

Written by Yao Huiyuan, Zhang Jianhua, Gu Zhengbiao, Wang Xiaoxi, Yu Yanxia, Wei Fenglu,
Zhao Yongjin, Jia Jianbin, Xie Jian, Zheng Xueling, Tan Bin, Zhu Xiaobing, Cheng Li,
An Hongzhou, Xu Bin, Dong Zhizhong, Xiao Zhigang, Li Zhaofeng, Ren Chuanshun,
Zhao Siming, Sun Dongzhe, Zhai Xiaotong, Wu Nana, Chen Zhongwei,
Ouyang Shuhong, Wang Yuanyuan, Zhang Geng, Wang Chen

Research on the Development of Oil Processing Discipline

Oil is one of the three major nutrients of human beings, also one of the most important ingredients in food. The subject of oil processing belongs to the field of food processing technology, its basic content include chemical and physical properties, adjunct and related products of oil and protein,

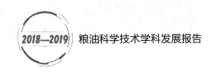

processing technology, comprehensive utilization technology, engineering equipment technology and scientific theory.

Oil processing industry is an important part of China's food industry, and its output value has always been among the top in more than 20 sub-sectors of China's food industry. It is not only a follow-up industry of agricultural production, but also an important basic industry of food, feed and light chemical industry. It shoulders the dual tasks of guaranteeing the national grain, oil and food safety, meeting the material needs of people's healthy life and providing a variety of essential industrial raw materials for the society. In the past five years, with the development of China's food industry and the continuous improvement of people's living standards, the importance of oil as human food and industrial raw materials has become increasingly prominent. In the past five years, the oil and fat industry has paid more attention to the rational utilization of resources, environmental protection, product quality improvement, variety and specification increase, production damage decrease and efficiency increase, while meeting the needs of the domestic oil market. Significant progress has been made in equipment upsizing, automation, production intensification, variety diversification and resource conservation. China's oil processing, oil refining capacity and oil consumption are growing year by year, the scale of enterprises is expanding day by day, the comprehensive utilization of oil resources is rapidly increasing, special oil development has been paid more attention. Through the unremitting efforts of scientific and technological engineering personnel, China's oil industry has made breakthroughs and obtained plentiful achievements in the aspect of improving self-sufficiency, innovating processing mode, transforming value-added products, ensuring safety and improving equipment level, thus China's oil industry has reached the world's advanced level.

Oil technology and oil industry are interdependent. The development of the oil processing discipline has promoted the development of the oil industry. The development of the oil industry has also promoted the advancement of the oil science. In the past five years, due to the great effort of scientists, engineers and enterprises of oil and fat industry, 1 National Science and Technology Progress Award, 1 National Technology Invention Award and 6 provincial and ministerial first prizes were achieved. 27 national invention patents and 54 utility model patents were authorized. A large number of papers and monographs were published. The oil and fat standard systems has been established and improved. The acquisition of these achievements has greatly promoted the rapid development of oil processing industry of China.

Certain gaps are still existed between the oil industry of China and foreign countries. The research in the basic fields such as lipidomics and lipid nutrition health is not closely related to the oil processing industry. The comprehensive utilization rate needs to be improved. The oil processing products have simple structure and high value-added products needs to be developed. The application of new materials and new technologies in oil processing is relatively lagging behind. The level of intelligence of mechanical equipment needs to be further improved.

The latest research progress, development trend, prospect of oil processing and the comparison between domestic and foreign research progress in recent five years and the strategies are described in this chapter.

Written by He Dongping, Wang Ruiyuan, Wang Xingguo, Jin Qingzhe, Zhou Lifeng, Gu Keren, Liu Yulan, Liu Guoqin, Zhang Sihong, Wang Yong, Wang Qiang

Research on the Development of Grain and Oil Quality and Safety Discipline

The subject of grain and oil quality and safety is the basic subject of Cereals and Oils science and technology, which involves of many related fields such as inspection of grain and oil, grain and oil hygiene, and quality and nutrition study of grain and oil. This study summarized the development of this discipline in recent five years, aiming to guide safe and effective storage and production of grain and oil products, promote the rational utilization of grain and oil resources, and guarantee the quality and safety of national grain and oil.

The standardization system is essential for the quality and safety of grain and oil. In our country, the corresponding system has been established basically. The domestic grain industry standard system is kept improving, and its coverage scope is expanding. This will fill the gap in the past and deficiencies. In another aspect, the mechanism of standardization has been optimized. The link between standard formulation, review and revision have become more efficient and orderly. Meanwhile, the established standards have played a leading role in the development of grain and oil domain and effectively supported the key work in the related industrial activities.

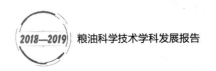

The international influence of our standards of grain and oil is constantly enhanced during the cooperation with the international standardization organization.

In the meantime, research on the quality and safety evaluation technology of grain and oil in China keeps moving forward. This progress is based on our national characteristic conditions and driven by the concurrent development of basic scientific research on physical and chemical properties. Development, introduction and transformation of new technology and method, such as big data database and modeling, have provided the technical means and bases for this improvement. Currently, we have achieved great progress on the new detection technology, rapid analytical instruments, NDT methods and monitoring and early warning capability.

However, there are many aspects need to further improving, especially at the systematization, structure and timeliness of our standard system. Currently, our standards are not properly adapted to the national conditions and cannot fully meet the market demands. We need to carry out more innovative and in-depth basic scientific research to support the formation of standards of the evaluation of grain and oil safety, and strengthen the evaluation effect and ability of current standards. On the other side, efficient and explicit policy encouragement and guidance from our country and government are needed to encourage the technology application transformation and promotion capacity. And more investment in the grain and oil quality and safety technology research from government and related enterprises is desired.

In the future, the improvement of grain and oil related standardization system, safety evaluation index system and storage evaluation index system in our country is the priority. Meanwhile, the importance and application of big data and information technologies will be emphasized. Risk identification and prediction, early warning capabilities will be further improved.

For the development of discipline of safety and quality of grain and oil, guaranteeing the insurance of grain quality and safety, it is necessary to combine our society reality with the scientific and technological innovation, reinforce the basic and applied research, and learn experience from the developed countries. This is the good way to further improve China's grain quality and security level.

Written by Wang Zhengyou, Xu Guangchao, Yang Weimin, Shang Yan'e,

Wang Songxue, Yuan Jian, Yang Jun

Research on the Development of Grain Logistics Discipline

China is a major grain-producing country, as well as a major grain-consuming one, the grain circulation is vital to national wellbeing and people's livelihood. Grain Logistics Discipline applies comprehensive knowledges such as engineering and information technology, management theories and economic theories to grain logistics activities, focuses on grain logistics economy, logistics operation and management, logistics technology and other equipment, etc., to provide the theory and method for innovating grain logistics technology and equipment, optimizing logistics system, and formulating the national food security policies. Since the past five years, there have been some new changes in the study object, research methods, contents and breadth of the grain logistics discipline, as well as a lot of achievements, and the technology and management providing by grain logistics discipline have been playing a more and more prominent part in the national grain circulation as important pillar roles, for example, the 13th Five-Year Plan of the Grain Logistics Industry development plan proposes to build "two horizontal and six vertical" key routes. Large grain enterprises explore the construction of food information service platform, Internet of Things technology, policy-oriented grain purchase "one card" and warehouse patrol robots, and other new technologies and new achievements are constantly put into use. With the development of large-scale groups and scientific research institutes and the improvement of science and technology level of grain logistics, the discipline system of grain logistics in China is gradually enriched, and the combination of theory and practice promotes the modernization of China's grain logistics industry. However, compared with the developed countries, the development of grain logistics industry in China is not mature enough. The research on the revision of grain logistics standards is lagging behind. There is a lack of research on the statistical methods of grain logistics, and there is a lack of research on grain logistics planning along the "one belt and one road". Efforts should be made to strengthen the discipline construction of grain logistics. The grain industry will speed up the replacement of the old drivers of growth, increase the integration of industrial agglomeration development and production, purchase, storage, increase and sale, and form a new pattern of grain logistics. "High-quality grain engineering" is an important breakthrough for the grain industry to serve the Rural

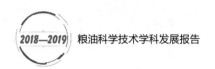

Revitalization Strategy and promote the structural reform of the supply side. It puts forward new requirements for the optimization of the distribution of grain logistics nodes and the improvement of the organization and operation mode. This report systematically summarizes the achievements and problems of theoretical research, technological innovation, policy innovation and industrial development of China's grain logistics discipline from 2015 to 2019.The strategic needs of grain logistics research in the next five years include facility optimization and management integration under the background of large reserves, integration and collaborative innovation for high-quality development and Plan to boost high-quality development of agriculture, and modernization and upgrading for logistics development opportunities.

Written by Li Fujun, Qiu Ping, Zheng Moli, Ji Liuguo, Leng Zhijie, Gao Lan, Qin Lu,
Qi Huaqing, Ren Xinping, Zhao Yanke, Liu Yongrong, Yuan Yufen, Qin Bo

Research on the Development of Feed Processing Discipline

Significant progress on feed processing science and technology discipline has been achieved from 2016 to 2019 in China. In the basic research aspects of feed processing science and technology, many new achievements of national, industrial, and important group standards of feed processing, quality, safety, equipment and testing have been approved and implemented, and many new important research findings on the physical and chemical properties of feed ingredients and feed additives were obtained, and the new principles of feed processing machines have been revealed and applied; In the respect of feed processing equipment technologies, the world leading invention achievements on fine grinding hammer mill, vertical superfine grinder, the die change without shutdown technology of screw extruder, the new energy-saving intelligent pellet dryer, large-scale fermentation equipments etc. have been invented and applied in feed industry and obtained great economic benefits; Many new research results have also been gained in the new feed processing technologies, automatic control technologies of feed plant and environment protection technologies for feed plants, which greatly improved the feed production efficiency, make the feed production sustainable; In the field of feed resource development, the obvious advancements have been acquired in fermented feed ingredients, detoxification technologies by fermentation and new protein resources development, these improved feed resource utilization rate and reduce the pressure of feed protein shortage; In the field of feed additive technology, many innovative achievements obtained in plant abstract additives, probiotics, anti-microbial peptides production etc., these effectively reduced the use of antibiotic used as growth promoter (AGP); At the aspect of feed product processing technologies, the significant progress has been achieved in low protein feed products, low fish meal and low fish oil aqua feeds, low soybean meal feeds, fermented formula feeds and the new type of teaching eating feeds for suckling pig etc., these make the feed industry more cost-effective; Besides, many important advancements have been made in feed safety and quality testing technologies, such as fast testing technologies, online test technologies; The talent training of feed science and technology and the construction of science and technology innovation groups also obtained great progress.

Comparing with developed countries, China is still lagging behind in scientific and technology research investment and original innovation, such as in the basic research of feed processing technology, in the key invention of feed processing equipment and technologies, in the innovation of environment protection technology, high-end quality testing equipments and enterprises capital investment in science and technology development.

The future key development directions of feed processing science and technology are as follow:

a. Strengthen the basic research of feed science and technology, especially the relationship of chemical and physical structure and their functions of feed ingredients and their dynamic change in feed processing, adjusting mechanism of different processing characters of feed ingredient and feed mixture on animal's physiology and biochemistry characteristics, the principal invention on new feed processing equipments, adjusting mechanism of new green feed additives etc.

b. Developing new feed resources, especially the new type of safe and efficient strains for fermenting feed, new insect protein, new dietary fiber and their function and application etc.

c. Developing new feed processing equipment and technologies, especially the intelligent control system of feed processing plants, energy saving equipment, special feed processing technologies, cleaning feed and environment protection technologies etc.

d. Developing new and green feed additives, especially the new types of safe and high efficient probiotics, plant extracts, organic trace mineral and anti-microbial peptides used in feed.

e. Developing new feed products, especially safe and high efficient fermented feed products,

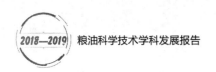

special feed products for special animals, antibiotic free feed products etc.

f. Improving talent training system, educating more students and graduate students of feed engineering with solid foundation, high skill and ability.

Written by Wang Weiguo, Wang Hongying, Li Junguo, Wang Jinrong,

Li Aike, Gao Jianfeng, Liu Zhen, Yang Gang

Research on the Development of Grain and Oil Information and Automation Discipline

Grain & Oil Information and Automation discipline is an interdisciplinary subject, in which, the comprehensive application of Computer Science and Technology, Control Science and Engineering, Electronics Science and Technology, Information and Communication Engineering, Food Science and Engineering and other disciplines are involved. It aimed at the deep integration of information and automation and the modernization of the Grain & Oil industry and took the Grain & Oil Information as the research object. Based on the theories and methods of information theory, cybernetics, computer theory, artificial intelligence theory and system theory, the grain and oil information is acquired, transmitted, processed and controlled.

As a whole, this research summarized the definitions, research contents and discipline characteristics of Grain & Oil Information and Automation, briefly reviewed its development stories, also concluded and described the achievements of new theories, new methods, new products, advanced technologies, industrialization of Sci-Tech achievements, innovation system and infrastructure construction, including scientific research funds on the informatization of grain & oil industry, stabilization of scientific research staff, attaching more important to fundamental scientific research, comprehensive application of advanced information and automation technologies, development of Grain & Oil Information and Automation technology, prominent effects of energy saving and emission reduction in grain & oil industry, important achievements of scientific research and technology development and so on. Moreover, it introduced the surveys and new progresses of Grain & Oil Information and Automation scientific researches, training and communication, investigated the development and its trends of international Grain & Oil Information and Automation science, pointed out the development bottlenecks of Chinese Grain & Oil Information and Automation research and technology.

To be specific, in this research, firstly, the subject orientation, the subject research content and the major research institutes of this discipline are introduced briefly. And then the research focuses on the following three parts which are the latest research progress in the past 5 years, the comparison of research progress at home and abroad and the development trend and countermeasures. The three parts are elaborated respectively in detail in the research.

In the first place, during the past five years, the subject research level, the achievements in subject development and the major achievements and applications of discipline in industrial development are mentioned. Firstly, the basic research and applied basic research of Grain & Oil Information and Automation have been carried out gradually and reached a higher theoretical and technical level. The Information and Automation of Grain & Oil Purchase and Storage, the Information and Automation of Grain & Oil Logistics, the Information and Automation of Grain & Oil Processing, Electronic Transaction of Grain & Oil and the Informationization of Grain Management have been successfully realized. Secondly, The achievements of the subject development are obvious to all. The innovation results are abundant, breakthroughs in theory and technology have been made, and the construction of scientific research bases and platforms has been effective. Besides, the subject construction is flourishing, which can be seen from the interdisciplinary distribution of discipline structure, attached importance of the subject education, the gradually improved association branch construction and the significant progress in personnel training. Thirdly, the significant achievements and applications have been made in the development of the industry cannot be ignored. Review and examples of major achievements and applications have been elaborately analyzed.

In the second place, the comparison of research progress at home and abroad have been made. In this part, the research progress at home and abroad, the gaps in domestic research and reasons for the gaps are probed in detail with abundant examples.

In the end, the research also brings forward that the discipline should strengthen the infrastructure researches in the next 5 years by analyzing the strategy requirements and trends, research emphases and prospects of Chinese Grain & Oil Information and Automation science. It points out that establishing the innovation platform of Grain & Oil Information and Automation science, promoting the independent innovation capability, cultivating talent team, academic exchange and

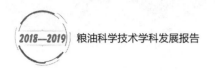

abundant fund guarantee would be the future development tactics.

In conclusion, the discipline orientation of Grain & Oil Information and Automation science is to promote the application of information and automation technology in macro-management and operation in grain and oil industry, and to improve the informatization, automation and intelligence level of grain and oil industry's business links such as storage, logistics, processing, trading and management. The content of subject research has combined the relevant theory and technology application of information and automation basic disciplines with the demand of grain and oil industry, and have applied the results to all fields and links of grain and oil industry through theoretical research, applied basic research, technical equipment research and demonstration research, so as to improve the application level of information and automation technologies in the fields of grain purchasing, storage, logistics, grain processing and grain electronic trading and grain management. The development of Grain & Oil Information and Automation which is the driving force of innovation and development of grain and oil industry, is conducive to a more comprehensive and accurate grasp of grain conditions, and is conducive to a more rational and scientific strengthening of national macro-control and supervision capabilities on grain and oil. It will play a great role in the scientific and technological progress of grain and oil industry.

Written by Zhang Yuan, Hui Yanbo, Zhen Tong, Yang Weidong, Hu Dong,
Li Qian, Cao Jie, Zhao Huiyi, Chen Peng, Liao Mingchao,
Xu Degang, Li Zhi, Xiao Le, Zhao Xiaojun, Wang Ke

附　录

学科发展大事记（2015—2019）

一、粮食储藏

2015—2018 年，连续 4 年组织了中加储粮生态研究中心暨粮食储运国家工程实验室工作研讨会，中加储粮生态研究中心是国家粮食局科学研究院、河南工业大学、中储粮成都储藏研究院有限公司、南京财经大学和加拿大曼尼托巴大学合作建立的科研、学术交流和教育培训平台。

2017 年 5 月 19—21 日，中国粮油学会储藏分会在吉林长春组织召开了"2017 年粮食储运技术基础国际学术研讨会"，会议特邀了来自美国、加拿大、澳大利亚等国家的国际知名科学家，国内粮油仓储行业高校、科研院所的专家学者，主要围绕粮食储藏、品质、虫害、霉菌和毒素、信息化等方面的基础性研究最新进展和成果开展学术研讨，对推进粮食储藏科技行业创新突破具有深远影响。

2017 年 5 月 21—24 日，由国际谷物科技协会（ICC）与中国粮油学会（CCOA）联合举办的"第一届 ICC 亚太区粮食科技大会"在福建厦门顺利召开。储藏分会场以"生态环保储粮新技术"为主题，特邀了国际专家以及国内知名学者针对行业热点焦点进行了交流探讨，深度传达了近年来储藏领域取得的新成果和最新实践动向。

2017 年，由中粮工程科技（郑州）有限公司、北京中冶隆生环保科技发展有限公司承担的项目"大型绿色环保节能减排粮食干燥技术装备开发与产业化"荣获中国粮油学会一等奖。该项目围绕粮食干燥系统进行创新优化，研发了脱硫、脱氮、除尘、脱水一体化干燥热风炉除尘工艺新技术和新装置，为粮食干燥的"节能减排"做出重大贡献。

2018 年 8 月 26—28 日，河南工业大学承办的粮食安全研修班圆满完成。此次研修班学员来自阿尔及利亚、布隆迪、刚果（金）等 11 个国家，安排了中国国情、国际粮情、技术支撑等 6 个模块的 18 个讲座，以及 15 项参观考察，1 次农机展览会，1 项国别报告，并组织跨省培训，赴中储粮成都储藏研究院有限公司考察学习。多层次、宽视角介绍了中国粮食安全的现状、进展与经验。

2018 年 10 月 7—13 日，国家粮食和物资储备局、中储粮成都储藏研究院有限公司、河南工业大学等单位分别派人参加德国柏林"第 12 届国际储藏物保护大会"、美国佛罗里达州"第 25 届国际昆虫学会"、英国伦敦"美国国际谷物化学师协会年会"等国际学术会议，了解了粮油储备行业的国际发展现状及趋势，进一步提升了我国粮油储藏学科在国际的影响力。

二、粮食加工

2015 年，"营养代餐食品创制关键技术及产业化应用"获国家科技进步奖二等奖。

2015 年 10 月，中国粮油学会面条制品分会成立。

从 2015 年 12 月开始，粮油营养分会在中粮营养健康研究院有限公司举办"营养健康大讲堂"。

2016 年 1 月，玉米深加工分会受原国家粮食局委托，针对我国玉米去库存的问题展开调研，并形成《玉米产业发展的建议》。

2016 年 6 月 16 日，由粮油营养分会副会长单位北京大学公共卫生学院联合芬兰赫尔辛基大学、图尔库大学主办中芬食品营养健康专题学术报告。

2016 年 8 月 4—5 日，食品分会与米制品分会、玉米深加工分会、粮油营养分会、呼和浩特市人民政府在内蒙古自治区呼和浩特市联合主办了"2016 年粮食食品与营养健康产业发展科技论坛暨行业发展峰会"，来自全国各地的大专院校、科研院所、生产厂家等近 400 人参加此次盛会。联合办会的成功体现了政产学研结合、学科相互促进的共同发展道路之魅力。

2016 年 10 月 15 日，河南工业大学和中国粮油学会共同主办了"第一届国际粮油食品科学与技术发展论坛暨粮油全产业链助力'健康中国'战略研讨会"。本次论坛旨在为国内外粮食加工、储藏与食品安全科技领域的专家搭建学术交流与合作平台，促进粮食科技的创新，全面展示国内外最新粮油食品科学技术成果，促进粮油食品产业的可持续发展。

2016 年，时任食品分会会长姚惠源教授受聘成为国家粮食安全政策专家咨询委员会委员，2017 年他提交的《关于大力发展杂粮产业和全谷物食品对粮食供给侧结构性改革的重大意义》的建议被委员会采纳并启动了"全谷物健康食品发展政策研究"研究课题。姚惠源教授作为课题负责人，组织了主要由食品分会成员组成的课题组，通过深入研究后撰写了高质量的研究报告，获得结题证书及专家咨询委员会的好评，发挥了学会为政府提供决策咨询的作用。

2017年3月23—25日，国家稻米精深加工产业技术创新战略联盟2017年年会暨专题研讨会在福建漳州召开。

2017年5月21—24日，由国际谷物科技协会（ICC）与中国粮油学会（CCOA）联合举办的"第一届ICC亚太区粮食科技大会"在福建厦门顺利召开。其间，食品分会承担了"健康谷物（第四届全谷物食品与健康国际研讨会）"专题分会场，粮油营养分会承担了"全产业链与营养健康"专题分会场，均取得了良好的效果。

2017年10月，粮油营养分会主办了"2017中国粮油学会粮油营养分会、营养健康食品产业技术创新战略联盟年会"；食品分会于2017年11月在海口市主办了"2017'一带一路'粮油食品科技论坛及行业创新峰会"。

2018年，中国科协九大代表郝小明为课题负责人的"营养健康科普志愿者队伍建设和激励研究"专项课题获批立项并获良好评价，已建立超百名的科普志愿者队伍。

2018年6月，玉米深加工分会与玉米深加工国家工程研究中心、中国淀粉工业协会玉米淀粉专委会共同主办了"2018中国玉米深加工大会暨展览会"，来自玉米深加工领域的专家学者、企业代表、行业媒体代表等500余人参加会议。

2018年7月18—20日，食品分会举行"中国粮油学会食品分会第八次会员代表大会暨新时代粮油食品科技创新论坛"，会议主题：新时代粮油食品科技创新助力"健康中国"建设。参会代表共200多人，为充分发挥学会服务会员、服务行业、服务地方的作用，本次大会设置了大会学术报告环节和学会与地方互动环节，会议开得热烈、高效，实现了预期目标。

2018年11月5—6日，玉米深加工分会与国家玉米产业技术体系加工研究室联合举办了"2018年玉米加工产业技术论坛"，本次论坛以"科技创新提升玉米竞争力"为主题，来自全国50余家科研院所的100余名专家学者出席论坛，并围绕玉米产业发展与技术需求、玉米品质与玉米竞争力提升等议题进行了主题报告和讨论。

三、油脂加工

2015年12月1日，王瑞元教授级高工撰写的《现代油脂工业发展》出版发行，此书是中国现代油脂工业发展的一部见证之作。

2016年，食用油精准适度加工成果获得中国粮油学会设奖10多年以来首个加工类特等奖，精准适度加工被作为促进粮油加工健康发展的重大举措，写入《粮食行业科技创新发展"十三五"规划》和《中国好粮油行动计划》，在粮油全行业推广。

2016年7月9日，全国粮油标准化技术委员会油料及油脂分技术委员会成立。

2017 年，原国家粮食局推出"中国好粮油"行动计划，并制定了"好油"标准，将维生素 E、植物甾醇、多酚等伴随物纳入营养指标，将反式脂肪酸、苯并芘等纳入安全生产指标。

2017 年 7 月 30 日，中国粮油学会花生食品分会成立。

2018 年 9 月 10—12 日，油脂分会举行"中国粮油学会油脂分会第八届全国会员代表大会暨第 27 届学术年会"，选举产生了中国粮油学会油脂分会第八届理事会理事、会长、秘书长等领导机构成员。

2018 年 6 月 22 日，江苏迈安德集团自主设计并制造出第五代 E 型浸出器正式发布，标志着我国在油脂加工业核心设备浸出器上取得重大突破。

2018 年，《GB 2716—2018 食品安全国家标准 植物油》发布，要求植物调和油公开配方比例。

四、粮油质量安全

2012—2015 年，胶体金层析法快速定量检测粮食中真菌毒素含量、X 射线荧光光谱法快速测定稻谷中镉含量等一系列快速检测技术的突破，极大解决了粮食源头控制困难的局面，为粮食质量安全把关关口前移提供了技术支撑，于 2016 年直接推动《粮食质量安全监管办法》的出台，首次实现粮食收购环节和出入库环节进行粮食安全指标把关。

2014 年 3 月，首次解决 X 射线荧光光谱法快速无损定量测定稻谷中镉含量技术，该技术国际领先，获得 2016 年中国粮油学会科学技术奖一等奖。

2017 年启动推行粮油团体标准试点工作，2019 年 1 月发布首项粮油团体标准。

2016 年国标委正式批复成立了原粮与制品、油料与油脂、仓储与流通、机械与设备 4 个粮标委分技术委员会，专业领域分工更加合理，聚集了一批各领域专家和单位，加强了标准化队伍和力量。

为配合中国粮油标准"走出去"，质检分会组织专家开展了小麦、稻谷、玉米、大豆等主要粮食国家标准和世界上主要产粮国标准比对分析工作，撰写编制 APEC 10 个经济体粮食质量标准对比研究报告，获得 APEC 基金支持和 APEC 第四届粮食安全部长会议的肯定，并写入《亚太经合组织粮食安全皮乌拉宣言》，2016 年在北京组织举办了国际会议 APEC 粮食标准互联互通研讨会。

2018 年我国主导制定并发布《ISO 19942：2018 玉米》和《ISO 15141：2018 谷物及其制品——赭曲霉毒素 A 的测定——免疫亲和柱净化高效液相色谱荧光检测法》两项国际标准；主导修订《ISO/CD 9648 高粱——单宁含量的测定》。

我国承担的国际标准化组织（ISO）谷物与豆类分技术委员会（ISO/TC34/SC4）秘书处分别于 2016 年在德国、2017 年在中国、2019 年在德国组织了三次 ISO/TC34/SC4 年会。

五、粮食物流

2017 年 1 月 9 日，国贸工程设计院、无锡中粮工程科技有限公司等单位完成的项目"植物油库工程建设系列标准"，获中国粮油学会科学技术奖二等奖。

2017 年 3 月 3 日，国家发展改革委、原国家粮食局联合印发了《粮食物流业"十三五"发展规划》，明确了"十三五"粮食物流业发展的指导思想、基本原则、发展目标和主要任务，提出了推动《规划》实施的保障措施。

2017 年 12 月 13 日，哈尔滨北仓粮食仓储工程设备有限公司开发的专利"气密保温钢板仓机器制作方法"，获国家知识产权局颁发的"第十九届中国专利优秀奖"。

2018 年 9 月 3 日，粮食物流分会在盘锦市举行"中国粮油学会粮食物流分会第二次全国会员代表大会暨 2018 年全国粮食物流产业发展论坛"。此次大会由粮食物流分会主办，盘锦辽东湾新区管理委员会、中储粮物流有限公司承办，湖南粮食集团有限责任公司、山东金钟科技集团股份有限公司协办。会议选举产生了粮食物流分会第二届理事会，并同期举办了主题为"新时代粮食物流产业与园区创新发展"的 2018 年全国粮食物流产业发展论坛。

2018 年 11 月 19 日，由国家粮食和物资储备局主办、河南工业大学承办的 2018 年人力资源和社会保障部专业技术人员知识更新工程项目"现代粮食物流发展"高级研修班在河南工业大学莲花街校区开班，河南工业大学成功入选人力资源和社会保障部第八批国家级专业技术人员继续教育基地。

六、饲料加工

2017 年 1 月，由浙江大学、宁波工程学院等单位完成的项目"重要脂溶性营养素超微化制造关键技术创新及产业化"，获国家技术发明奖二等奖。

2017 年 1 月，由东北农业大学、山东新希望六和集团有限公司等单位完成的项目"功能性饲料关键技术研究与开发"，获国家科技进步奖二等奖。

2017 年 1 月，由河南工业大学、布勒（常州）机械有限公司等单位完成的项目"饲料厂药物微生物交叉污染防控关键技术和装备的研发与应用"，获中国粮油学会科学技术奖一等奖。

2018 年 1 月，由江苏牧羊控股有限公司、江南大学等单位申报的科技成果项目"大型智能化饲料加工装备的创制及产业化"获国家科技进步奖二等奖。

2018 年 1 月，由原国家粮食局科学研究院、迈安德集团有限公司等单位完成的项目"发酵饲料产业化开发利用关键技术及应用"，获中国粮油学会科学技术奖一等奖。

2018 年 5 月 18—20 日，饲料分会在河南郑州召开了 2018 年学术年会，中国粮油学会张桂凤理事长、中国饲料工业协会会长李德发院士到会致辞。会议邀请了 8 位专家做了专题学术报告，并举办了两场讨论会。共有 160 余位代表参加了本次会议，会议取得圆满成功。

2019 年 1 月 15—16 日，由我国担任标委会主席和秘书处的 ISO/TC 293 饲料机械标委会在瑞士召开第二次委员会会议，王卫国教授作为中国代表团团长率团参加了本次会议。会议通过了秘书处工作报告，并同意由中方王卫国教授主持"饲料加工设备术语"项目，并担任术语工作组负责人。

2019 年 5 月 31 日—6 月 2 日，饲料分会在河南郑州召开了 2019 年学术年会暨第一届全国饲料加工与质量安全学术研讨会。会议安排大会主题报告 12 个，论文交流 13 个，创新技术与创新产品交流 8 个。共有 300 位代表参加了本次学术会议。

七、粮油信息与自动化

2015 年 12 月，南京财经大学粮食大数据创新团队的成果"面向粮食安全保障的数字粮库关键技术与装备研究及示范"，获中国粮油学会科学技术奖二等奖。

2018 年 12 月，南京财经大学粮食大数据创新团队的成果"粮食大数据获取与集成关键技术研究与应用"，获中国粮油学会科学技术奖一等奖。

2018 年，"室外大型环保物联网控制谷物干燥技术及装备产业化"项目获中国粮油学会科学技术奖一等奖。

学科重要研究团队名录

一、粮食储藏

1. 中储粮成都储藏研究院有限公司粮食绿色仓储工艺与关键控制设备研发创新团队

该团队隶属中储粮成都储藏研究院，有研发人员 75 人，其中研究员 7 人、副研究员 12 人，博士 2 人、硕士 20 人，享受国务院特殊津贴专家 2 人，团队负责人为郭道林研究员。

该团队长期致力于粮食储藏工艺、害虫防治、粮油检化验仪器等方面的研究与开发。开发的粮油滴定仪、环保型清理筛、数字式粮情测控技术、氮气气调储粮技术等新产品、新技术，为国家粮食产后减损提供了有力保障。先后主持国家、部、省级科研课题 269 项，获奖 81 项，制（修）订国家（行业）标准 94 项、企业标准 9 项，拥有国家专利 55 项，国家认定新产品 30 项。

该团队参与的"粮食储备'四合一'新技术研究开发和集成创新"项目获 2010 年度国家科技进步奖一等奖,"散粮储运关键技术和装备的研究开发"和"粮食保质干燥与储运减损增效技术开发"荣获国家科技进步奖二等奖,"氮气气调储粮技术应用工程""智能化粮库关键技术研发及集成应用示范"先后获 2013 年度、2014 年度中国粮油学会科学技术奖一等奖。

2. 国家粮食和物资储备局科学研究院粮油储藏研究团队

该团队是国家发展和改革委员会批准建设的粮食储运国家工程实验室法人单位依托团队。目前共有研发人员 25 人,其中研究员(教授)4 人、副研究员 4 人,博士 8 人、硕士 6 人,团队负责人为张忠杰研究员。

该团队承担了从"十五"至"十二五"国家科技攻关和支撑计划、国际合作、国家"863"计划、科研院所专项、国家自然基金等重大项目 30 余项;获得授权的国家发明专利 6 件;在国内外重要学术刊物发表论文 100 余篇,其中 SCI 收录 10 篇;出版教材、专著 3 部。

该团队"粮食储备'四合一'新技术研究开发和集成创新"项目获 2010 年度国家科学技术进步奖一等奖。具有自主知识产权的创新成果有"食品级惰性粉防治储粮害虫新技术""储粮横向通风新技术""环流充氮气调新技术""温湿水一体化粮情检测新技术",上述新技术集成创新为"粮食储藏'四合一'升级新技术"科技成果,2014 年 10 月通过原国家粮食局组织的专家评审,并在 2014 年 11 月份的全国粮食科技创新大会上发布。

3. 河南工业大学粮食储藏科学与技术创新团队

河南工业大学绿色生态储粮技术研究团队是国家"2011 计划"河南省粮食作物协同创新绿色储藏加工平台、粮食储藏安全河南省协同创新中心的主要创新团队。研发人员共计 20 人,其中教授 11 人、博士 12 人,首席专家为王殿轩教授。

该团队近年来在粮食储藏领域承担了国家"863"计划项目、科技支撑计划、自然科学基金项目等 12 项,省部级科研项目 8 项,横向和成果转化项目 20 余项。团队成员发表核心期刊收录论文 260 余篇,SCI/EI 收录论文 20 余篇;出版学术专著 10 多部;获得授权发明专利 8 件;主持制(修)订国家标准和行业标准 10 余项。

该团队主要参加的"粮食储备'四合一'新技术研究开发与集成创新"获得 2010 年度国家科技进步奖一等奖,成果被应用到全国 31 个省、自治区、直辖市的 1000 多个中央和地方储备粮库,减少储藏化学药剂使用量 75% 以上,每年为国家减少粮食损耗 171 万 t,达到了国际领先水平。

4. 南京财经大学生态储粮研究创新团队

南京财经大学生态储粮研究创新团队是粮食储运国家工程实验室稻谷平台的承担单位。目前研发人员共计 15 人,其中博士 8 人、硕士 5 人,教授 6 人,首席专家为宋伟教授。

该团队长期从事生态储粮技术和设施装备开发研究。先后承担了从"十五"至

"十二五"国家"863"、国家科技支撑计划等重大项目十余项；建立了同省市各地方粮食局、中储粮的长期密切关系，累计开展粮油科技咨询数百次，培训粮食行业人才数千名；申请和获得授权国家发明专利12件；主持或参与制（修）订国家标准8项；在国内外重要学术刊物发表论文100余篇，其中SCI收录20篇；出版教材、专著5部。

该团队作为参与单位，完成的"粮食储备'四合一'新技术研究开发与集成创新"获得2010年国家科技进步奖一等奖，"粮食绿色储运保鲜新技术研究开发"项目获得2013年度中国粮油学会科学技术奖三等奖。

5. 河南工业大学粮食储藏减损设施与装备创新团队

河南工业大学粮食储藏减损设施与装备研究团队现有研发人员共计22人，其中教授6人、副教授15人，博士14人，团队负责人为陈桂香副教授。

该团队成立以来，在储藏领域承担了国家科技支撑计划、自然科学基金项目等8项，省部级科研项目10余项，横向和成果转化项目30余项。团队规划和设计了上海外高桥粮食储备库及码头设施、京粮集团天津临港粮油加工仓储物流工程、天津利达粮食现代物流中心、广州市粮食储备加工中心、中储粮镇江基地、杭州粮食物流中心等大型粮食物流工程。团队成员发表核心期刊收录论文200余篇，SCI/EI收录论文10余篇；出版学术专著2部；获得授权发明专利6件；主持制（修）订国家标准和行业标准10余项。

该团队"国家粮仓基本理论及关键技术研究与推广应用"获国家科技进步奖二等奖，"200亿斤国家储备粮库通用图"获国家第七届优秀工程建设标准设计金奖。获河南省科技进步奖二等奖1项、中国粮油学会科学技术奖二等奖3项。

二、粮食加工

1. 河南工业大学小麦加工与品质控制研究团队

该团队是科技部试点联盟"小麦产业技术创新战略联盟"理事长单位，为国家及河南省小麦产业技术体系产后加工研发团队、河南省科技创新团队等。目前共有研发人员33人，其中博士15人、硕士18人，教授8人，首席专家为卞科教授。

该团队承担了从"九五"至"十三五"国家重点研发计划项目、国家科技支撑计划、国家自然科学基金联合基金重点项目等国家级项目20余项，获授权国家发明专利40余项；主持制（修）订国家标准40余项；在国内外重要学术刊物发表论文300余篇，其中SCI收录80余篇；出版教材、专著20余部。

"高效节能小麦加工新技术"获国家科技进步奖二等奖、"小麦—规格"获国家标准贡献奖一等奖。另获河南省科技进步奖一等奖、中国粮油学会科学技术奖一等奖、中国食品科学技术学会科技创新奖一等奖等10余项。建立了10余个校企联合实验室，研发的高效节能、清洁安全小麦加工新技术等在国内70%以上的大中型小麦加工企业进行推广应用。

2. 江南大学玉米淀粉精深加工技术研究团队

该团队主要致力于淀粉结构特点的理论基础研究、新型淀粉衍生物的开发和应用以及传统玉米精深加工产品的绿色制造，在淀粉消化性调控、淀粉质食品改良与开发、淀粉基缓释材料研发、木材用淀粉胶制备、糖基转移酶高效定向转化和高浓度淀粉液化糖化技术等领域取得了突破和创新。目前共有研发人员共6人，其中博士6人，教授3人、副教授2人、讲师1人，首席专家为顾正彪教授。

团队先后承担了国家科技支撑计划课题、"863"课题、国家自然科学基金、省部级科研项目20余项；技术成果服务于50多个企业，取得了较好的经济和社会效益；发表学术论文100余篇，其中SCI收录60余篇；授权发明专利30余项；制定了30多项淀粉产品质量方面的国家标准和13项食用变性淀粉产品国家安全标准。

研究成果获得多项国家和省部级奖励，其中"环境友好型木材用淀粉胶制备关键技术"作为重要内容的"新型淀粉衍生物的创制于传统淀粉衍生物的绿色制造"项目获2014年度国家技术发明奖二等奖。

3. 稻米深加工研究团队

该团队目前承担国家重点研发计划2017年度"现代食品加工及粮食收储运技术与装备"重点专项中"大宗米制品适度加工关键技术装备研发及示范"项目，团队负责人为陈正行教授，参与成员均为国内稻米深加工技术科研、工程、产业化应用等方面的领先者，包括无锡中粮工程科技有限公司总经理赵永进研究员、国粮武汉科学研究设计院有限公司总工谢健研究员、武汉轻工大学食品学院院长丁文平教授等，其中博士35人、硕士38人、高级职称55人。团队聚集了我国稻米产后加工领域22家优势科技力量，拥有国家重点实验室、国家工程实验室、国家工程技术研究中心等30余家国家级科研平台。

该团队成员承担了国家科技支撑计划、国家"863"、国家自然科学基金项目或课题100余项，获授权国家发明专利200余件；主持制（修）订国家和行业标准40余项；发表论文600余篇，其中SCI收录300余篇。获国家科技进步奖二等奖1项，中国粮油学会科学技术奖一等奖1项，其他省部级奖1项。

4. 杂粮加工研究团队

该团队目前承担国家重点研发计划2017年度"现代食品加工及粮食收储运技术与装备"重点专项中"传统杂粮加工关键新技术装备研究及示范"项目，团队聚集了我国杂粮产后加工领域高校、科研院所、装备企业和加工企业构成的优势科技力量，拥有国家重点实验室、国家工程技术研究中心等20余家国家级科研平台，其中博士46人、硕士42人、高级职称52人，团队负责人为沈群教授。

该团队成员主持国家科技支撑计划项目等国家项目或课题3项，获得授权国家发明专利60余件；主持制（修）订国家和行业标准30余项；发表论文400余篇，其中SCI收录100余篇。荣获中国粮油学会科学技术奖一等奖1项，"重大杂粮主食品创制关键技术与产业化应用"获 2016 年度中国食品科学技术学会科技创新奖 – 技术进步奖一等奖、"燕麦加工链提质增效关键技术研究与应用"获 2019 年度内蒙古自治区科学技术进步奖一等奖、"优质高附加值化小米加工关键技术及产业化示范"获 2015 年度中华农业科技奖二等奖。

5. 国家粮食和物资储备局科学研究院健康谷物食品加工创新团队

该团队隶属于国家粮食和物资储备局科学研究院，是健康谷物（全谷物）的加工、营养与推广方面的团队。现有研究员 2 人、副研究员 4 人、助理研究员 4 人，团队负责人为谭斌研究员。

该团队长期专注健康谷物（全谷物）的加工、营养与推广。先后主持承担国家重点研发计划、国家支撑计划项目、国家自然基金项目、科技部农业科技成果转化资金项目等国家级项目近 20 项，还主持承担 2016 年粮食行业急需关键重大科研项目、中国工程院重大咨询项目专题各 1 项。主持承担中央级公益性院所基本科研业务费专项健康谷物相关课题 17 项。制（修）订国家标准、行业标准 10 余项。多项科技成果实现产业化推广。鉴定科技成果 6 项，授权国家发明专利 8 项，发表学术论文 160 余篇。

该团队先后获得科技奖励 6 项，其中中国专利优秀奖 1 项、中国食品科学技术学会技术进步奖一等奖 1 项、中国技术市场金桥奖 1 项。

6. 中粮营养健康研究院研究团队

该团队是中粮集团旗下国内首家以企业为主体的、针对中国人营养需求和代谢机制进行系统性研究，以实现国人健康诉求的研发中心。打造集聚粮油食品创新资源的开放式国家级研发创新平台，形成了一支学历层次高、年轻有活力、文化多元的创新团队，其中博士 69 人、硕士 160 人，研究员（或教授级高工）8 人、高级工程师 / 高级经济师 59 人，团队负责人为郝小明教授级高工。

该团队牵头承担了国家重点研发计划项目，在"现代食品加工及粮食收储运技术装备"重点专项中的"特殊保障食品制造关键技术研究""大宗油料适度加工与综合利用技术及智能装备""传统杂粮加工关键新技术装备""自热主食品质精准调控技术"等研究课题。形成关键技术 38 项、平台 / 示范线 20 个，新产品 107 项，新增收入 23 亿元、专利 478 项、标准 25 项、论文 321 篇、专著 6 部。荣获"国家级高新技术企业认证""国家粮食局'全国科技兴粮示范单位'"等荣誉。

7. 河南工业大学食品挤压膨化技术研究团队

该团队主要以米制品、组织蛋白加工与理论研究以及品质改良为研究方向，为国家粮食和物资储备局粮食加工学科创新团队。目前共有研发人员 9 人，其中博士 5 人、硕士 2 人，副教授 1 人，首席专家为安红周教授。

该团队先后主持或参加完成了国家科技攻关项目、国家自然科学基金、国家星火计划、省部级项目 20 余项。先后主持国家"十三五"重点研发计划项目"大宗米制品适度加工关键技术装备研发与示范"课题 1 项以及横向课题 10 余项。获得授权国家发明专利

10 件；在国内外重要学术刊物发表论文 50 余篇，出版教材、专著 2 部。

8. 华中农业大学粮油加工团队

该团队从事粮油加工理论与技术方面的研究，形成了粮油加工与品质、粮油营养与健康、粮油质量与安全等研究方向。目前共有研发人员 9 人，其中博士 9 人，教授 2 人、副教授 5 人，首席专家为赵思明教授。

该团队先后承担了国家"十三五"重点研发计划课题、"十二五"科技支撑计划课题、国家自然科学基金、湖北省重大专项等科研项目 60 余项。获国家科技进步奖二等奖 1 项；湖南省科技进步奖一等奖、湖北省科技进步奖二等奖等省部级奖励 4 项。"稻米健康食品加工机制及关键技术"等成果先后在湖南、湖北、广东等省市多家企业推广应用，研发出方便米饭、自热米饭、米线（粉）、发芽糙米、米糕、速溶营养粉等五大系列营养米制品主食产品 30 多种，为我国营养米制品主食工业化生产起到了强劲的推进作用。授权国家发明专利 60 项，完成成果评价 / 鉴定 20 余项，在国内外重要刊物发表论文 300 余篇，其中 SCI 收录 80 篇，出版教材、专著 5 部。

三、油脂加工

1. 江南大学食用油营养与安全科技创新团队

该团队是江苏省科技创新团队，依托于我国食品领域唯一的"食品科学与工程"国家重点实验室，以解决我国食用油数量与安全营养相关的科技问题为己任，引领我国食用油工业健康快速发展。目前共有科研人员 24 人，其中教授 6 人、副教授 16 人，团队负责人为王兴国教授。

该团队承担了油脂领域首个"863"重点项目、国家科技支撑计划项目；主持起草国家 / 行业标准 27 项；获授权专利 54 件、国际专利 4 件；发表 SCI 收录论文 150 篇；撰写著作 12 部；发起成立了植物油产业技术创新战略联盟（科技部试点），组建了油脂营养和安全国际联合实验室，与 12 家著名企业建立了联合研发中心，提升了我国油脂科技的水平和国际地位。《贝雷油脂化学与工艺学》《食用油精准适度加工理论与实践》和《人乳脂及人乳替代脂》等著作已成为行业重要参考书，微信公众号"江南大学油脂园地"受到行业广泛关注。

该团队曾荣获国家科技进步奖二等奖 3 项、技术发明奖二等奖 1 项、光华工程科技奖 1 项、中国粮油学会科学技术奖特等奖 1 项，其他省部级奖励 8 项。

2. 武汉轻工大学油脂与植物蛋白科技创新团队

该团队隶属于武汉轻工大学，是中国粮油学会油脂分会会长单位，是校级创新团队。目前共有科研人员 10 人，其中博士 4 人，教授 3 人、副教授 2 人，团队负责人为郑竟成教授，首席科学家为何东平教授。

该团队长期致力于食用油脂适度和稳态化加工、稻米油加工、木本油料加工、餐厨垃圾处理与加工、微生物油脂的研究与开发、功能性植物蛋白及多肽开发及油料油脂国家（行业）标准制（修）订等方面的研究，重视科研成果转化，取得显著经济与社会效益。先后主持（承担）国家研发计划、"863"等国家级项目 5 项；主持制（修）订国家标准、行业标准 55 项；授权专利 25 项，国家发明专利 13 项；通过省部级项目鉴定 20 余项；出版著作 22 部；发表学术论文 110 余篇，其中 SCI/EI 8 篇；培养硕、博研究生 89 人。

该团队成立以来，先后荣获中国粮油学会科学技术奖一等奖 5 项，湖北省科技进步奖一等奖 4 项。

3. 河南工业大学油料油脂加工技术与产品质量安全研发团队

该团队隶属于河南工业大学粮油食品学院，目前共有科研人员 15 人，其中博士 13 人，教授 5 人、副教授 9 人，团队负责人为刘玉兰教授。

该团队长期致力于植物油料油脂加工技术和产品质量安全控制技术的研究。先后主持（承担）国家重点研发计划、农业科技成果转化资金项目等国家级项目 10 多项，省部级重大科技专项 3 项，取得科技成果 60 多项，制（修）订国家标准、行业标准 20 多项；获国家发明专利 5 项；发表学术论文 300 多篇，其中 SCI/EI 收录论文 40 多篇；培养研究生 100 多人。

该团队成立以来，先后荣获国家科技进步奖二等奖 1 项，中国粮油学会科学技术奖一等奖 5 项，中国食品工业科学技术奖一等奖 1 项，湖北省科技进步奖一等奖 1 项，山东省科技进步奖二等奖 1 项，河南省科技进步奖三等奖 1 项，中国粮油学会科学技术奖二等奖 3 项，河南省教育厅科技成果奖一等奖 5 项。研发成果在油脂加工企业广泛推广应用，对促进我国油脂行业的科技进步起到了重要的引领作用。

4. 暨南大学油料生物炼制与营养创新团队

该团队隶属于暨南大学，是依托广东省油料生物炼制与营养安全国际联合研究中心，广东省食品副产物增值加工产业技术创新联盟等五个省级平台及油料生物炼制与营养和油脂加工与安全两个国际联合实验室建立的科研团队。目前团队共有科研人员 40 余人，其中教授 1 人、副教授 7 人，博士后 5 人、博士 12 人。团队负责人为汪勇教授。

该团队长期致力于油脂生物炼制与功能油脂、天然产物绿色萃取与增值加工、食品乳液体系与高效递送系统等 3 个方向研究。先后主持（承担）国家研发计划任务、国际合作项目、自然科学基金等国家级项目 12 项；授权专利 21 件，其中国际（美国）专利 1 件，中国发明专利 20 件；发表 SCI 学术论文 140 余篇；培养硕博研究生、博士后及外国留学生 40 余人。

该团队成立以来，先后荣获中国粮油学会科学技术奖一等奖、广东省科技进步奖一等奖、中国食品科学技术学会技术发明奖二等奖和广东省专利优秀奖。曾被中国粮油学会油脂分会评为全国优秀科研团队。

5. 中国农业科学院植物蛋白结构与功能调控创新团队

该团队隶属于中国农科院农产品加工研究所，是中国粮油学会花生食品分会会长单位、国家花生产业技术体系加工室的依托团队。目前共有科研人员 26 人，拥有国务院特殊津贴专家、百千万人才工程国家级人选、全国首批农业科研杰出人才、中国科协青年托举人才等 6 人，博士 16 人，研究员 3 人、副研究员 3 人，团队负责人为王强研究员。

该团队长期致力于粮油原料特性与品质评价、加工过程品质形成机理与调控技术研究。主持国家重点研发计划（"973"）、"863"等项目 30 多项；制订农业行业标准 8 项；授权专利 53 项，其中国际专利 6 项，国家发明专利 44 项；出版著作 12 部（英文专著 2 部），发表论文 300 余篇，其中 SCI 78 篇；培养硕博研究生、博士后及外国留学生 92 人。

该团队成立以来，荣获国际谷物科技协会（ICC）最高学术奖、国家技术发明奖二等奖、中国粮油学会科学技术奖一等奖、中国商业联合会科学技术奖特等奖及中华农业科技奖一等奖等省部级奖 4 项，曾被农业部评为"全国农业科技创新优秀团队"。

四、粮油质量安全

1. 国家粮食和物资储备局科学研究院粮油质量安全研究团队

该团队隶属于国家粮食和物资储备局科学研究院，是国家级粮食行业公益性科研机构中唯一专门从事粮油质量安全研究的专业团队。目前共有科研人员 21 人，其中博士 5 人，研究员 1 人、副研究员 6 人，团队负责人为王松雪研究员。

该团队长期致力于粮油质量安全保障技术应用基础和技术研究，包括粮油质量安全基础理论、控制与追溯、风险评估与监测预警、检测技术和装备及评价、粮油标准物质研究与制备以及技术标准研究和制（修）订等。先后主持（承担）国家研发计划、"863"等国家级项目 10 余项；制（修）订国际、国家和行业技术标准 20 余项；研制粮油国家标准物质或质控样品 40 余种；授权专利 1 项；在国内外学术期刊发表论文 100 余篇。相关成果为完善粮油质量安全标准体系，提升我国粮油质量安全检测监测和质控水平提供了重要技术支撑。

该团队成立以来，先后荣获中国粮油学会科学技术奖一等奖 1 项、二等奖 3 项，其他省部级奖一等奖 2 项。先后获得全国粮油优秀科技工作者称号 1 人，全国粮食行业青年拔尖人才 1 人和中国科协青年托举人才 1 人。

2. 国家粮食和物资储备局科学研究院粮食品质营养研究团队

该团队隶属于国家粮食和物资储备局科学研究院，是粮食品质营养研究方面的团队。目前共有科研人员 31 人，其中博士 12 人，教授（研究员、正高级工程师）3 人、副教授（副研究员、高级工程师）7 人，团队负责人为孙辉研究员。

该团队长期致力于粮食品质与营养方向研究。先后主持（承担）国家研发计划、"863"

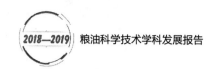

等国家级项目 35 项；制（修）订国际标准协会（ISO）标准 11 项、国家标准 20 项、行业标准 10 项；授权国家发明专利 10 余项；发表学术论文 200 余篇，其中 SCI/EI 论文 40 余篇。

该团队成立以来，先后荣获国家科技进步奖二等奖 2 项，中国粮油学会科学技术奖一等奖 3 项、二等奖 2 项、三等奖 2 项，中国标准创新贡献奖一、二等奖各 1 项，其他省部级奖 2 项。

五、粮食物流

1. 国贸工程设计院粮食物流战略及粮食仓储物流规划研究团队

该团队隶属于国贸工程设计院，团队成员 30 余人，其中教授级高工 6 人、高级工程师 13 人，博士 3 人、硕士 16 人，团队负责人为邱平教授级高工。

团队主要研究方向为粮食物流战略研究、粮食流通产业发展规划、大型园区规划、粮食应急体系研究、粮食仓储、物流、信息化的新技术、新工艺、新装备及仓储物流设施布局等。先后承担了国家《粮食物流业"十三五"发展规划》，原国家粮食局《修复粮食仓储设施实施方案（2013—2017 年）》《"粮安工程"建设规划重大问题研究——仓储和物流设施建设规模研究》等多个国家科技支撑计划或粮食行业科研公益专项重大项目、国家或行业（区域）战略研究等。

该团队先后荣获全国优秀工程咨询成果奖三等奖 2 项，北京市优秀工程咨询成果奖一等奖 4 项、二等奖 2 项、三等奖 1 项，省部级科技进步奖二等奖 1 项，参与的"粮食储备'四合一'新技术研究开发与集成创新"项目获国家科技进步奖一等奖，参与的"国家粮仓基本理论及关键技术研究与推广"项目获国家科技进步奖二等奖。

2. 河南工业大学物流研究中心

河南工业大学物流研究中心现有专职研究人员 19 人，其中教授 7 人、副教授 10 人、讲师 2 人，博士 11 人、硕士 7 人。另外，中心聘有兼职人员 10 人，其中教授 4 人、副教授 4 人、讲师 2 人，博士 8 人、硕士 6 人。团队负责人是王振清教授。

团队主要研究方向为现代粮食流通理论与政策、物流信息化与电子商务、物流规划与管理决策。承担了国家"国家粮仓基本理论及关键技术研究与推广应用"课题，获得国家科技进步奖二等奖；科技部"生态储粮新仓型及技术体系研究与开发"课题；国家自然科学基金"装配式落地粮食波纹钢板筒仓在粮食荷载作用下稳定性研究"课题；国家发改委"电子商务环境下物流配送发展策略研究"课题；河南省"预应力混凝土技术在粮食立筒群仓中的应用研究"，获河南省科学进步奖二等奖；河南省交通厅"河南省低碳高速实现途径与发展对策研究"课题，以及宇通客车、深粮集团等单位委托课题，横向合同经费累计 1000 多万元。

六、饲料加工

1. 河南工业大学饲料工程与质量安全研究团队

该团队是河南省教育厅科技创新团队，目前共有研发人员 18 人，其中博士 12 人，教授 5 人、副教授 5 人，团队负责人为王卫国教授和王金荣教授。团队主要研究方向为饲料产品、原料、添加剂的物理、生物加工新技术，饲料质量安全评价与控制新技术，饲料厂生产、环保管理与控制新技术。

该团队成立以来，承担了国家科技支撑计划项目、国家自然科学基金项目、农业行业科技项目，主持制订国家标准、行业标准 20 余项，拥有河南省高校生物饲料工程技术中心，获得中国粮油学会科学技术奖一等奖 2 项。发表本专业学术论文 300 余篇，其中 SCI、EI 论文 40 篇。在饲料加工基础研究、饲料高效粉碎、调质、真空喷涂等加工技术，饲料厂交叉污染防控技术，饲料安全卫生检测与控制技术方面取得众多成果并推广应用。

2. 丰尚饲料机械与工程技术研究开发团队

该团队隶属科技部国家饲料加工装备工程技术中心、江苏省饲料加工装备产业技术联盟理事长单位。目前有研发人员 500 余人，其中博士 6 人。团队负责人为周春景高级工程师。

该团队成立 20 多年来，承担了国家重大星火计划、国家科技支撑计划等重大项目 19 项，"大型智能化饲料加工装备的创制及产业化"等 4 个项目获国家科技进步奖二等奖，获中国粮油学会科学技术奖一等奖 2 项。与国内外 16 所院校建立了战略合作关系，研发的"SWFP66×125C 锤片式粉碎机"被列入国家重点新产品，"大型高效齿轮制粒机"等 50 个新产品被列入江苏省高新技术产品。该团队开发的饲料机械新产品和新工艺技术在全球 2500 余家饲料企业应用，获国家发明专利 50 余项。主持或参与制（修）订国家/行业标准 20 多项。在国内外主要学术刊物上发表论文 50 余篇。

3. 国家粮食和物资储备局科学研究院粮油饲料资源高效转化技术研究团队

该团队主要从事新型优质蛋白质饲料资源开发利用、饲料益生菌包被技术研究应有工作。目前有研发人员 23 人，其中博士 8 人，研究员级高级职称 8 人，首席专家为李爱科研究员。

该团队承担了"九五"到"十二五"期间有关新型优质蛋白质饲料资源开发利用方面的重点科技支撑计划、科技攻关计划项目多个项目，在饲用抗生素替代产品开发利用技术研究、新型多效生物蛋白饲料原料、益生菌包被发酵技术及产业化应用、微生物微胶囊规模生产等方面取得研究成果。项目"蛋白质饲料资源开发利用技术及应用"等 2 个项目获国家科技进步奖二等奖，获省部级一等奖 2 项。在国内外重要学术刊物上发表论文 100 余篇，授权国家发明专利 14 项，制（修）订国家行业标准 12 项。

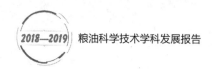

七、粮油信息与自动化

1. 粮食信息处理与控制教育部重点实验室

该实验室依托河南工业大学进行建设。目前共有科研人员 62 人，其中博士 51 人，教授 24 人、副教授 33 人，团队负责人为张元教授。

实验室以国家粮食安全中长期发展规划为指导，围绕保障粮食数量安全和质量安全的重大科技需求，依托学校计算机、电子信息、通信、粮油食品等特色优势学科，以粮食信息感知、传输、融合和分析中的基础问题为牵引，凝练粮食品质信号检测与处理、粮情信息感知与控制、粮食信息传输、粮食信息融合与决策支持四个研究方向，构建以实验室主任张元教授领军的面向粮食行业信息技术河南省创新型科研团队。近年实验室团队人员主持（承担）国家研发计划、"863"等国家级项目 45 项；制（修）订国家标准、行业标准 16 项；国家授权专利 35 项；发表学术论文 107 篇，其中 SCI/EI 60 篇；培养硕博研究生 134 人。自实验室成立以来，先后荣获省部级奖 22 项。

2. 南京财经大学粮食大数据创新团队

该团队隶属于南京财经大学，是粮食大数据创新团队。目前共有科研人员 52 人，其中博士 41 人，教授 14 人、副教授 12 人，团队负责人为曹杰教授。

该团队长期致力于粮食大数据智能处理相关研究。先后主持（承担）国家研发计划、"863"等国家级项目 14 项；制（修）订国家标准、行业标准 7 项；授权专利 24 项，国家发明专利 18 项；发表学术论文 200 余篇，其中 SCI/EI 90 余篇；培养硕博研究生 50 余人。

该团队成立以来，先后荣获教育部高等学校科学研究优秀成果奖——科学技术进步奖二等奖 1 项，中国粮油学会科学技术奖一等奖 1 项，其他省部级奖 3 项，以该团队为核心成立了江苏省粮食大数据挖掘与应用重点实验室，旨在解决粮食行业信息化关键技术的瓶颈，面向行业、面向企业、面向消费者提供技术、人才等全方位的服务，成为国内一流的产业技术创新策源地和产业导向型人才培养中心，最终成为面向区域发展的行业应用领域国家级重点实验室。

索　引

B

标准体系　4，8，9，15，27，32，33，35，
39，43，54，64，75，87，88，95，99，
100，106，111，199，120，126，128，
134，141，143，144，157，177，221

C

成果应用　28，60，162

D

稻谷加工　4，7，26，28，30，31，34，70-
73，75-77，82-85，88，91，94

低鱼粉饲料　153

F

发酵面食　3，4，8，15，22，23，26-28，
32，35，39，71，75，76，79，81-83，
85，87，89，93，96

发酵饲料　12，44，150，151，154，156，
158，213

发展策略　5，45，67，116，144，176，222

发展趋势　5，30，34，38，66，91，111，

114，128，142，157，170，175

分区控温　150

G

功能特性　12，19，35，42，78，88，148

供应链　11，22，33，35，37，43，116，
128，132-136，139-141，143，144，
166，167

J

精准适度加工　16，19，25，26，30，42，
101，102，105，107，112，211，219

K

抗菌肽　15，34，35，44，152，156，158

科技成果　4，25，34，36，39，55，58，65，
68，82，92，111，119，150，153，154，
213，215，218，220

L

立轴超微粉碎机　12，149

粮食储藏　3-6，15，17，19-22，24-28，

31，34-36，39，41，49，51，53，54，56-59，61-68，123，171，172，209，214-216

粮食管理信息化　167

粮食加工　3，4，7，13，16，18，21，23，26，28，31，34，36，39，41，42，58，70，73，75，77，80，82，83，90，92-94，112，128，135，147，162，165，166，173，210，216，218

粮食物流　3，4，11-13，15，17，18，20-23，27，28，33，35，37，40，43，132-145，164，165，172，174，213，216，222

粮油电子交易　34，166，173

粮油加工信息和自动化　165

粮油收储信息和自动化　163

粮油物流信息和自动化　13，164

粮油信息与自动化　3，21，24，27，28，35，37，44，162，163，168-170，174，214，224

粮油营养　3，4，14，22，23，27，32，36，39，42，45，70，72，75，76，80-83，85，87，89，90，93，96，210，211，219

粮油质量安全　3，5，9，10，28，33，35-37，40，43，118-120，124-129，212，221

M

米制品　3，4，7，8，15，16，19，20，22，23，27，28，32，35，39，42，70，71，73-77，79，81-87，89，92，94，95，210，217-219

面条制品　3，4，8，22，23，74，76，81，

85，87，89，92，93，95，210

面制品　7，8，15，16，31，32，34，70，71，73，75-78，81，85-89，94-96

R

人才培养　18，20-22，24，35-37，46，55-57，65，73，81，82，90，102，104，105，111，116，144，147，155，157，159，169，170，174，177，224

S

饲料产品　12，15，33，35，40，44，147-151，153，155-159，223

饲料加工　3，4，12，24，28，29，33，35，37，40，43，44，147-151，155-158，213，214，223

饲料加工工艺　12，37，44，150，156，158

饲料理化特性　148

饲料添加剂　12，15，33，37，43，44，147，148，150，152，153，155-158

W

物流规划　23，133，137，141，222

物流信息化　34，35，140，222

物流园区　18，40，43，133，134，137，143

X

小麦加工　7，14，19，25，28，31，34，39，41，71，73，76，78，84，86，88，91，94，95，173，216

学科建设　4，20，21，36，37，45，56，65，66，80，90，104，105，111，137，144，145，169，174

Y

研发重点　41，66，94–96，142，175

研究水平　4，5，18，50，99，102，135，158，163

益生菌　15，34，37，44，76，152，154，156，158，223

油脂加工　3，4，8，16，20–22，26–28，32，35，36，39，42，98，99，101–106，108–116，119，211，212，219，220

玉米深加工　3，7，14，18，19，22，23，31，35，39，70，71，73–77，79，81，82，84，86，88，91，92，95，210，211

Z

杂粮加工　7，16，26，31，74–77，83，84，86，88，92，217，218

战略需求　19，38，66，91–93，111，128，142，157，175

质量检测　4，37，92，147，154，157